中国地质调查局水文地质环境地质调查项目成果
中国地质科学院岩溶地质研究所实施

岩溶地下河探测与评价

易连兴　夏日元　王　喆　卢海平　赵良杰　著

科学出版社
北　京

内 容 简 介

本书以中国地质调查局下达的"西南典型岩溶地下河调查与评价"项目成果及不同类型岩溶区的地下河为背景撰写而成。总结了地下河动态自动化监测及其常见监测问题处理方法、地下河示踪和管道识别方法、化学离子和颜料两大类多种示踪剂的特性和使用方法。总结了地下河水位、流量、水化学、管道内气压等动态特征及其相互关系；开展了地下河系统水资源量和岩溶发育强度评价，以及地下河管道空间体积及库容评价。阐述了流速和响应速度存在差异的岩溶地下河独特水文地质现象，讨论了Modflow-CFP、SWMM模型和管道水头损失理论在地下河系统模拟应用的局限性和适宜性。

本书对水文地质、环境地质及地质工程、环境保护等领域的科研工作者、大专院校师生、工程技术及其专业管理人员有一定参考和指导意义。

图书在版编目(CIP)数据

岩溶地下河探测与评价 / 易连兴等著 . —北京：科学出版社，2018. 9
ISBN 978-7-03-058860-9
Ⅰ. ①岩… Ⅱ. ①易… Ⅲ. ①岩溶区-伏流-研究-西南地区 Ⅳ. ①P941. 77
中国版本图书馆 CIP 数据核字（2018）第 212897 号

责任编辑：刘浩旻 韩 鹏 姜德君 / 责任校对：张小霞
责任印制：赵 博 / 封面设计：铭轩堂

科学出版社 出版
北京东黄城根北街 16 号
邮政编码：100717
http://www.sciencep.com
涿州市般润文化传播有限公司印刷
科学出版社发行 各地新华书店经销
*
2018 年 9 月第 一 版 开本：787×1092 1/16
2025 年 2 月第二次印刷 印张：15 插页：5
字数：355 000

定价：118. 00 元

（如有印装质量问题，我社负责调换）

前 言

我国南方沉积了数千米厚的灰岩、白云岩等碳酸盐岩地层，形成以贵州高原为中心、世界上碳酸盐岩连片分布面积最大的岩溶区，总面积约 $78\times10^4 km^2$，行政区范围涉及贵州、广西、云南、湖南、广东、湖北、四川、重庆八个省区。地下河是南方岩溶区最重要的岩溶现象之一，也是地下水赋存的一种独特形式和我国南方岩溶区重要水源。

岩溶地下河系统有别于孔隙、裂隙地下水系统，两者在地下水补给、径流、排泄等方面均存在较大差别；相对来说，孔隙、裂隙地下水系统已经发展了一套相对完整的地下水运动理论；由于地下河管道结构及其地下水运动极其复杂，岩溶地下河系统中的地下水运动规律及其水资源评价方法，迄今依然是一个有待解决的水文地质科学问题。

本书以中国地质调查局下达的“西南典型岩溶地下河调查与评价”（编号：1212011220959）和“贵州打邦河流域 1：5 万水文地质环境地质调查”（编号：DD20160300-02）、国土资源部公益性行业科研专项经费项目“典型岩溶地下河系统水循环机理监测与试验”（编号：2014111000）的工作成果，以及科研团队在地下河方面开展的相关研究成果为基础编写而成；本书以建立地下河系统概念、地下河探测、动态监测、地下河相关方面的评价计算及其综合研究为编写路线，内容上分为下列 6 个部分。

第一部分，包括第 1 章，简要阐述了地下河在我国南方的分布及其地下水资源重要性，地下河管道结构和地下水运动的复杂性，岩溶地下河系统水资源评价现状等。

第二部分，包括第 2 章，阐述了本书涉及的岩溶峰丛洼地区寨底地下河系统、溶丘洼地区万华岩地下河系统、岩溶深切峡谷区鱼泉地下河系统，以及多种岩溶地貌类型组合区大小井地下河系统的地理地貌条件、水文地质条件、地下河管道分布特征等。在汇水面积上，前三者为众多小型地下河系统的代表，后者则为大型地下河系统的代表。岩溶发育地层从老至新涉及泥盆系、石炭系、二叠系、三叠系碳酸盐岩地层；岩性组合有碳酸盐岩与碎屑岩组合、碳酸盐岩与岩浆岩组合等。

第三部分，包括第 3 章，关于书名中“探测”，一般联想到的是通过地球物理探测方法、钻探等勘探方法探测地下河，该部分阐述如何充分利用示踪试验数据、地下水动态数据、水化学数据以及水文地质信息等进行地下河管道结构分析和识别，即达到查找、探测地下河的目的。详细总结了地下河示踪试验方法和 26 次地下水示踪试验结果。在阐述常用的地下水示踪浓度曲线地下河管道结构分析方法基础上，结合实际案例，阐述了首次使用的地下水示踪回收强度、水动力场、水化学场、水温度场等地下河管道结构分析和识别方法。

第四部分，包括第 4 章 ~ 第 7 章，重点阐述地下河动态监测和地下河动态规律总结成果。其中第 4 章简要阐述了地下河自动化监测方法、常见的问题及处置方法；第 5 章阐述了寨底、万华岩地下河内部空间内的气压与地面气压、地下水动态变化关系；第 6 章和第 7 章，阐述了寨底等 4 条地下河的地下水水化学、水位、流量在不同大气降水条件下、人为开采和水利工程影响下动态变化特征，以及不同岩溶发育及水文地质条件下地下河动态对比。

第五部分，包括第 8 章和第 11 章，详细阐述了结合高频率地下水动态监测数据开展地下河水资源量计算、地下河系统岩溶发育强度评价，以及结合示踪成果进行地下河管道空间体积计算和库容评价。

第六部分，包括第 9 章和第 10 章，阐述了 Modflow、SWMM 分布式参数模型在寨底地下河系统模拟应用。根据示踪和监测发现的地下水流速、地下水在压力作用下的响应速度的差异特点，讨论了 Darcy-Weisbach 管道流模型在寨底地下河模拟中的局限性。

本书仅总结了研究团队在 4 条典型地下河方面取得的一些成果，尽管也获得一些以往未曾发现的岩溶地下河动态特征和独特的水文地质现象（第 10 章），但肯定还有其他地下河典型动态有待发现，需要深入研究。第 5 章中关于地下空间气压方面监测，除该章中阐述的目的外，原本希望开展暴雨期水位快速上涨和高速水流作用下水、气相互影响问题，如洞内高气压（气爆）产生和气压释放（爆炸）过程，但监测场所没有产生期望的效应；我们也开展了多段次洪水期的地下水浊度监测，试图研究地下河系统的水土流失（包括中间淤积）及搬运能力问题，由于获取各种定量评价参数技术上的难题，没有深入开展系统性研究工作。总之，距离揭露岩溶地下河中的地下水运动规律还很遥远，还有许许多多的研究和工作需要我们包括乐于从事岩溶水动力学研究的同行长期共同努力去做。同时，囿于时间及作者的水平，书中可能存在不少问题，敬请各位学者、同行批评指正！

本书共分 11 章，第 1 章、第 2 章由易连兴和夏日元编写；第 3 章由易连兴和王喆编写；第 6 章由卢海平和王喆编写；第 7 章由易连兴和王喆编写；第 9 章 9.1 节由赵良杰编写、9.2 节由王喆编写；第 4 章、第 5 章、第 8 章、第 10 章、第 11 章由易连兴编写；全书由易连兴统稿、编辑而成。

其中，岩溶地质研究所多个部门的技术人员参加了本书相关项目工作，岩溶资源研究室卢东华、罗贵荣、梁彬、曹建文参加了寨底地下河基地建设、淡永参加了大小井野外调查和试验；岩溶探测技术方法研究室在地下河物理探测、孔位定点等方面给予了大力支持；岩溶地质与环境测试中心邓振平、秦愫妮、俞建国等在地下水示踪、岩土水样测试等方面给予了大力支持，对上述以及给予支持的其他部门和同事表示感谢！重庆市地质矿产勘查开发局南江水文地质工程地质队专家、技术人员参与了重庆武隆鱼泉地下河调查及相关工作，湖南郴州万华岩景区管理处给予了大力协助和支持，在这里向他们表示感谢！

目　　录

第1章 岩溶地下河及其科学问题

震旦纪以来，我国南方沉积了数千米厚的灰岩、白云岩等碳酸盐岩地层，形成以贵州高原为中心、世界上碳酸盐岩连片分布面积最大的岩溶区（袁道先等，2002），总面积约 $78\times10^4km^2$，行政区范围涉及贵州、广西、云南、湖南、广东、湖北、四川、重庆八个省区。广泛分布的碳酸盐岩给岩溶地下河的发育提供了基础地质条件；经过漫长的地质历史时期，在历次构造运动以及不同时期的水文网作用下，地下发育了许许多多的由地下管道、溶洞、溶蚀裂隙等组成的一个复杂的岩溶管道体系——地下河，并形成了当今的地下河网（杨立铮，1982a，1982b；郭纯青等，2010）。因此，地下河是南方岩溶区最重要的岩溶现象之一，是地下水赋存的一种独特形式，也是南方岩溶区的重要水源（袁道先，2000；陈梦熊，2003；蒋忠诚等，2006）。

地下河、地下河系有标准名词定义（岩溶地质术语 GB12329-90），侧重描述地下河管道。岩溶地下河系统（karst subterranean stream system / underground river）是由地下河干流及支流组成具有地表河流特征的不再进行二次（或再次）补给的岩溶地下水系统。

1.1 我国南方岩溶地下河及其分布

1.1.1 岩溶地下河分布

迄今，不同时期的学者对我国南方岩溶区的地下河数量以及流量开展了多次统计，由于出发点不同、统计条件和依据不同，这些统计数据之间有少量差异，地下河数量总体在2500～3000条。

南方岩溶区地下河统计数据最早文献可追溯到20世纪80年代（杨立铮，1985），地下河有2836条，总长度为13919km，流量 $1482m^3/s$（表1-1），统计范围包括广西、贵州、云南、四川（包含重庆）、湖南等六省区，没有统计湖北和广东两省，统计依据为1∶20万水文地质普查资料，统计时不考虑地下河出口流量条件。

20世纪90年代，李国芬等（1992）、朱学稳（1994）统计并发表了我国流量大于50L/s的地下河有2525条，大泉2764个，总流量为 $2353\times10^8m^3/a$；其中南方八省区广西、贵州、云南、四川（含重庆）、湖南、湖北和广东的地下河2497条。

2008年，岩溶地质研究所岩溶地质数据处理与应用中心把1∶20万水文地质普查资料进行了二次整理，并编制了1∶200万南方岩溶地下河分布图及数据库。本次采用了计算机数据库统计方法，西南八省区共分布有岩溶地下河2543条，合计流量 $1321.7m^3/s$；出口流量大于2000L/s的有120条，合计流量为699.7L/s，占总流量的52.94%；流量在50～500L/s的最多，有1311条，流量为0～50L/s的有723条，两者合计1887条，占地下河总数的 74.20%（表 1-2）。

表 1-1　20 世纪 80 年代地下河统计

省区	条数/条	百分比/%	长度/km	百分比/%	流量/(m^3/s)	百分比/%
广西	433	15.27	2051	14.74	230	15.48
贵州	1076	37.94	6640	47.70	572	38.49
云南	189	6.66	1473	10.58	138	9.29
四川（含重庆）	566	19.96	2443	17.55	200	13.46
湖南	572	20.17	1312	9.43	346	23.28
合计	2836	100	13919	100	1486	100

表 1-2　2008 年地下河统计

流量等级/（L/s）	0～50	50～500	500～1000	1000～2000	>2000	合计
地下河/条	576	1311	230	159	120	2543
占总数百分比/%	28.43	51.55	9.04	6.25	4.72	100
流量小计/（m^3/s）	13.8	231.8	161	215.4	699.7	1321.7
占总流量百分比/%	1.04	17.54	12.18	16.30	52.94	100

前面的统计结果均以早期 1：20 万水文地质普查报告及相关资料为基础。近年来，广泛开展了 1：5 万水文地质环境地质调查，根据这些调查新资料，袁丙华等（2006）提出西南八省区共分布有岩溶地下河 3066 条。

目前地下河统计方法有一个共同点，都是把地下河出口的数量等同于地下河（条）数量，把所有地下河出口流量的累加值作为岩溶区地下河的总流量。一些省份按这种方法有新的统计结果，曹卫峰（2001）、肖进原（2002）提出贵州省岩溶地下河有 1130 条，杨梅等（2009）提出重庆市岩溶地下河有 380 条。因此，随着 1：5 万比例尺水文地质环境地质调查的深入开展，将发现更多地下河，地下河统计数据也进一步增加。当然，如果按本章开头提出的岩溶地下河系统定义进行统计，即不考虑地下河子系统，其地下河数量总数会略小（易连兴等，2015）。

1.1.2　地下河水资源开发利用现状

地下河在南方岩溶区广泛分布，在社会经济发展中起着重要作用。南方岩溶区碳酸盐岩层中溶蚀作用强烈，导致大气降水、地表水快速渗漏到地下和地表水系不发育，最新统计结果显示，3066 条地下河合计总长度约 1.4×10^4km，控制汇水面积约 30×10^4km^2，枯季径流量达 470×10^8m^3/a，其地下河水资源量占该区地下水总量的 70%，由此可见南方岩溶地下河的地下储水空间巨大、地下河水资源量丰富。

南方岩溶区属湿热多雨的热带、亚热带气候，多年平均雨量 1000～2300mm，尽管降水丰沛和地下水资源量丰富，但地下河分布区域仍往往是严重缺水区，仍经常发生工农业生产用水、人畜饮水困难。仅滇、黔、桂三省区至今还有 800 万人的饮水问题没有得到解决，耕地受旱面积约 $168.5\times10^4\text{hm}^2$。究其原因主要是强烈的岩溶作用，导致地下岩溶空间（地下河）发育，使雨水和地表水极易漏失到地下，造成“地下水滚滚流，地表水贵如油”的状况。另外，岩溶地下河埋藏于地下几十米至数百米，延伸长度有几千米至数十千米，地表仅能见到出水口和少数地下河天窗或竖井，受地层、构造、水文和地貌等多种因素控制，地下河结构复杂，这一丰富的岩溶地下河水资源仅在部分地区得到利用，初步统计地下河水资源利用率不足 20%，因此，巨大的地下河水资源有待大力开发（钱小鄂，2001；张殿发等，2001；郭纯青，2004）。

1.2　地下河管道结构和水流运动复杂性

1.2.1　地下河管道结构复杂性

1. 地下河管道空间结构复杂

1）平面空间分布复杂

由岩溶管道、洞穴等所构成的地下河平面分布形态与地质构造、地层、岩石性质以及地表水文网等密切相关；在不同岩溶发育条件控制下，地下河形成有单管道结构、树枝状结构、网状结构等多种结构关系。

2）垂直空间分布复杂

受不同碳酸盐岩地层控制以及不同岩溶发育期的作用，地下河在垂直方向上存在一层、二层或多层地下河管道结构。这些地下河系统，在中上游地区分别有各自的补给区、径流区以及管道系统；在下游，管道有时会合有时也独立排泄，从而在一个地区垂直方向就形成两层或多层地下河管道。

3）过水断面形态复杂

地下河管道中不同地段管道空间差别巨大。部分地段管道可能为厅堂型具有大型积水空间，有些积水水面可达一个或数个篮球场大小，地下水在厅堂型管道中往往径流速度缓慢。部分地段管道也可能为狭小咽喉状管道，这些狭窄管道有些仅能容一个瘦小的人平躺着爬过，地下水在狭窄管道中往往表现为承压特征，或呈射流状向下游排泄。

地下河管道壁奇形怪状，每一段都截然不同，地下河管道中也常堆积各种形态岩石，使过水断面极端不规则。因此，不管从平面或垂直结构，以及局部管道形态都凸显岩溶地下河管道相当复杂的特点。

2. 地下河规模差异大

地下河系统汇水面积差异大。一些地下河的汇水面积达上千平方千米；位于贵州省罗甸县的大小井地下河为迄今发现的我国南方最大地下河系统，行政区涉及贵州省惠水县、罗甸县、平塘县以及贵阳市花溪区的部分区域，汇水面积达 1943km^2；广西都安瑶族自治县地苏地下河系统、云南开远市南洞地下河系统也都属于大型地下河系统，汇水面积均达

1000km^2 以上。大部分地下河系统的汇水面积在数十到数百平方千米，一些地下河系统汇水面积只有几平方千米；位于广西桂林市灵川县境内的寨底地下河系统，汇水面积为33.5km^2，而在其内部可分为多个地下河子系统，其中位于北部的钓岩地下河子系统，汇水面积仅5.5km^2。由此，有些地下河管道仅数百米，而一些则延伸数千米甚至数十千米。

1.2.2　地下河管道水流运动复杂性

由于地下河管道结构的复杂性和含水介质的高度非均质性，地下河管道水运动极其复杂。

1.2.2.1　单相流及多相流

一般情形，地下河管道中的水流与孔隙裂隙中的水流一样，属于一相流；在雨水期间，地下河管道中水流具有极强的搬运能力，挟泥、砂、卵砾石等，浑浊度增大，水流夹颗粒物运动属于二相流；在特大暴雨期强补给条件下，岩溶地下河管道内水位快速上涨，水流夹颗粒物的同时，河道内空气被压缩或混入水中，有时可在河道内局部发生气爆，此时水流、颗粒物、气压三者产生相互影响，这种情形可理解为液气固三相流。多相水流的存在，对岩溶地下河系统水流速度和流量动态产生影响，使其水流运动趋于复杂化。

1.2.2.2　半充水和全充水及无压和高压管道流动

不同充水条件下（半充水、全充水地下河管道），管道流速不同、过水断面不同、水流所接触的管道壁面积不同及管道壁对水流的摩擦阻力不同。在全充水管道中，又可细分为低压水流运动和高压水流运动，两者的水流运动规律也存在较大差异；因此，一条地下河系统或一段地下河管道很难使用单一的水流运动规律或一组参数进行描述。

1.2.2.3　线性流非线性流及其流动的稳定性

岩溶地下河系统中有多重含水介质，有快速流（管道或大裂隙水流）和慢速流（小裂隙水流），地下水流动存在时空分布的差异性。

枯水季节，地下河系统多以慢速流为主，地下水的流速比较缓慢（根据本书枯水季节示踪试验数据），其水流的雷诺数也比较小，整体表现为线性流状态。在降水强补给时期，地下河管道中的水流发生了急剧变化，水流流速和雷诺数迅速增大，短时间内转换为快速流或紊流，潜水转化为承压水。随着大气降水停止和地下水补给量快速减少以及地下河的快速排泄，地下河管道中水流运动又快速恢复到强降水前的运动模式。这种水流模式的快速转换给研究和总结地下河管道水流运动规律增加了复杂因素。

1.2.2.4　管道水流的连续性

地下河管道水流一般情形为连续水流运动，受复杂通道结构的影响，存在多种非连续水流运动模式，例如，在管道狭窄处可能出现高速射流，在无压管道水流陡坎处水流发生的近似垂直跌水（图1-1）；另外，承压管道水流也可出现虹吸水流。

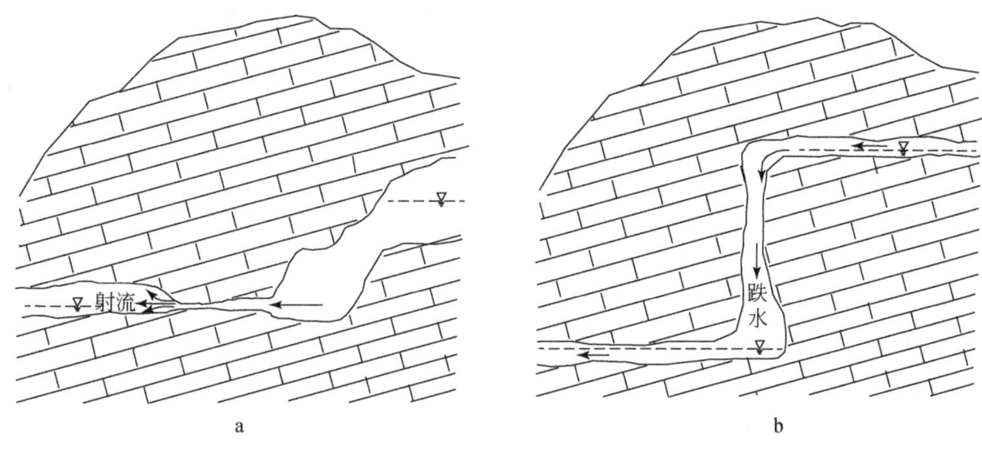

图1-1　管道射流（a）和跌水（b）

由于地下河管道的分布和结构以及内部地下水运动的复杂性，很难准确得到地下河管道的等效直径、体积等空间参数和描述地下水运动的水文地质参数，这将直接影响地下河水资源量准确评价以及制定综合有效开发利用方案。

1.3　地下河管道水评价模型研究进展

1.3.1　多重含水介质岩溶地下水评价方法

在过去几十年里，岩溶地下水动态模拟或者说描述地下水流量、水位（头）变化规律可以分为三种方法。

第一种：集中参数（lumped parameter）法，包括“黑箱”（black box）法和“水箱”（water-box）法。“黑箱”法仅考虑了地下水系统的输入（降水动态）和输出（水位、流量动态），忽略岩溶地下水系统内部含水介质和水流的复杂性。“水箱”方法是用水箱和水管组成的试验模型来解释岩溶管道系统对降雨的反应（崔光中等，1988）。在没有足够野外数据的时候，建立一个集中参数模型是可行的，但是它却很难描述岩溶含水层的不均质性和水头的时空变化。

第二种：解析模型法，也是一种可以用来研究岩溶地下水动态的方法，使用前提是水文地质条件简单或基于众多的假设条件，因此，该方法的最大不足是它的应用受实际情况限制。

第三种：数值模型方法，是目前定量计算地下水资源量、流场以及溶质运移的重要方法，20世纪60年代以来，随着计算机技术的迅速发展，数值模型广泛用于地下水位预报和水资源评价中。对于岩溶地下水系统，数值模型方法大致可归纳为以下3种。

（1）等效渗流模型法是最简单的方法，把管道和裂隙等岩溶含水介质中的水体流动都概化为渗流，利用基于达西（Darcy）定律的渗流模型进行描述；如Larocque等（2010）利用该方法描述了不同岩溶地下水系统，其中地下河和较宽的导水断裂则处理为一个强渗透区域；该方法仅限于以岩溶裂隙为主的岩溶地下水系统，当管道或导水断裂占主导的时候该方法的模拟误差会较大。

（2）等效双重介质模型法，基本思想是把岩溶地下水系统概化为水力紧密联系的两个等效渗流场，其中一个描述微小裂隙水流系统、一个描述大裂隙及管道等强渗透水流系统。该方法同样不能精确地模拟管道水流尤其是地下河的水流运动。

（3）渗流和管道水流耦合模型法，基本思想是用等效连续介质模型描述裂隙和孔隙中的水流运动，用离散介质模型描述岩溶管道中的水流运动。连续介质域充满整个研究区域，离散介质按岩溶管道的实际空间分布嵌入连续介质中，并依据裂隙与管道的水力联系条件把两者耦合。Zhang 和 Lerner（2000）使用修改的普乐斯门狭槽（Pressmann Slot）公式来描述横坑中的水流，试验了基流与管流组合方法来模拟横坑水流系统；Hu（2010）建立了渗流与管流耦合模型并模拟了溶质交换。

1.3.2 国外主要软件及应用进展

上述研究表明模拟岩溶地下水的关键取决于确定一个有效的方法来描述管道或地下河非线性水流。以前人的理论和应用研究成果为基础，管道水流已经有了公益性成套软件，这以美国国家环境保护局（EPA）和美国地质调查局（USGS）开发的 SWMM 和 Modflow-CFP 为代表。

SWMM（Storm Water Management Model，暴雨洪水管理模型）由美国 EPA 开发，是一个动态的降水-径流模拟模型，主要针对城市污水排放管道系统的水量和水质模拟，包括地表集水水文模型、地下管网水力模型以及水质模型等。

Modflow 是 USGS 于 20 世纪 80 年代研发的基于达西定律的地下水模拟软件，不断发展改版后是目前全世界使用最广泛的地下水模拟程序之一。在岩溶区，地下河强发育，地下水在地下河管道中的流速及雷诺数（Reynolds number）有可能是孔隙裂隙介质中的数十倍甚至上百倍而超出了达西定律的适用范围，此时继续使用 Modflow 进行模拟，就有可能出现较大的偏差。在此背景下，USGS 2005 年推出了 Modflow-CFP（Conduit Flow Process）管道水流计算模块，使得在原有 Modflow 渗流模拟中同时耦合管道水流（Shoemaker et al.，2008）。Modflow-CFP 基本思想如下，对岩溶裂隙水，Modflow-CFP 运用基于达西定律的渗流方程描述地下水的运动：

$$\frac{\partial}{\partial x}\left(K_x\frac{\partial h}{\partial x}\right)+\frac{\partial}{\partial y}\left(K_y\frac{\partial h}{\partial y}\right)+\frac{\partial}{\partial z}\left(K_z\frac{\partial h}{\partial z}\right)=S_S\frac{\partial h}{\partial t}-w \tag{1-1}$$

式中，h 为水头；S_S 为含水层储水系数；w 为含水层源或汇；K_x，K_y，K_z 分别为 x，y，z 方向上水力传导系数。

对岩溶管道水，Modflow-CFP 运用 Darcy-Weisbach 公式描述管道水的运动：

$$\Delta h=\lambda\frac{\Delta l V^2}{d\,2g} \tag{1-2}$$

式中，Δh 为水头差；λ 为摩擦系数；Δl 为管道长度；d 为管道直径；V 为平均速度；g 为重力加速度。

裂隙水与管道水之间的水量交换如下：

$$q=\alpha\times(h_c-h_g) \tag{1-3}$$

式中，q 为管道与含水层交换速率；α 为交换系数；h_c，h_g 为裂隙水、管道水的水头。

Modflow-CFP 在国外很多实际案例中得到应用，Difrenna 等（2008）模拟了石灰岩中层流和湍流的水动力试验；Hu（2000）和 Faulkner 等（2009）模拟了渗流及管道流之间水流及溶质交换；Josue 等（2013）模拟了野外实际岩溶管道水流模型并与室内理想模型进行了比较；Stephen 等（2013）比较了等效渗流模型、偶合模型两种方法对同一个岩溶地下河系统模拟结果；上述模拟计算结果说明，Modflow-CFP 能够相对较准确地描述和计算裂隙介质与管道的水流交换及水头分布。

1.3.3　国内研究和应用进展

随着计算机的发展，自 20 世纪 80 年代开始，数值模型模拟和评价地下水系统问题得到广泛运用。对于岩溶地下水系统，郭纯青（1985）对岩溶地下水提出了“快速流”和“慢速流”的概念，并建立了模型进行模拟；邹成杰（1992）提出了岩溶管道汇流理论；黄敬熙等（1992）和易连兴（1996）建立了白云岩及纯灰岩地区岩溶地下水系统的二维数值评价模型；陈崇希（1995）、成建梅和陈崇希（1998）分别建立了三重介质的岩溶管道-裂隙-孔隙的线性流与非线性流的地下水流耦合数值模型；李文兴（1997）利用等效管束组合模型的物理模拟方法对管道流进行模拟。薛禹群和吴吉春（1999）提出了介质的非均质性及由此而引起的参数的尺度效应、含水介质中的水体流速衰减等变化过程将是 21 世纪地下水模拟和研究的重要内容之一。

近年来，国内一些学者对 Modflow-CFP 等也进行了应用和讨论，刘丽红（2010）、张蓉蓉等（2012）运用 Modflow-CFP 对贵州普定后寨岩溶小流域进行了模拟，揭示了岩溶小流域的水动力循环特征，杨杨等（2014）讨论了岩溶管道水流评价模型进展及其存在问题。

迄今，由于地下河管道结构和水流运动的复杂性，描述岩溶管道水运动规律依然是一个有待解决的地下水动力学问题。

第2章 典型地下河自然条件

2.1 寨底岩溶地下河系统自然条件

2.1.1 人文地理

2.1.1.1 地理位置与社会经济

寨底地下河系统位于桂林市东部灵川县境内，坐标范围东经110°31′25.71″～110°37′30″，北纬25°13′26.08″～25°18′58.04″；区内农业为主，享有“白果之乡”美称，有赤铁矿、方解石等矿藏。地下河出口距离桂林市31km。

2.1.1.2 气象及水文

寨底地下河系统南部为潮田乡、北部为海洋乡，根据两个乡的气象站数据，多年平均降水量为1601.1mm，年平均气温17.5℃，无霜期285天。4～8月丰水期降水量占年降水量的68.15%；3月、9月、10月为平水期，降水量占年降水量的18.56%；11月、12月和次年1月、2月为枯水期，降水量占年降水量的13.24%（表2-1）。

表2-1 潮田、海洋气象站平均降水量 （单位：mm）

气象站	1月	2月	3月	4月	5月	6月	7月	8月	9月	10月	11月	12月	年平均
潮田	48.1	52.3	75.4	248.8	278.6	298	152.8	168.2	73.5	78.5	66.3	73.8	1614.3
海洋	53.8	38.9	111.2	246.2	271.1	221.3	191.5	161.2	59.1	126.9	58.8	60.5	1601.1

寨底地下河系统内，仅发育季节性溪沟，主要有海洋谷地溪沟、大浮洼地溪沟、甘野洼地溪沟、国清谷地溪沟等，这些溪沟规模小且短，一般数千米长，溪沟宽为1～2m，10月至次年3月溪沟一般干枯断流。地下河出口河道宽6～10m，与南部潮田河连接，潮田河为常年性河流，河道宽12～30m。

2.1.1.3 地貌

寨底地下河区域可划分为4种地貌类型：分布于地下河系统东西两侧碎屑岩地区侵蚀低山，高程400～900m；江尾至海洋公社公路沿线不纯灰岩溶蚀丘陵，地形多呈低矮馒头状，高程260～445m；北部海洋孤峰谷地，该区域地形平坦，高程300～330m；峰丛洼地，流域内大部分区域属峰丛洼地，高程260～820m（图2-1）。

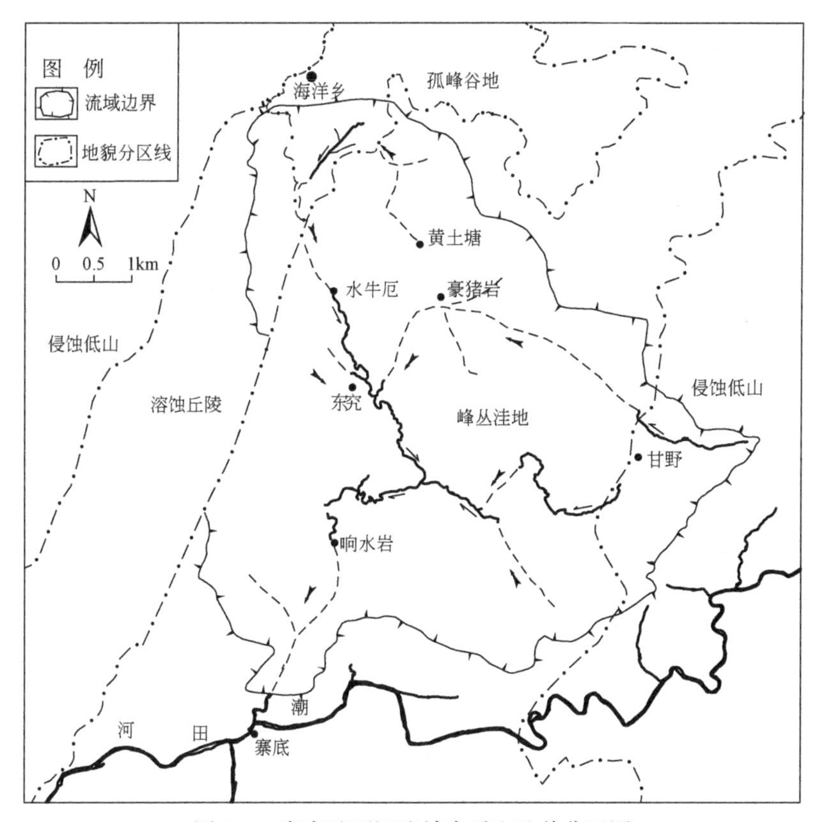

图2-1　寨底地下河流域水系和地貌分区图

2.1.2　地层及构造

寨底地下河系统内出露地层为中泥盆统信都组（D_2x）、塘家湾组（D_2t）；上泥盆统桂林组（D_3g）、东村组（D_3d）、额头村组（D_3e）；下石炭统尧云岭组（C_1y）、英塘组（C_1yt），以及第四系（Q）等，主要地层见表2-2。

表2-2　地下河系统内主要地层

界	系	统	组	段	代号	厚度/m	主要岩性
新生界	第四系				Q	0.0～15	粉质黏土
上古生界	石炭系	下统	英塘组		C_1yt	93～227	白云岩为主，夹灰岩
			尧云岭组		C_1y	36～60	泥质灰岩，局部夹硅质结核条带灰岩
	泥盆系	上统	额头村组		D_3e	52～62	底部、上部均以厚层状白云质灰岩，中部为厚层状灰岩
			东村组		D_3d	504	中、下部均以厚层状灰岩为主，顶部为中厚层泥质条带灰岩
			桂林组		D_3g	257～263	中下部灰岩夹白云质灰岩，上部为白云质灰岩及白云岩

续表

界	系	统	组	段	代号	厚度/m	主要岩性
上古生界	泥盆系	中统	塘家湾组		D_2t	36～716	底部为中-薄层泥质灰岩，中-上部为白云岩与灰岩、白云质灰岩互层
			信都组	上段	D_2x^2	61～78	紫红色-杂色泥质粉砂岩、石英砂岩为主，夹页岩
				下段	D_2x^1	96～269	底部为泥质粉砂岩，中部为砂岩或石英岩状砂岩，上部为含铁砂岩

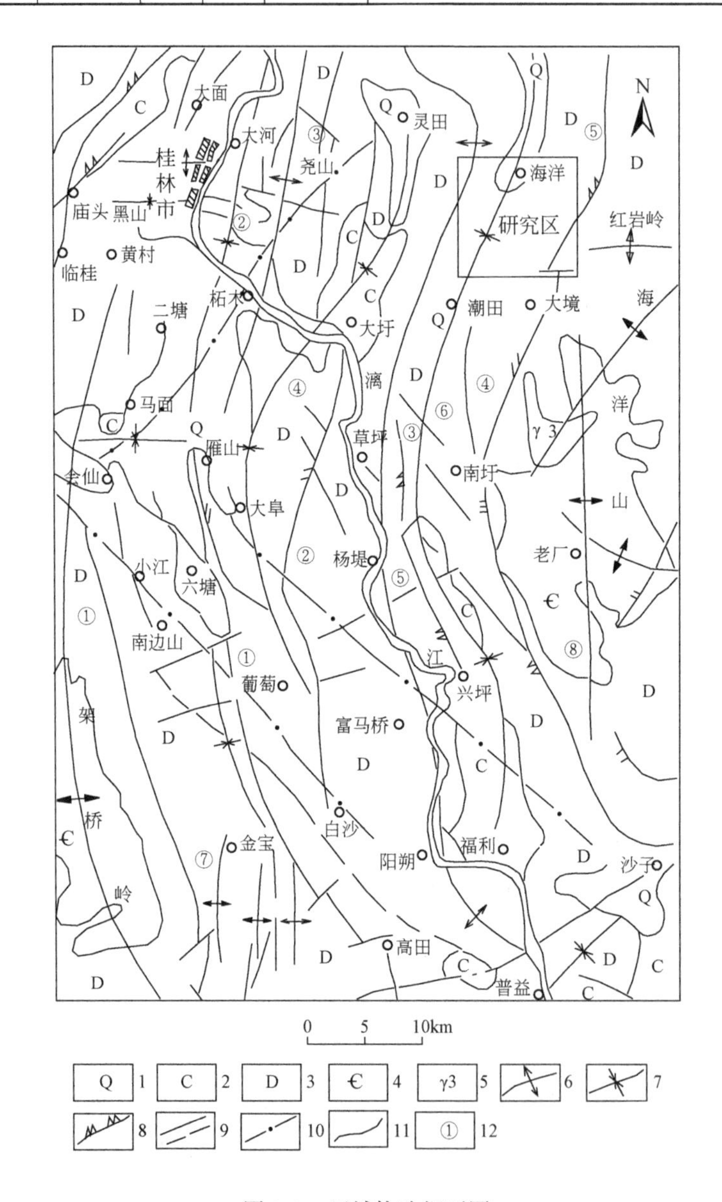

图 2-2　区域构造纲要图

1. 第四系；2. 石炭系；3. 泥盆系；4. 寒武系；5. 加里东期花岗岩体；6. 背斜轴；7. 向斜轴；8. 压扭性断裂；9. 性质不明及推测断裂；10. 航片解释线性构造性质不明断裂；11. 地层界线；12. 主要断裂编号

桂林地区位于南岭纬向构造带、湘东-桂东经向构造带及广西山字形构造东翼的交汇处；可划分为4个构造带，即桂林弧形构造带、东西向构造带、广西山字形构造带、北西向构造带（图2-2）。寨底地下河位于桂林弧形构造潮田-兴坪-福利向斜北端东翼一侧至大境-南圩断裂之间。区内断裂受上述构造控制，相应形成北东、北西和近东西向三组断裂。三组裂隙强发育：近东西向 SW260°～NW280°、北东向 NE15°～NE30°、北西向 NW330°～NW350°；后两者裂隙宽度相对较大，裂隙宽度1～16cm。

2.1.3　寨底岩溶地下河系统

2.1.3.1　汇水区域及面积

东部，甘野-大浮一带，碎屑岩形成地表水分水岭。南、西南部，除地下水总排泄口

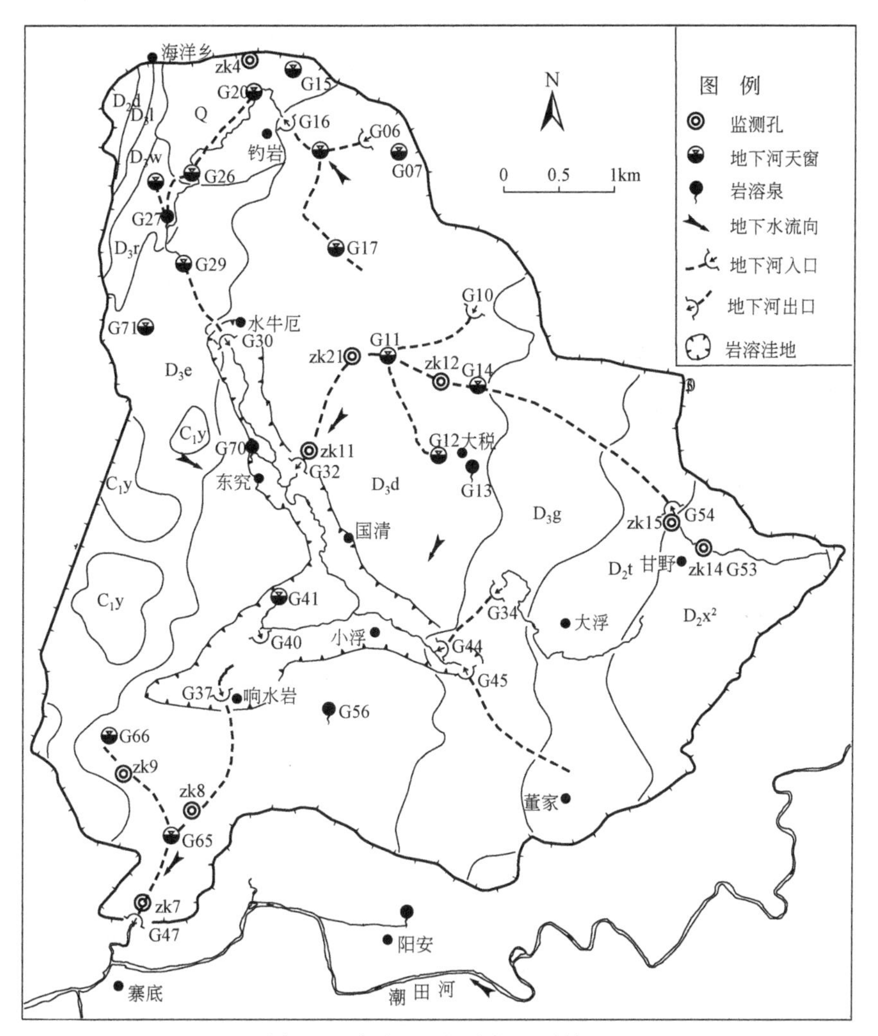

图2-3　寨底地下河水文地质简图

G47 外，为地下水分岭边界。西部，以断裂或不纯灰岩、薄层页岩构成相对隔水边界。北部和东部为地下水分水岭边界。地下河系统汇水面积 33.5km²，其中碎屑岩 3.0km²（图 2-3）。地下河系统内，根据岩性或含水介质特征可划分为松散岩类孔隙水、基岩裂隙水、岩溶地下水 3 种地下水类型（表 2-3）。岩溶地下水为地下河系统中主要的地下水类型，含水岩组为泥盆系塘家湾组（D_2t）、桂林组（D_3g）、东村组（D_3d）、额头村组（D_3e）等，岩性为灰岩、白云质灰岩，面积 30.25km²。

松散岩类孔隙水、基岩裂隙水、岩溶地下水三者共同构成一个整体；局部地区松散岩类孔隙水、基岩裂隙水相对独立而形成局部地下水子系统，三种类型地下水也存在相互补给等多种水力联系，但整体上以松散岩类孔隙水、基岩裂隙水向岩溶地下水径流补给为主。

表 2-3　地下水类型分布

序号	类型	含水岩组代号	位置或地名	面积/km²	占总面积的比例/%
1	松散岩类孔隙水	Q	海洋谷地	1.5	4.48
			甘野洼地	0.5	1.49
			大浮-焦梨山洼地	0.5	1.49
2	基岩裂隙水	D_2x^{1-2}	甘野-大浮分布区	2.5	7.46
		D_3l、D_3w	海洋铁矿分布区	0.5	1.49
3	岩溶地下水	D_2t、D_3g、D_3d、D_3e	国清谷地等	28.0	83.58
面积合计				33.5	

2.1.3.2　补给特征

1. 大气降水补给

大气降水补给为主要补给源，分为面状垂直入渗补给和通过消水洞等以点状形式集中补给两种形式。

2. 外源水补给

外源水补给指碎屑岩区地表径流对岩溶区补给，有两种类型：第一种，碎屑岩区汇集的地表径流以及排出地表的地下水流入岩溶区，通过落水洞或地下河入口补给岩溶地下水；第二种，海洋谷地高架水渠溢流、农灌水入渗补给岩溶地下水。

3. 侧向径流补给

侧向径流补给指东部甘野、大浮一带碎屑岩区的地下水从地下向岩溶区补给。

4. 岩溶水排出地表后的二次补给

寨底地下河内，峰丛山区岩溶水排出地表后在洼地底部再次补给岩溶地下水这种形式特别明显。例如，大税 G13 泉水通过 G12 落水洞再次补给岩溶水；钓岩地下河 G16、溶潭

G26及G27泉等排出的地下水通过G29消水洞再次补给岩溶水。

2.1.3.3　径流特征

地下水系统内，洞穴、管道、裂隙等各种岩溶形态构成岩溶地下水储存和运移空间，其含水介质在空间尺度上差异大，对应形成裂隙水流、管道水流，在不同时期表现不同特征。

1. 快速流

地表径流通过消水洞集中补给地下河管道，并很快在出口排出地表，该部分快速补给、快速排泄的地下水流为快速流。降水后，特别是暴雨后，这种快速补给快速排泄极明显。

2. 慢速流

经过丰、平水期的消耗，同时枯季大气降水减少导致垂直入渗补给量减少，枯水期地下河系统内的水流特征多受裂隙水流控制，表现慢速流特征为主。

3. 层流、管流并存

寨底地下河系统的北部海洋谷地和邓塘–钓岩等区域，以及流域中部国清谷地等区域，地下水以层流为主。在豪猪岩–东究和大浮–小浮等峰丛洼地区域，不具有相对统一的地下水流场，地下水以集中管道流为主。

2.1.3.4　排泄方式

寨底地下河系统内，地下水的排泄分为天然水点排泄和人工开采两种方式。

根据排泄点性质，天然水点排泄可细分为①表生带泉排泄，主要有G13、G55、G67等；②岩溶大泉排泄，主要发育在国清谷地边缘，如G27、G43、G30等；③天窗或溶潭溢流，主要发育海洋谷地和国清谷地，地下水埋深浅，受雨季强降水补给，地下水位高出地表形成溢流，如G20、G07等溶潭；④地下河集中排泄，地下河出口排泄为地下水主要排泄形式，如钓岩G16、东究G32和G70、小浮G44、总出口G47。

人工开采主要指在海洋、国清等地，村民通过手压井、泵提取岩溶地下水解决生活生产用水。在邓塘G07溶潭、豪猪岩G12天窗、空连山G42天窗等，村民抽吸地下水解决生活或农灌用水；海洋谷地一带，通过G15、G20等溶潭开展农灌抽水。20世纪70～80年代，海洋乡政府西南2.3km处的海洋铁矿厂运行期间，分别在溶洞G31内和G27溶潭进行大型抽水用于选矿或生活用水，现已经停采。

寨底地下河系统内，东、西两侧地下水，北部地下水向中间国清谷地汇集，并向南径流，最终通过地下河出口G47向潮田河排泄。可划分为6个子系统和1个块段：钓岩地下河子系统G16、水牛厄岩溶泉子系统G30、东究西侧地下河子系统G70、东究东侧地下河子系统G32、大浮地下河子系统G44、董家岩溶泉系统G45、地下河总出口G47块段。

2.2 鱼泉岩溶地下河系统自然条件

2.2.1 人文地理

2.2.1.1 地理位置和社会经济

鱼泉地下河位于重庆武隆区仙女山镇境内，距县城 20km，东接火炉镇，南与巷口镇接壤，西与土坎镇、双河乡相连，北邻土地乡，海拔 600 ~ 1930m；流域内社会、经济发展状况不平衡。近年来，随着旅游业的发展，仙女山镇加大基础设施建设力度，沥青道路纵贯其境，硬化公路横贯各村，形成支系发达的交通网络，交通十分方便。

截至 2013 年，仙女山镇面积 $278km^2$，辖 8 个村 1 个居委会，59 个村（居）民小组，4131 户，人口 1.5 万人，可耕地 $4500hm^2$，森林覆盖率达 63%。镇内旅游资源丰富，拥有 AAAA 级仙女山国家森林公园、世界喀斯特自然遗产天生三桥、龙水峡地缝等著名景观，以及梦幻谷、仙女湖、三潮圣水、印象武隆等旅游景点。

流域内多为岩溶分布区，干旱缺水较严重。区内缺水人数近 6000 人，缺水牲畜约 5000 头，缺水耕地近 $1000hm^2$。随着旅游等资源不断开发，所需水资源也不断增大。

2.2.1.2 气象与水文

鱼泉地下河区域为亚热带湿润气候区，既具盆地气候特点，又兼黔北山地特征，具有热量丰富、雨量充沛、光照适宜、雨热同季等特点。

区内多年平均气温 17.6℃，极端最高气温 42.7℃（2006 年），最低气温-4.7℃。多年平均日照数 1035.5h，最多日照数 1245.8h（1957 年），最少日照数 870.2h（1957 年）。相对湿度多年平均值为 78%，无霜期历年平均值 311 天，最长为 363 天（1974 年），最短为 272 天（1972 年）。冰冻现象少见；多年平均雾日数 15 ~ 37 天。

根据 1990 ~ 2011 年降水量数据，多年平均降水量 1224.0mm，最大年降水量 1590.00mm（1998 年），最小年降水量 705mm（2001 年）。年内降水量分布主要集中于 5 ~ 9月，占全年降水的 67.5% 以上。河谷地带降水量一般在 1050mm 左右，河谷两侧山地随海拔的增高降水量有增大的趋势。区内年蒸发量达 1129mm。

区内主要河流为羊水河和老盘沟，两条河流（沟）在晏家坝汇集后直接排入乌江，是乌江的支流。区内还存在着几条季节性冲沟，如下干沟等，这些冲沟水直接汇入羊水河、老盘沟或直接潜流地下（图 2-4）。

乌江为长江一级支流，属长江水系，是工作区岩溶地下水的最低排泄基准面。乌江发源于贵州省水营、盐苍一带，自酉阳一带进入重庆，于涪陵汇入长江。据武隆站资料，多年平均流量 $1653m^3/s$，多年平均径流量 $5.2121\times10^{10}m^3$，平均年径流深 627.68mm，最大洪峰流量 $1.39\times10^4m^3/s$（1979 年 6 月 26 日），最小流量 $233m^3/s$（1974 年 3 月 6 日），平均纵坡降 0.34‰。

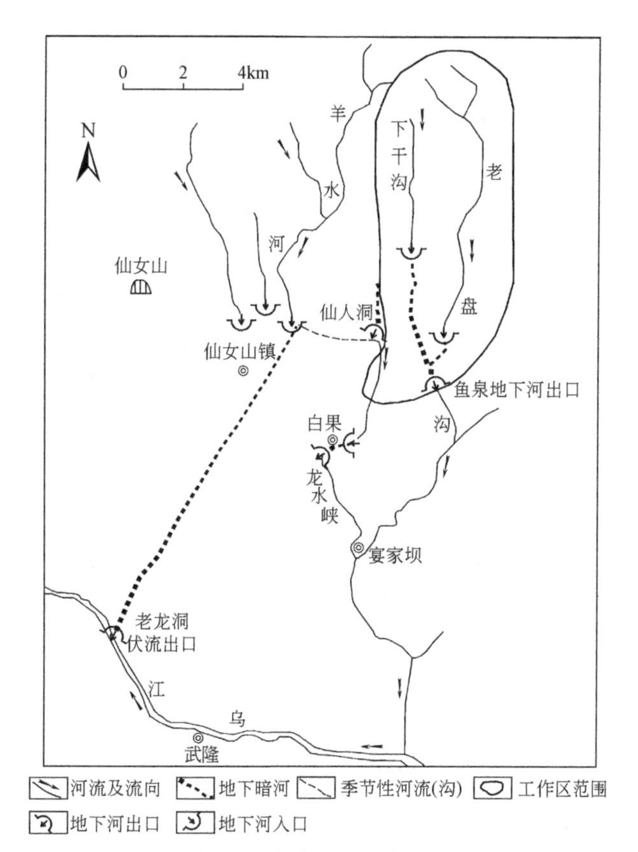

图2-4　鱼泉地下河水系图

区内的河流（沟）主要沿南北向发育，在岩溶区成深切峡谷（如龙水峡地缝等）；潜入地下、出露地表交互出现方式，如老盘沟在野水沟伏流入口处全部潜流地下，经过一段地下径流后，在鱼泉地下河总出口再次出露地表。

2.2.1.3　地形地貌

鱼泉地下河系统所在区域属鄂西黔北中山与低山区，处于四川盆地东部平行岭谷与巫山娄山中山区过渡带。受乌江及其支流的切割，切割深度可达千米。河间分水岭地带，地势相对平缓，均属山丘地形。地势西北高，东南低；大致趋势为北部盗坨一带海拔1800m，中部印象武隆下干沟1100m，白果800m，南部鱼泉地下河总出口620m，乌江右岸老龙洞伏流出口180m。

2.2.2　地层和构造

2.2.2.1　地层

鱼泉地下河系统位于中梁子背斜和青杠向斜的中间地带，地层出露受这两个褶皱控制。从北西往东南，地层从老到新，依次出露志留系、二叠系和三叠系，总体上为倾向南东，倾角10°～35°的单斜地层。北西侧是志留系碎屑岩，东南部为三叠系雷口坡页岩夹泥灰岩，中部是大面积的二叠系和下三叠统碳酸盐岩地层。出露的地层、岩性特征见表2-4。

表2-4　鱼泉地下河系统地层岩性特征

系	统	组	代号	岩性简述	厚度/m
第四系			Q_4	主要为粉质黏土，碎石土，卵石土，砂卵石等	
三叠系	中统	雷口坡组	T_2l	上部为灰黄色、紫红色、灰绿色钙质页岩、粉砂质页岩夹薄层泥质灰岩；下部为钙质页岩夹泥质灰岩	561
	下统	嘉陵江组	T_1j^4	浅灰、灰色厚–中厚层白云岩、岩溶角砾岩，夹灰岩	91
			T_1j^3	灰、浅灰色薄–中厚层灰岩，夹少量白云质灰岩	112
			T_1j^2	灰色中厚层白云岩、灰岩及岩溶角砾岩等	105
			T_1j^1	灰、浅灰色中–薄层灰岩，夹鲕状灰岩及少量白云质灰岩	230
		飞仙关组	T_1f^4	为紫红色钙质页岩夹灰黄色页岩及泥灰岩	25
			T_1f^{1-3}	灰色、深灰色中厚层灰岩、泥质灰岩夹鲕状灰岩、薄层含泥质灰岩；底部为灰黑、灰黄色水云母页岩及薄层含泥质灰岩	392
二叠系	上统	长兴组、吴家坪组	P_3w+c	灰色、深灰色中厚层至厚层灰岩，含燧石团块，夹薄层硅质岩；底部有3.5m厚的灰色黏土岩、页岩，含黄铁矿晶粒	221
	中、下统		P_{1+2}	深灰、灰色中厚层状生物碎屑灰岩，含大量燧石团块和灰黑色有机质页岩；底部为黏土岩、碳质页岩，偶夹煤线，与下伏地层呈不整合接触	471
志留系	中统	罗惹坪组	S_2lr	灰黄色页岩、粉砂质页岩、薄层粉砂岩及石英砂岩等，夹生物碎屑灰岩透镜体	642

鱼泉地下河系统主要发育于碳酸盐岩地层中，其矿物成分以方解石、白云石为主，其次含少量云母、石英等，岩石结构多为微粒结构。本次取嘉陵江组地层岩样9组、飞仙关组地层岩样4组、二叠系地层岩样1组，通过岩石矿物化学分析，岩石化学成分主要是CaO，含量在23.79%～54.31%。将系统内的岩石划分为3种类型（表2-5）：石灰岩（含角砾灰岩），该类型分布面积最广，包括T_1j^1、T_1j^2、T_1j^3、T_1j^4、T_1f^1、T_1f^2、T_1f^3等地层；白云质灰岩，分布面积小，仅见于T_1j^2地层；含硅质、泥质不纯碳酸盐岩，分布面积较小，主要地层为T_1f^4、P_3w。

表2-5　岩石主要化学成分

样品编号	取样地层	主要分析项目含量/%			定名
		CaO	MgO	酸不溶物	
WL01（Y）	T_1j^4	49.71	0.06	8.24	岩溶角砾岩

续表

样品编号	取样地层	主要分析项目含量/%			定名
		CaO	MgO	酸不溶物	
WL02（Y）	T_1j^3	52.68	0.04	3.74	灰岩
WL03（Y）	T_1j^2	32.92	18.60	3.52	白云质灰岩
WL04（Y）	T_1j^1	52.08	0.05	4.81	灰岩
WL05（Y）	T_1f^4	23.79	0.23	51.60	泥灰岩
WL06（Y）	T_1f^3	53.05	0.07	2.95	灰岩
WL07（Y）	P_{3w}	38.07	0.12	28.85	碳质灰岩
WL08（Y）	T_1j^3	53.76	0.70	2.32	灰岩
WL09（Y）	T_1j^2	53.86	0.64	2.64	岩溶角砾岩
WL10（Y）	T_1f^2	53.56	0.60	2.66	灰岩
WL11（Y）	T_1f^1	51.60	0.70	4.95	灰岩
WL12（Y）	T_1j^3	54.31	0.98	2.47	灰岩
WL13（Y）	T_1j^4	53.13	0.69	2.75	岩溶角砾岩
WL14（Y）	T_1j^3	49.50	0.67	7.13	灰岩

2.2.2.2　构造

鱼泉地下河系统的地质构造简单（图2-5），受中梁子背斜和青杠向斜控制，形成一个倾向南东的单斜构造。区内北东侧发育有一无名断层；节理裂隙最发育方向是NE30°~60°、NW310°~330°和近NS走向3组。发育的主要褶皱如下。

（1）中梁子背斜，位于地下河总出口的北西侧，全长20km，轴向NE40°，轴部地层为下志留统罗惹坪组，两翼为二叠系、三叠系。背斜平坦开阔，两翼不对称，北西翼倾角5°~14°，南东翼倾角10°~30°；

（2）青杠向斜，位于白果的东南部，轴向NE35°，长约15km，核部为中、下侏罗统，两翼依次为三叠系和二叠系。向斜北西翼较平缓，倾角10°~35°。该向斜属平缓开阔的短轴状褶皱，地层圈闭成心脏形。

2.2.3　鱼泉地下河系统

鱼泉地下河系统内，岩溶裂隙最发育方向是NE30°~60°、NW310°~330°和近NS向3组；地下河主管道沿区域性主裂隙近NS向发育，在平面上呈单枝状，NS向裂隙两侧的次级裂隙则形成分支管道，与主管道构成树枝状。地下河总出口被崩落的石灰岩块石封堵，人不能进入。据访问，几十年前进入过洞内的老乡回忆，地下河出口高3~4m，宽4~

5m，进入洞内约10m后，可见一洞厅，高约10m，宽约15m，厅内发育一水塘，阻断了进一步的深入，洞内石钟乳、石笋等洞穴沉积物发育。鱼泉地下河出口以北约1.5km的位置可见野水沟伏流入口，入口沿层面裂隙发育，张开度0.5～1.2m，延伸2～3m，地表汇水沿跌坎在此处呈瀑布状潜入地下，汇入鱼泉地下河系统。

鱼泉地下河系统内的地下水总体上由东西两侧及北侧，向南侧的鱼泉地下河总出口径流、排泄，是一个相对完整的岩溶地下水系统（图2-5），面积51.2km²。

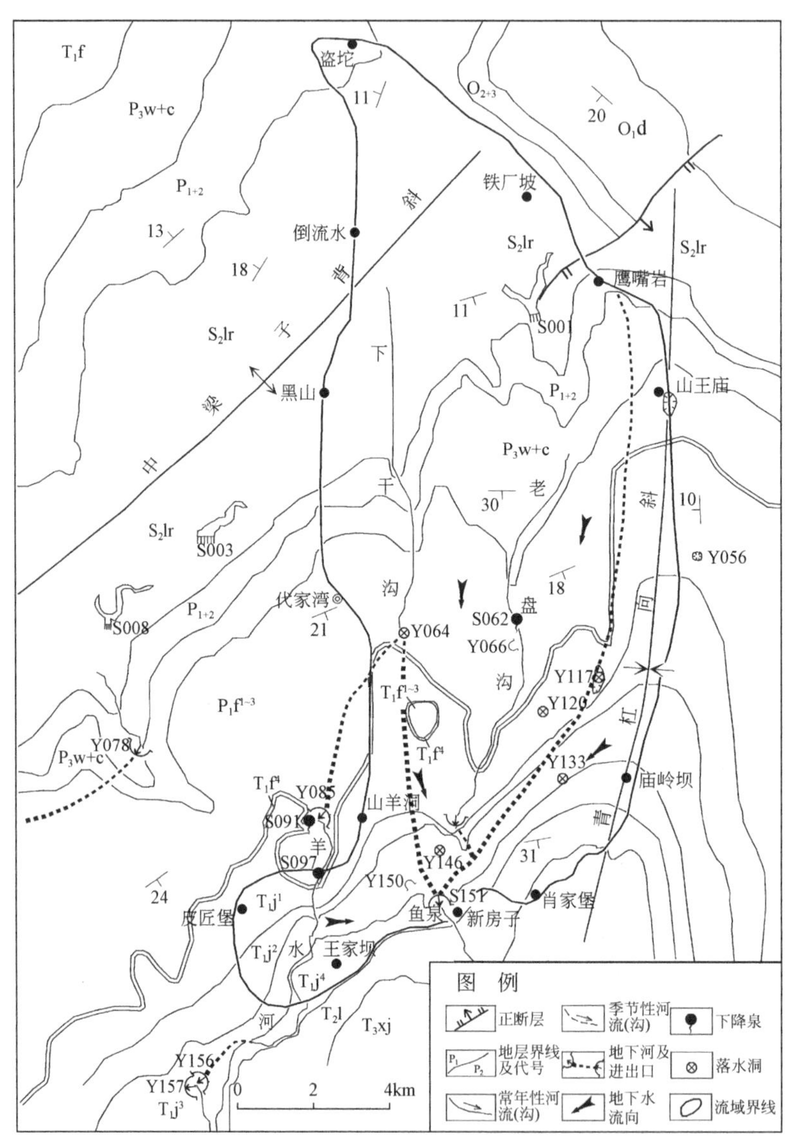

图2-5　鱼泉地下河系统水文地质简图

2.2.3.1　边界条件

北侧边界，鱼泉地下河系统流域北侧出露的地层为中志留统罗惹坪组地层，岩性主要为页岩、砂质页岩，在区域上均属于隔水层。因此，北侧边界以地表水分水岭为界。

东侧边界，东侧的边界为青杠向斜核部，该向斜轴部成岭，为地表水分水岭，据调查资料，轴部地层挤压紧密，裂隙发育，构成地表降水的良好下泄通道，在轴部地带发育有密集的地表落水洞等垂直岩溶现象，向斜两侧地形快速降低，向斜轴部形成地下水分水岭，因此，东侧为地下水分水岭边界。

南侧边界，系统南侧出露地层为中三叠统雷口坡组，岩性为灰质泥岩、砂质泥岩、页岩以及泥灰岩，为相对隔水的岩层组，形成南部的隔水边界。

西侧边界，根据野外调查和本次水文地质钻探结果，羊水河与下干沟之间存在地下水分水岭，西侧为地下水分水岭边界。

2.2.3.2　地下水类型、含水岩组及其富水性

1. 第四系松散层岩类孔隙水含水岩组及其富水性

该类含水岩组主要分布于羊水河、下干沟及其支流沿岸河谷阶地内，面积很小；为第四系冲洪积、崩坡积、残坡积层，岩性为黏土、亚黏土、砂、砂砾石等，含孔隙水，本次调查未发现泉点出露，富水性弱。

2. 基岩裂隙水含水岩组及其富水性

含水岩组包括志留系罗惹坪组（S_2lr），岩性为灰黄色页岩、粉砂质页岩、薄层粉砂岩及石英砂岩等，偶夹生物碎屑灰岩透镜体。主要分布于系统北部，调查区只见一处水点出露，为表层裂隙水，说明该区域这类地层内地下水贫乏，地层富水性弱，为相对隔水层。

3. 碳酸盐岩裂隙溶洞水含水岩组及其富水性

该类含水岩组主要包括二叠系（P）、下三叠统飞仙关组第1~3段（$T_1f^{1\sim3}$）、嘉陵江组（T_1j），岩性以石灰岩、白云质灰岩为主，分布于系统的中下部，该含水岩组内岩溶发育强烈，地表岩溶洼地、落水洞、漏斗、天窗、竖井、地下河、溶洞、溶沟、溶槽、天生桥等岩溶个体形态齐全；地下水多以地下河、岩溶大泉的形式排泄，是流域内地下河发育的主要地层。其中二叠系（P）地层中，共调查泉水6处、伏流入口1处、落水洞1处及洼地2处，泉水流量0.02~25.00L/s，富水性中等；下三叠统飞仙关组第1~3段（$T_1f^{1\sim3}$）、嘉陵江组（T_1j）中，共调查地下河出口5处、泉水36处、伏流入口4处、落水洞30处、溶洞6处、地下河天窗1处及洼地18处，地下河流量289.0~560.0L/s，泉水流量0.005~120.00L/s，富水性强。

4. 碎屑岩夹碳酸盐岩裂隙溶洞水含水岩组及其富水性

该类含水岩组主要包括下三叠统飞仙关组第4段（T_1f^4）、中统雷口坡组（T_2l），岩性以页岩、泥灰岩为主，分布于系统的中下部，出露面积较小。区内岩溶不发育，未见水点出露，该含水岩组富水性弱。下三叠统飞仙关组第4段（T_1f^4）厚约25m，为区域的相对隔水层，但根据地面调查及联通试验的结果，在鱼泉地下河系统内该岩层构造裂隙、张裂隙较发育，隔水效果差，为不完整隔水层。中三叠统雷口坡组（T_2l）为系统南侧的相对隔水边界。各地层水点出露及特征见表2-6和表2-7。

表 2-6　各类调查点在不同地层内出露个数

种类＼地层	志留系（S）	二叠系（P）	飞仙关组第 1～3 段（T_1f^{1-3}）	飞仙关组第 4 段（T_1f^4）	嘉陵江组（T_1j）	雷口坡组（T_2l）	总计
地下河出口			1		4		5
泉水	1	6	19		17		43
伏流入口		1	1		3		5
落水洞		1	9		21		31
溶洞			3		3		6
暗河天窗			1				1
洼地		2	7		11		20
合计	1	10	41		59		111

表 2-7　调查区内主要水点特征

编号	野外编号	水点名称	标高/m	地层	出露特征	枯季流量/(L/s)	矿化度/(mg/L)	水化学类型
S1	Y064	下干沟伏流入口	1110	T_1f	下干沟水潜入地下	10	275.5	HCO_3-Ca
S2	Y078	猴子沱伏流入口	1039	P_2	羊水河水呈瀑布状潜入地下	300～500	50.02	HCO_3-Ca
S3	S091	龙泉洞	850	T_1f	上层地下河出口，地下水局部排泄	15	202	HCO_3-SO_4-Ca
S4	Y085	仙人洞	1035	T_1f	从洞侧壁流出从下游洞底潜入地下	5	123.5	HCO_3-Ca
S5	Y139	野水沟伏流入口	675	T_1j	野水沟水在此潜入地下	20	215.5	HCO_3-SO_4-Ca
S6	S151	鱼泉地下河总出口	620	T_1j	地下局部排泄	120	234.5	HCO_3-SO_4-Ca-Mg
S7	Y156	白果伏流出口	616.7	T_1j	地下局部排泄	10	299	HCO_3-Ca
S8		老龙洞	180	P_2	乌江北岸地下水最终排泄	725	172.4	HCO_3-SO_4-Ca

2.2.3.3　补给特征

1. 大气降水补给

大气降水为系统内地下水的主要补给源。大气降水主要通过岩溶洼地、漏斗、落水洞、溶隙等渗入地下，以较均匀的面状补给地下水。

2. 地表水补给

羊水河、下干沟、老盘沟等溪沟，汇集非岩溶区和岩溶区的地表水在径流过程中沿河床渗漏，或通过消水洞的形式补给岩溶地下水。2012 年 6 月，羊水河分段实测岩溶发育区流量分别为 425.8L/s、450.0L/s，表明羊水河在流经岩溶区时基本未沿河床渗漏；下干沟实测流量 20.0L/s，至下干沟伏流入口全部潜流地下；老盘沟实测流量 110.0L/s，至野水沟伏流入口全部潜流地下，流向鱼泉地下河总出口，以上两处地表水补给量 130.0L/s，大约相当于当时鱼泉地下河出口流量的 1/9（表 2-8）。可见系统内地下水主要来源于岩溶含水层渗流补给。

表 2-8　地表水补给特征

河流名称	测流位置	流量/(L/s)	补给地下水方式	调查日期
下干沟	下干沟伏流入口	20.0	从下干沟伏流入口直接潜流地下	2012 年 6 月 6 日
老盘沟	野水沟伏流入口	110.0	从野水沟伏流入口直接潜流地下	2012 年 6 月 6 日
羊水河	C095	425.8	流经岩溶区沿河床漏失少	2012 年 6 月 7 日
	C113	450.0		
鱼泉地下河出口		1200.0		2012 年 6 月 6 日

2.2.3.4　径流特征

鱼泉地下河主要由上游的地表水流、分散的地下径流和中下游的地下河管道集中径流组成。下干沟、老盘沟两个主要的径流通道特征如下：

1. 下干沟–鱼泉地下河总出口地下径流

下干沟发源于黄家沟、箩圈岩等地，最后从下干沟落水洞 Y064 潜入地下，全长 4km，高程由 1250m 降至下干沟伏流入口 1110m，落差 140m，坡降 35‰。枯季流量数升到数十升，雨季流量可达数立方米。下干沟地表汇水潜流地下后，汇入鱼泉地下河向出口 S151 径流排泄。该径流带长约 15km，落差约 480m，坡降 32‰。

2. 老盘沟–野水沟–鱼泉地下河总出口地下管道流

老盘沟发源于仙女湖，流经野水沟，从野水沟伏流入口 Y146 潜入地下，全长 8km，高程由仙女湖大坝 1320m 降至野水沟伏流入口 675m，落差 645m，坡降 80.6‰。枯季流量数升到数十升，雨季流量可达数立方米。老盘沟地表水在 Y146 潜流地下，向鱼泉地下河总出口 S151 径流排泄。该管道流长约 1.4km，落差约 55m，坡降 39‰，为老盘沟地表汇水补给鱼泉地下河的主要通道（表 2-9）。

表 2-9　鱼泉地下河系统径流特征

径流名称	性质	长度/km	落差/m	坡降/‰	其他说明
下干沟地表径流	地表径流	4.0	140	35.0	枯水期断流，在丰水期地下水在印象武隆下干沟伏流入口全部潜流地下
下干沟-鱼泉地下河总出口	地下径流	15.0	480	32.0	2012 年 6 月进行的示踪证明，下干沟落水孔与鱼泉地下河存在地下通道，下干沟部分汇水进入了鱼泉地下河
老盘沟地表径流	地表径流	8.0	645	80.6	冲沟汇水主要流入点为野水沟伏流入口
野水沟-鱼泉地下河总出口	地下河	1.4	55	39.0	2012 年 6 月进行的示踪证明，野水沟伏流入口与鱼泉地下河存在地下通道，且为直通单管通道

2.2.3.5　排泄方式

鱼泉地下河系统内的地下水排泄，主要分成三部分：大部分地下水经过地下径流，在鱼泉地下河总出口排泄，鱼泉地下河总出口枯季流量约 120L/s，雨季流量可达数立方米每秒；少部分地下水在暴雨时，经过下干沟-仙人洞伏流段径流，排泄到羊水河；极少部分地下水经过下部循环，排泄到了乌江区域最低侵蚀基准面。

总的来说，系统内的地下水基本上是集中汇集到了鱼泉地下河主干道上，最后在鱼泉地下河总出口排泄。

2.3　万华岩岩溶地下河系统自然条件

2.3.1　人文地理

2.3.1.1　地理位置和社会经济

万华岩位于湖南省郴州市安和乡境内，距市区 17km，因南宋地理学家张南轩在入口处洞顶镌刻“万华岩”而得名；为国家旅游风景名胜区、国家地质公园。研究区内，居住有宋家洞、礼家洞等 3 个村委 25 个自然村约 7000 人口，以农业为主；东南为花岗岩分布区，湖南有色新田岭钨业有限公司为研究区唯一一个工矿企业。

2.3.1.2　地形地貌

区内地形南高北低，西南高东北低。南面为花岗岩低山，高程 920 ~ 1100m，最大高程为礼家洞以南 1.2km 处的地表水分水岭，高程为 1095.7m。地形坡度南部大，往北逐步变小；宋家洞槽谷平均坡度 19.67%，其中南部最高点（1057.7m）至平仓岭距离 1450m，平均坡度 25.8%，平仓岭至宋家洞地下河入口平均坡度 13.33%；礼家洞-铁坑水库槽谷，长8300m，高程差863.2m，平均坡度10.4%；礼家洞以南至地表水分水岭地段坡度最大，达38.65%，礼家洞–万华岩地下河出口坡度为7.5%。

北部为溶丘洼地、谷地地貌。岩溶区高程235.0～700m，西侧大坪里至中部芒头岭一线高程多大于550m，局部为650～700m；中部塘下山以北地带高程多为300～450m；在万华岩地下河出口，地形高程整体从300m下降到235m左右。

2.3.1.3　气象与水文

万华岩地处亚热带，属季风湿润气候。气候温和，四季分明，雨量充沛。根据1990～2004年降水量数据，年平均降水量1565mm，最大年降水量2177mm，最少年降水量1030mm（表2-10）。

表2-10　1990～2004年北湖区逐年降水量

年份	1990	1991	1992	1993	1994	1995	1996	1997	1998	1999	2000	2001	2002	2003	2004	年平均
降水量/mm	1484	1232	1842	1323	1861	1593	1264	2013	1221	1706	1728	1529	2177	1030	1477	1565

年平均降水日数177天，平均每月降水日数14.75天。年内降水量分布如下，3～8月为丰水期，合计降水量占全年的65.1%，其中8月为全年降水最集中的月份，平均月降水量达218.0mm；1～2月和9～12月为平、枯水期，合计降水量占全年的34.9%。

年平均气温18.5℃；7月平均气温最高，为29.3℃，12月和次年1月、2月气温小于10℃，分别为8.0℃、6.8℃和9.3℃（表2-11）。

表2-11　逐月降水量日数和平均气温

月份	1	2	3	4	5	6	7	8	9	10	11	12	全年
降水量/mm	92	114	168	184	177	193	117	218	102	94	52	54	1565
降水日数/日	17	16	20	17	17	15	14	15	12	13	11	13	177
月平均气温/℃	6.8	9.3	12.6	19.0	23.2	27.0	29.3	28.0	24.4	19.1	14.0	8.0	18.5

万华岩地下河系统属湘江流域的郴江支流同心河的上游段。地表溪沟主要发育在南部花岗岩分布区，岩溶区地表溪沟不发育，仅局部形成几十米至数百米长季节性溪沟。

西南宋家洞一带花岗岩区形成的溪沟经过宋家洞洼地中约1.5km长狭长槽谷进入岩溶地下河系统，溪沟宽1.5～10.0m，上游窄，接近伏流入口溪沟变宽，长年有水流，根据访问，宋家洞洼地及狭长槽谷中未见内涝现象。

东南礼家洞一带花岗岩地区形成地表溪沟，汇入铁坑水库，水库发电用水和农灌用水汇集到下游宽2.0～8.0m的溪沟中，溪沟流量主要受水库控制，并流经过瓜棚下至万华岩发电厂后流出区外。

2.3.2　地层与构造

2.3.2.1　地层

万华岩地下河系统区域地层分布，主要由石炭系大塘阶（C_1d）和岩关阶（C_1y）灰岩及白云质灰岩等组成。

1. 岩关阶（C_1y）

第1段（C_1y^1），灰黄、灰色及黑色页岩，浅黄色、褐黄色粉砂质页岩为主。

第2段（C_1y^2），深灰色中至厚层状生物屑、砂屑泥晶灰岩、粉晶灰岩，夹中-厚层状白云岩。

第3段（C_1y^3），为黄白色、黄褐色石英粉砂岩、泥质粉砂岩，浅黄和褐色页岩、粉砂质页岩。

第4段（C_1y^4），深灰色中至厚层状泥-粉晶灰岩，含生物屑灰岩，夹中厚层状云灰岩，白云质团块。

2. 大塘阶（C_1d）

以灰岩为主，夹页岩、粉砂质页岩。总厚度421～803m。与下伏岩关阶系连续沉积，整合接触。由下而上分为石磴子段、测水段、梓门桥段。

石磴子段（C_1d^1），石磴子段（C_1d^1）分上、下两层。

下层（C_1d^{1-1}），为灰、浅灰中至厚层状粉晶白云岩、生物碎屑泥晶白云岩、含粉-泥晶灰岩、含生物碎屑灰岩互层。

上层（C_1d^{1-2}），为深灰色、灰黑色厚至中厚层状粉、泥晶灰岩，含生物屑砂屑灰岩，夹深灰色中厚层状含生物屑含云灰岩、粉-泥晶云灰岩。

测水段（C_1d^2），属滨海-沼泽碎屑、含煤泥质沉积，整合于下伏石磴子段之上。上部夹厚层至块状石英砾岩、砂砾岩、含砾粉砂岩和细粒长石石英砂岩。下部夹少量灰白色中厚层状细粒石英砂岩、长石石英砂岩，常含铁锰质砂质结核。

3. 第四系（Q）

第四系主要分布在外围区域，万华岩地下河系统内，在出口下游同心河河谷有零星分布，但分布面积小或厚度小，不予圈出。

2.3.2.2　岩浆岩

岩浆岩在地下河系统区域南面大片面积分布，其他地区也有零星的侵入体出露。本区有二期5次侵入体，其中印支期有两次：印支期第一次侵入体（γ_5^{1-1}）、印支期第二次侵入体（γ_5^{1-2}）。燕山早期有三次侵入体：燕山早期第一次侵入体（$\gamma\pi_5^{2-1}$）、燕山早期第二次侵入体（χ_5^{2-2}）、燕山早期第三次侵入体（ζ_5^{2-3}）。

2.3.2.3　构造

万华岩位于南岭纬向构造带中段北缘之宁远-桂阳东西向拗褶带东段北侧。耒阳-临武南北向拗褶带、湘东新华夏系永兴–临武断褶带、北西向衡阳–汝城拗陷带和常宁–桂阳隆起带等在本区交汇，如图2-6所示。区域构造极为发育，纵横交错；分为东西向构造、南北向构造、新华夏系、北西向构造4种构造类型。南北向构造和新华夏系构造最为发育，且规模大。各构造体系发展历史悠久，交替活动，构造格局极为复杂，构造活动除具有长期性和复杂性外，还具有阶段性和继承性特征。系统内断层、褶皱发育，总体呈北东近30°方向展布。

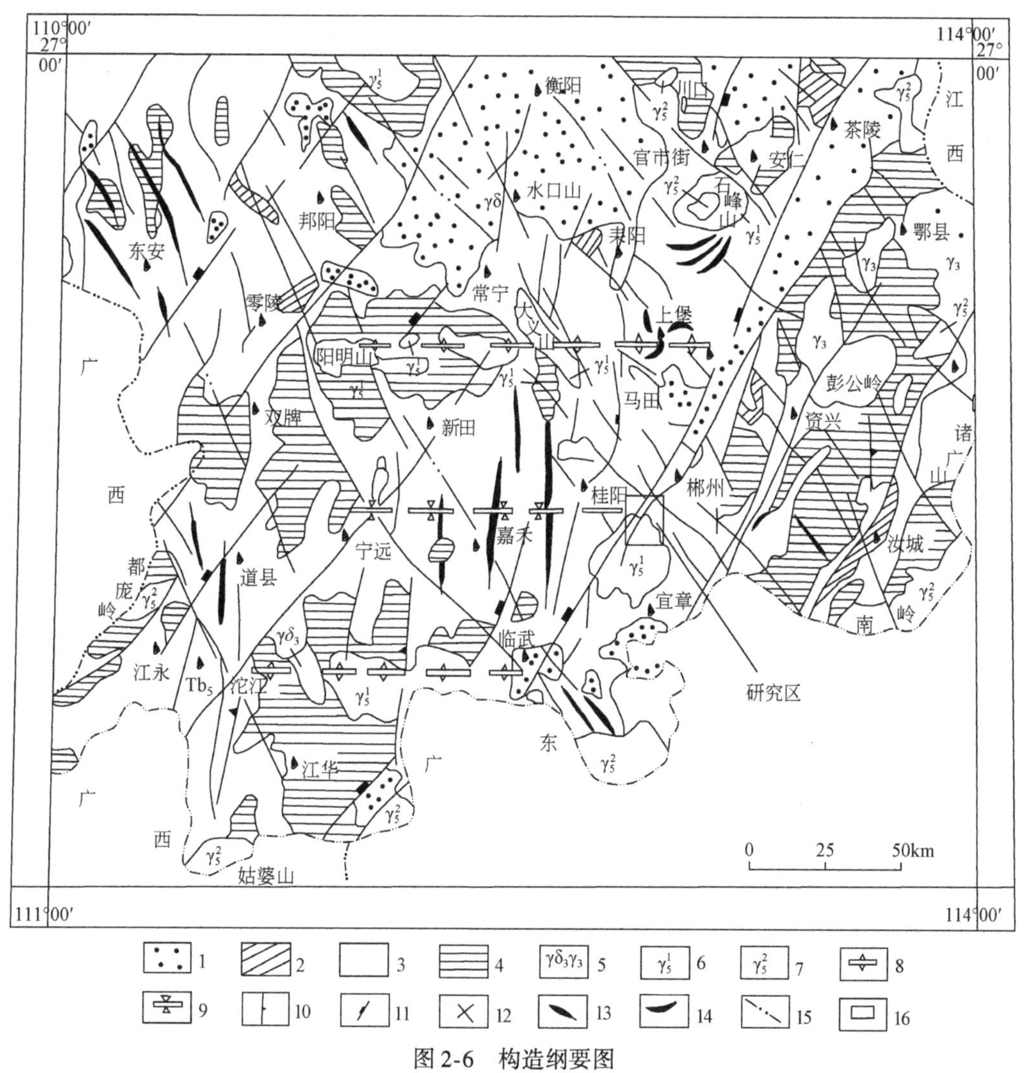

图2-6　构造纲要图

1. 新近系—白垩系；2. 侏罗系—上三叠统；3. 下三叠统—泥盆系；4. 前泥盆系；5. 加里东期中酸性侵入岩；6. 印支期中酸性侵入岩；7. 燕山期中酸性侵入岩；8. 东西向隆起带轴线；9. 东西向拗陷带轴线；10. 南北向压性断裂；11. 新华夏系压扭性断裂；12. 北西向压扭性断裂；13. 褶皱轴线；14. 压扭性旋回面；15. 航、卫片解译断裂；16. 研究区范围

2.3.3 万华岩地下河系统

2.3.3.1 汇水区域

地下河系统南部花岗岩地区以地表水分水岭为界。东西两侧岩溶区以地下水分水岭为界，南部地下河总出口为集中排泄边界，汇水面积为 28.49km^2。

岩溶含水层组由石炭系大塘阶（C_1d）和岩关阶（C_1y）的灰岩及白云质灰岩构成，分布面积 16.84km^2，占流域面积的 59.11%。花岗岩裂隙水含水岩组，分布在地下河流域的南部，出露面积 11.65km^2，占流域面积的 40.89%。地下河系统内地层出露面积见表 2-12。

表 2-12　地层出露面积

地层及代号			面积/km^2
岩关阶	第 1 段	C_1y^1	0.000
	第 2 段	C_1y^2	0.724
	第 3 段	C_1y^3	1.735
	第 4 段	C_1y^4	10.872
大塘阶	石磴子段下层	C_1d^{1-1}	0.339
	石磴子段上层	C_1d^{1-2}	1.343
	测水段	C_1d^2	1.756
花岗岩	印支期第一次侵入体	γ_5^{1-1}	0.193
		γ_5^{1-1a}	11.401
		γ_5^{1-1b}	0.000
	印支期第二次侵入体	γ_5^{1-2}	0.022
	燕山早期第一次侵入体	$\gamma\pi_5^{2-1}$	0.004
	燕山早期第二次侵入体	χ_5^{2-2}	0.008
	燕山早期第三次侵入体	ζ_5^{2-3}	0.000
合计			28.491

2.3.3.2 地下水补径排条件

大气降水是万华岩地下河系统的主要补给源，岩浆岩区形成的地表径流和裂隙水对岩溶区形成外源水补给、侧向补给。受地层、岩性、地形地貌及构造等的影响，地下水接收补给后，总的流向是从南西往北东径流，最终通过地下河万华岩总出口排泄。万华岩地下河枯季流量 70～100L/s，平水期流量 200～450L/s。根据补径排条件，整个系统可划分为东、西部两个地下水子系统。

1. 西部地下水子系统

南部花岗岩地区部分裂隙水在宋家洞形成地表径流，流经宋家洞岩溶谷地，除少量用于农灌外，大部分通过 Cz37（高程 446.5m）地下河入口集中补给地下河。

在宋家洞以南岩溶区，接收大气降水后，受局部岩性和构造裂隙控制，部分地下水在不同高程排出地表，主要有三级排泄。

一级排泄，发育高程 480～500m，如史家寨 Cz41 泉，高程 490～500m，该泉为栏牛岭水库（高程 480m）的主要补给源，并作为栏牛岭区域的农灌水，径流沿途渗入地下；铁山里 Cz20 泉，当地生活用水，径流 150m 后经过 Cz19 消于地下；Cz18 泉，生活生产用水，流经短距离后逐步消于地下。

二级排泄，发育高程 420～450m，分布在栏牛岭区域，如 Cz14 泉群，由 3 个出口构成，作为农灌水。栏牛岭区域泉点排泄的地下水，最终通过洼地消水洞 Cz15 补给地下河系统。

三级排泄，如 Cz10（高程 385.0m）和 Cz09（高程 373.0m）等泉，为上芒头岭山塘水库水源，并向塘下山以北洼地径流排泄。

在塘下水-坦山大队林场区域，未见大泉发育，发现的泉点流量均小于 1.5L/s。新田岭区域，该区域发育多个大型漏斗，如 Cz31、Cz33；张家湾花岗岩地区汇集的地下水主要集中在 Cz33 消于地下。新田岭自然村-新田岭大队一带岩溶泉流量一般小于 1.0L/s，往北至塘下山洼地南部边缘发育泉点 Cz23，该泉主要接收新田岭区域地下水补给，地下水排出地表后，在 250m 处 Cz25 天窗补给地下河系统。

西部区域岩溶地下水系统补径排模式如图 2-7 所示。

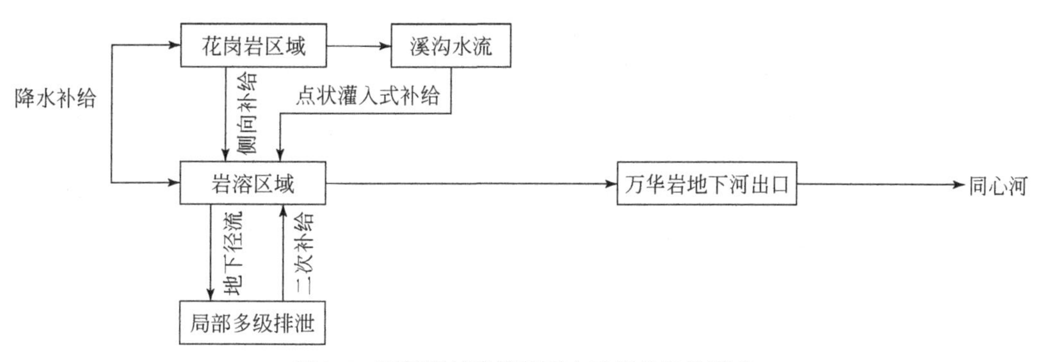

图 2-7　西部区域岩溶地下水系统补径排模式

2. 东部地下水子系统

南部礼家洞至铁坑一带花岗岩区域汇集的地下水地表水，汇入铁坑水库，该水库兼农灌和发电。发电排水形成溪沟沿槽谷经牛角湾、瓜棚下，在万华岩一带向同心河排泄。

在槽谷中段牛角湾区域发育 Cz44（高程 344.5m）、Cz45（高程 346.0m）、Cz46（高程 344.8m）3 个泉点，其中前者发育于槽谷溪沟的左岸由板山一带径流补给，后两者发育于槽谷溪沟的右岸，由秀凤有色金属矿以及紫竹山一带径流补给，3 个泉点排出的地下水汇集槽谷溪沟中与铁坑水库形成的地表水一起向北径流排泄。

地表溪沟水在瓜棚下区域分成两部分，大部分沿渠道继续朝北径流在万华岩发电厂二次发电后排向同心河。由于在瓜棚下以南 600m 渠道有多处渗漏，部分渠道水排出到渠道外的洼地中，该部分水流集中在 Cz48 落水洞群消于地下，示踪表明，该部分水流向万华岩径流补给。

东部区域岩溶地下水系统补径排模式如图 2-8 所示。

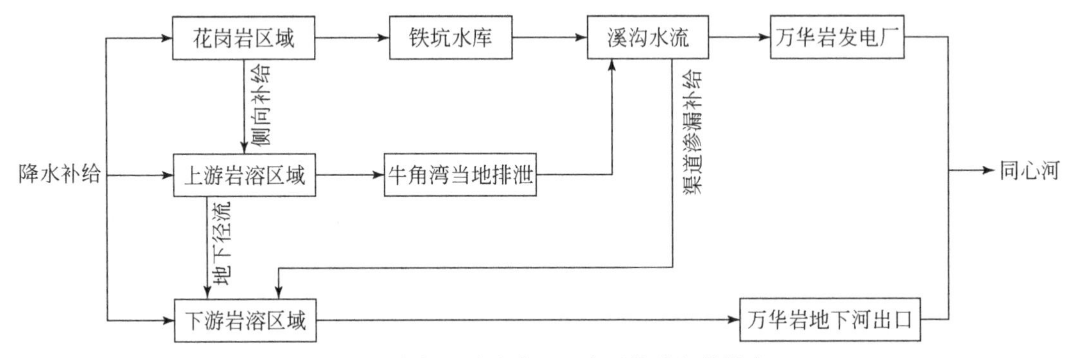

图 2-8　东部区域岩溶地下水系统补径排模式

2.3.3.3　地下河管道分布

万华岩发育于下石炭统灰岩；洞穴空间的形成年代较年轻，约 100 万年；而洞穴内钟乳石类景观的形成则更为年轻，在 10 万年之内。万华岩地下河洞穴系统，它由一条长 2245m 的主通道和一条长大于 5km 分支通道，以及连接它们的负地形，如地面进水洞、竖井、落水洞、喀斯特天窗和地表洼地等组成的洞穴系统。

（1）万华岩主通道及东支道，主通道主要指 JC02 至洞口 CZ50 段洞穴，东支道则指 JC02 经 CZ24 至 CZ48 段洞穴，其中和尚岩（CZ48）为原伏流入口。该段通道规模，宽 5～20m，最宽 70m；一般高 10～20m，最高处大于 30m。洞内顶板崩塌显著，通道在空间结构上表现为多层状，断面形态不规则，洞底河床宽 3～5m，水位变幅 2～4m。洞内遍布大型花岗岩砾石，显然，在现代水文状况下并不可能形成空间规模如此之大的主通道。

（2）西支道，该支道主要沿着 NS 向、NE 向裂隙面发育。宋家洞、新田岭山区侵蚀性外源水沿花岗岩与灰岩接触带发育的消水洞进入碳酸盐岩区，成为该支洞的主要补给水源和发育的主要动力；其中宋家洞、新田岭附近的 CZ37、CZ30 为重要的两个地表水流入口，为该支洞提供了地下河水量的 60% 左右，因此，在万华岩洞穴的现代水循环过程中，西支洞居支配地位，主通道及东支道只不过是一个遗留下来的早期洞穴。

西支道宽 3～6m，高 5～10m，规模远逊于主通道，其剖面形态以峡谷形和锁孔形为主，其中锁孔形断面主要见于支道的上游部分。支道内河床上的机械沉积物以细卵石为主，支道上游入口段由于地表的黏土随水流灌入洞内可见黏土堆积。

万华岩地下河系统水文地质条件如图 2-9 所示。

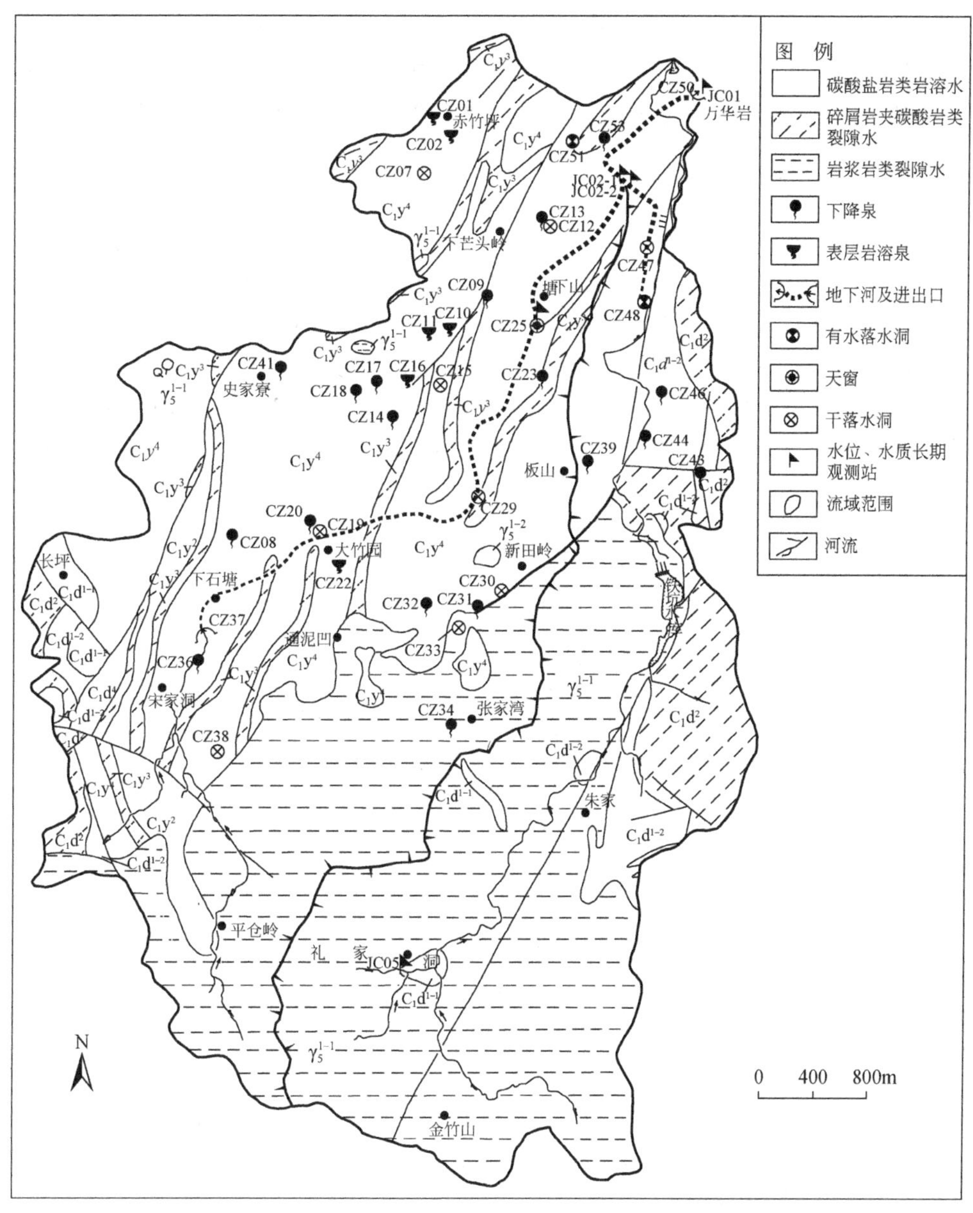

图 2-9　万华岩水文地质简图

2.4　大小井岩溶地下河系统自然条件

2.4.1　人文地理

2.4.1.1　社会经济

大小井岩溶地下河地处珠江水系上游贵州省境内，行政区域跨贵州省平塘、罗甸、惠水三县，地理坐标106°35′35″E～106°57′14″E，25°30′49″N～25°04′00″N。地下河出口位于罗甸县城东北，距县城24km。大小井地下河系统内岩溶山区为主，缺水少土，岩溶干旱严重，自然灾害频繁，社会经济落后，不少乡镇仍属于贫困区或在贫困线附近。

2.4.1.2　地形地貌

大小井流域地处贵州高原向广西丘陵过渡的斜坡地带，地势总体特征表现为北高南低。上游海拔1350～1450m，最高点位于惠水县宁旺乡以东的龙塘山，海拔1690m，向南逐渐降至900～1000m，大小井总出口附近下游区域750～850m，最低点大小井地下河出口高程430m，最大相对高差1260m。区内除上游惠水摆金一带地形较为平缓外，其余大部起伏较大，尤其是流域中下游以及摆郎河两岸，地形切割强烈。按成因分类，区内地貌可分为溶蚀、溶蚀-侵蚀及侵蚀三大类型，如图2-10所示。

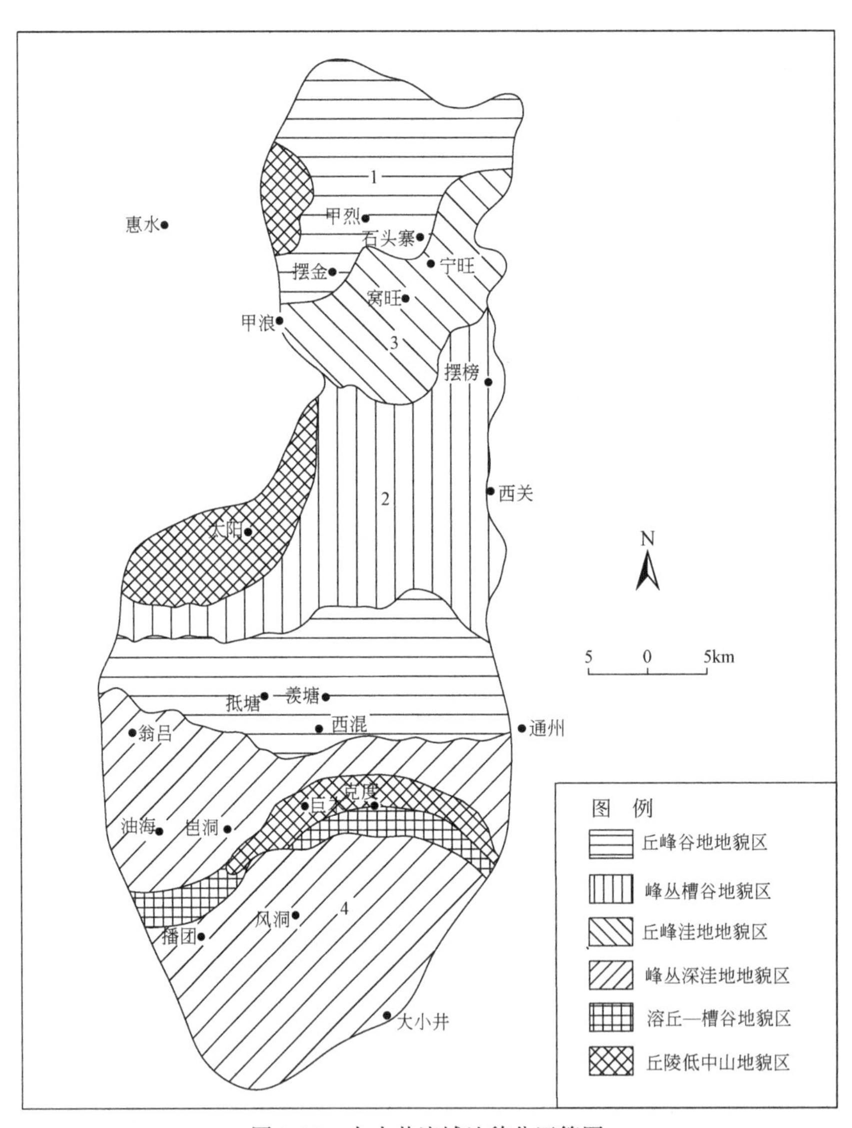

图2-10　大小井流域地貌分区简图

1. 溶蚀类型地貌

根据岩溶个体形态的组合特征，溶蚀地貌的组合形态有4种类型。

（1）丘峰谷地，分布于流域上游摆金、中游羡塘等地，主要出露石炭系及二叠系碳酸盐岩。谷地平坦、开阔，谷底明、暗流交替频繁，地下水位埋深0～50m。

（2）峰丛槽谷，分布于摆郎河中游两岸，槽谷横剖面形态呈V字形，地形相对高差200～250m。负地形内多发育有地下暗河管道，地下河分布密度大但规模小；摆郎河中游之塘边-克渡区域的槽谷相对宽缓，地下水出露成明流。

（3）丘峰洼地，分布于流域上游，出露地层石炭系至二叠系碳酸盐岩。洼地多呈近椭圆形，规模较小，深度30～60m，发育密度1～3个/km^2；丘峰多为馒头状山体，相对高差50～100m，地下水分散排泄点多，但流量小，动态不稳定，地下水位埋深0～20m。

（4）峰丛洼地，涵盖了大小井流域中下游大部地区。出露石炭系至三叠系碳酸盐岩类地层，塑造的地貌特征表现为峰丛基座高，峰顶呈锥状；洼地平面形态为圆形或椭圆形；剖面形态多呈漏斗状，深度在100～300m；洼地呈串珠状分布，发育密度3～4个/km^2，正负地形之比为5∶1；地下水位埋藏深度大于100m。

2. 溶蚀-侵蚀类型地貌

溶蚀-侵蚀类型地貌分布于克渡、风洞等地。克渡地区出露地层岩性为三叠系不纯碳酸盐岩夹碎屑岩；风洞区域布露中二叠统吴家坪组。地貌类型为溶丘槽谷，其间发育有盆状洼地，洼地底部偶见落水洞，峰顶与洼地相对高差50～80m。

3. 侵蚀类型地貌

侵蚀类型地貌分布于摆金至大甲烈、抵季乡、蛮纳及播翁、高寨、白秧寨一线以西地区，出露石炭系大塘组一段及上二叠统碎屑岩类地层。地貌类型为侵蚀丘陵低中山，冲沟发育，地表水系多呈近东西向展布，自西向东径流汇入摆郎河。

2.4.1.3　气象水文

1. 气象

大小井岩溶流域地处亚热带湿润季风气候区，干湿季节分明，总的气候特征表现为：降水量、相对湿度由北向南逐渐递减，气温从北向南逐渐增高。南部罗甸县多年平均气温19.6℃，多年平均蒸发量1253.8mm，多年平均相对湿度75%；北部惠水县多年平均气温15.3℃，多年平均相对湿度79%，多年平均蒸发量1253.8mm。

惠水县、平塘县、罗甸县多年平均降水量分别为1188.3mm、1178.2mm、1152.8mm。每年4～10月为集中降水期，占全年降水总量的80%。由于降水量时空分布不均，并且降水多沿地表发育的各种岩溶个体形态快速渗入地下，极易发生夏、秋旱；11月至翌年3月为枯水季节，降水量仅占全年的10%。

2. 水文

大小井流域内主要地表水系为发源于贵阳市高坡场南部的摆郎河，次为发源于惠水县抵季乡翁招村的三岔河。

摆郎河以10号地下河为源头，在惠水县党谷村至分水岭河段表现为宽谷，河流切割浅，水力坡度小。其中甲烈-清水河段因河床内落水洞发育而成为为季节河；清水至党谷段，多为峡谷，河流下切作用增强，河床沿岸分布有较多的地下水分散排泄点；党古至羡塘河段切割强烈，为峡谷地形，河床水力坡度大，河流两岸发育有多条动态变化大、流程短且具有明暗相间径流特征的单枝状地下河，其排泄量构成摆郎河重要地补给源。

三岔河源头为215号、224号地下河，河床水力坡度小，河谷浅切，多为宽谷，系常年性河流。摆郎河在羡塘乡与三岔河交汇后在平塘县航龙村河段因季节变迁可分两部分。丰水期一部分河水继续向西汇入巨木河，其余的则由河床内发育的落水洞转为伏流；枯水期则直接在航龙处再次转为伏流，最终在罗甸县董当乡大小井集中排泄，实测枯季最小流量2.20m^3/s，丰水期监测到的最大流量224.0m^3/s。

2.4.2　地层与构造

2.4.2.1　地层

流域内从泥盆系至三叠系中统地层均有出露，以上二叠统吴家坪组（P_2w）岩性变化最大。风洞、达上、鸡公坡一线以北地区，该地层岩性为碎屑岩，局部夹燧石灰岩，以南则相变为燧石灰岩夹碎屑岩；第四系残、坡积层分布于谷地、洼地底部（表2-13）。

表2-13　大小井流域地层岩性

<table>
<tr><th>系</th><th>统</th><th colspan="2">地层名称</th><th colspan="2">地层代号</th><th colspan="2">厚度/m</th><th colspan="2">岩性简述</th></tr>
<tr><td>第四系</td><td></td><td></td><td></td><td colspan="2">Q</td><td colspan="2">0～2.5</td><td colspan="2">残坡积黏土、亚黏土</td></tr>
<tr><td rowspan="3">三叠系</td><td rowspan="2">中统</td><td>边阳组</td><td>凉水井组</td><td>T_2b</td><td>T_2l</td><td>2120</td><td>1626</td><td>粉砂质泥岩、页岩夹泥灰岩</td><td>灰色厚层状白云岩、灰岩</td></tr>
<tr><td>新苑组</td><td>小米塘组</td><td>T_2x</td><td>T_2xm</td><td>31～406</td><td>361～516</td><td>页岩、泥岩夹泥灰岩、灰岩</td><td>浅灰色厚层状白云岩、白云质灰岩</td></tr>
<tr><td>下统</td><td>大冶组</td><td>永宁镇组</td><td>T_1d</td><td>T_1yn</td><td></td><td>118～28</td><td>中厚层状灰岩夹泥质灰岩、泥岩</td><td>深灰色中厚层状泥质灰岩夹页岩</td></tr>
<tr><td rowspan="4">二叠系</td><td rowspan="2">上统</td><td colspan="2">大隆组</td><td colspan="2">P_2d</td><td colspan="2">0～6</td><td colspan="2">燧石灰岩、泥岩</td></tr>
<tr><td colspan="2">吴家坪组</td><td colspan="2">P_2w</td><td colspan="2">813～82</td><td colspan="2">风洞、达上、鸡公坡一线以北为泥岩、砂岩夹含燧石灰岩，以南为灰色厚层状含燧石灰岩</td></tr>
<tr><td rowspan="2">下统</td><td colspan="2">茅口组</td><td colspan="2">P_1m</td><td colspan="2">668～141</td><td colspan="2">灰色厚层至块状灰岩</td></tr>
<tr><td colspan="2">栖霞组</td><td colspan="2">P_1q</td><td colspan="2">282～91</td><td colspan="2">上部为灰色厚层状灰岩夹泥灰岩；底部为页岩与泥灰岩互层</td></tr>
</table>

续表

系	统	地层名称	地层代号	厚度/m	岩性简述
石炭系	上统	马平群	C_3mp	289～161	浅灰色厚层状灰岩
	中统	黄龙组	C_2hn	639～70	浅灰至灰白色厚层状灰岩
	下统	摆佐组	C_1b	207～128	灰色厚层状灰岩
		大塘组	C_1d^{1-2}	996～18	二段为深灰色厚层状灰岩、燧石灰岩夹泥灰岩；一段为泥岩、砂岩、页岩夹灰岩
		岩关组	C_1y	>79	灰色厚层状灰岩、泥质灰岩
泥盆系	上统	尧梭组	D_3y	392	灰色中厚层状白云岩、白云质灰岩
		望城坡组	D_3w	56	顶部为灰色泥质灰岩，中下部为浅灰色厚层状白云岩、白云质灰岩

2.4.2.2　构造

大小井岩溶流域所处的大地构造位置为扬子准地台黔南台陷之贵定南北向构造变形区，其特有的构造应力场造就了区域构造框架中分布最广、规模最大的经向构造体系。流域包括了该构造体系中的雅水背斜、克度向斜、高坡场向斜以及边阳断裂等主要构造形迹。

雅水背斜、克度向斜和高坡场向斜于流域内自西向东排列，褶皱形态均为舒缓型。其南北向展布的构造轮廓制约着区内山川、水系的布局特征，控制了可溶岩组的空间分布及碳酸盐岩在横向和垂向上的岩溶化程度，是大小井地下河系形成与发展的决定性因素。

边阳断裂长约43km，为走向呈北北西的区域性高角度压扭性断裂，伴生发育有一系列的压性、压扭性次级断裂。该断裂由大小井流域西侧的板敖至冬当段通过，并构成流域西侧部分边界。

区域纬向构造体系中的砂厂背斜、冬当向斜以及F4断裂也对大小井地下河系的形成和演变具有一定的促进作用。其中，小井地下河系中的砂厂支流即沿砂厂背斜轴部发育。该背斜轴向在板敖至响水洞之间呈北东东向展布，延伸至拉冒后因受冬当断裂的影响而转为北西西向（图2-11）。

2.4.3　大小井地下河系统

2.4.3.1　边界条件

大小井流域东侧边界，以石炭系大塘组一段（C_1d^1）碎屑岩形成的侵蚀低中山所构成的摆郎河与曹渡河之间的地表水分水岭为界。西侧边界则较为复杂，可分为三段：西侧北段边界指上游的105号水点以北段边界，为地下水分水岭；西侧中段边界指105～225号水点段边界，以地表水分水岭为界；西侧南段边界指流域下游225号水点以南段边界，为边阳压扭性断裂构成的隔水边界。北部边界为长江与珠江两大水系的地下水分水岭。南部为大小井地下河排泄带。流域面积 1943.2km^2（图 2-12）。

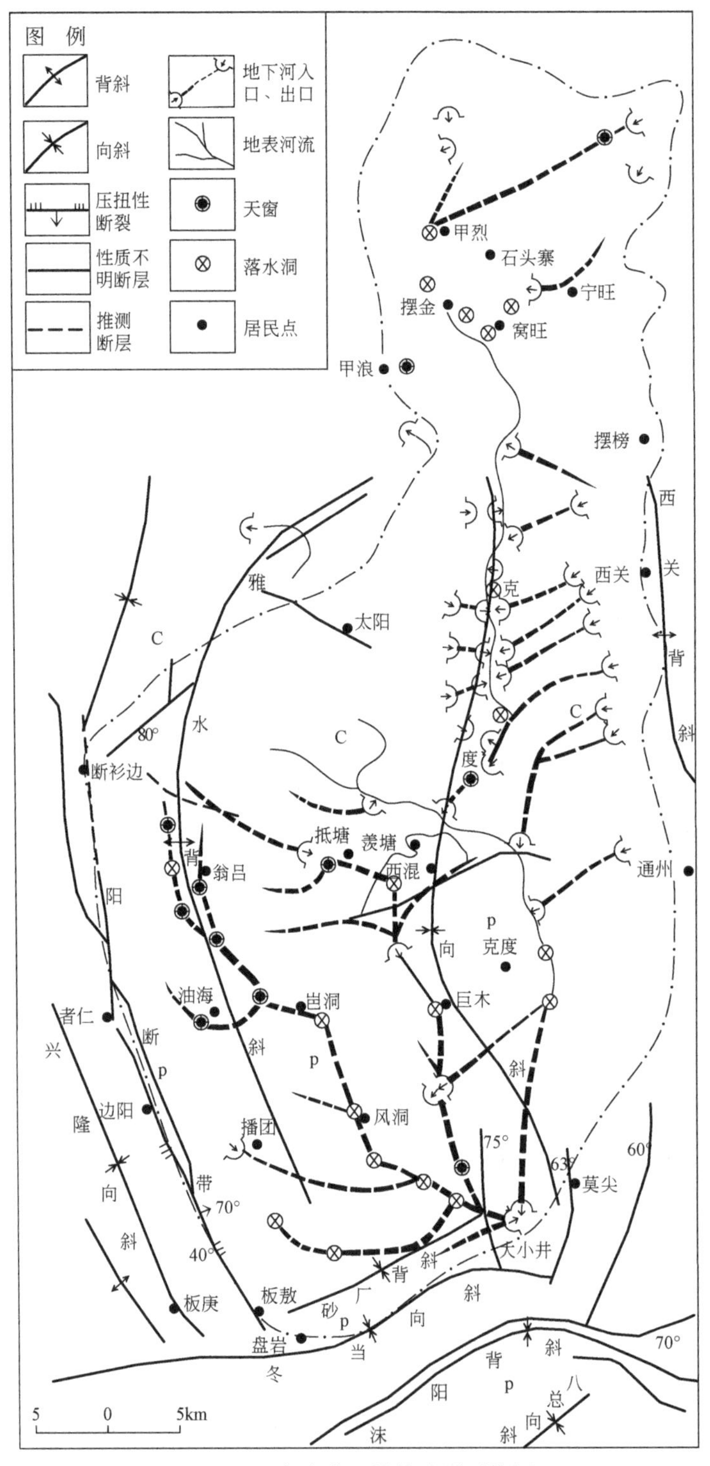

图 2-11　大小井区域构造刚要简图

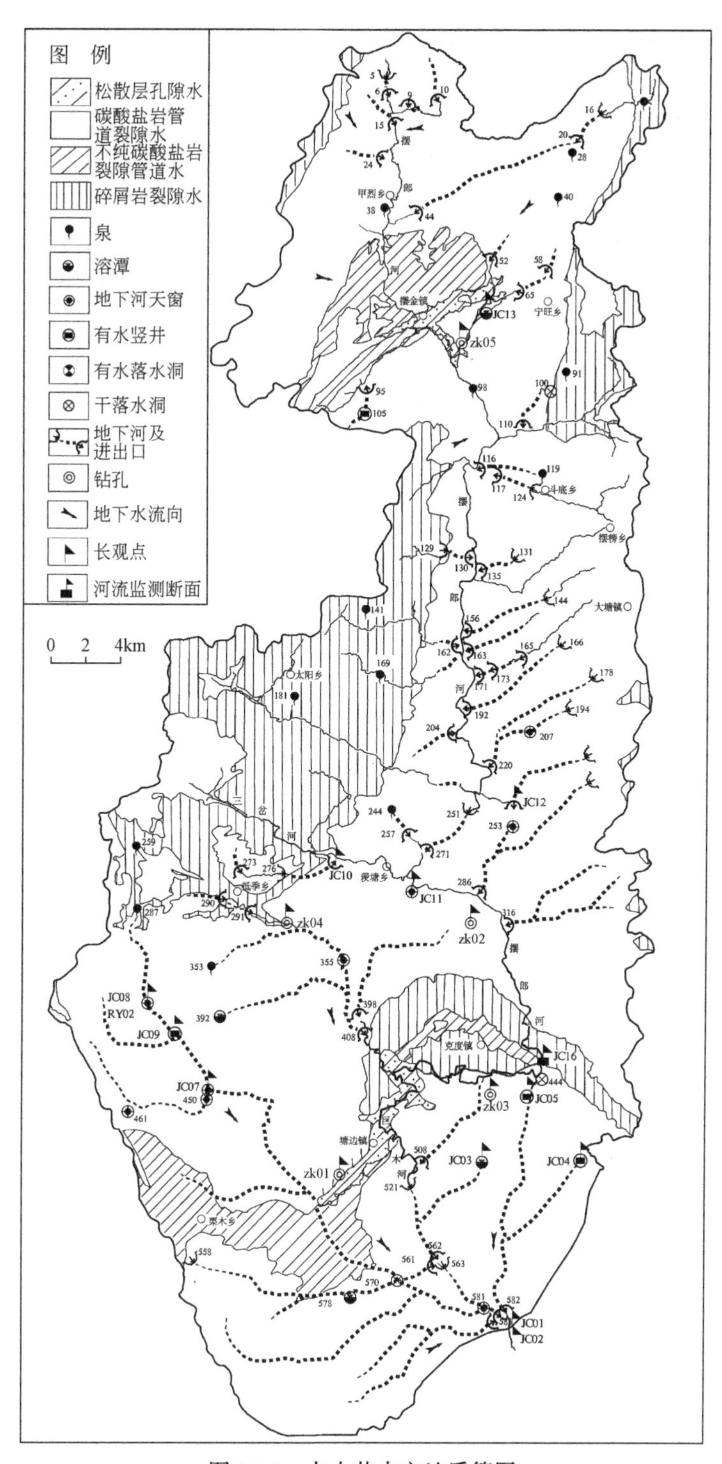

图2-12　大小井水文地质简图

2.4.3.2　水文地质特征

1. 含水岩组及富水性

根据含水岩组岩性、含水介质组合类型，大小井流域内含水岩组可划分为松散岩类孔隙含水岩组、碎屑岩类基岩裂隙含水岩组和碳酸盐岩类岩溶裂隙、管道含水岩组；其中，碳酸盐岩类含水岩组又视碳酸盐岩与碎屑岩的互层组合进一步划分为纯碳酸盐岩类含水岩组、碳酸盐岩夹碎屑岩类含水岩组两个亚类。根据枯季径流模数进行富水性划分，碳酸盐岩类含水岩组强、中、弱富水性评价指标分别为>6L/（s·km^2）、3～6L/（s·km^2）、<3L/（s·km^2）,碎屑岩类含水岩组强、中、弱富水性评价指标分别为>3L/（s·km^2）、1～3L/（s·km^2）、<1L/（s·km^2），各类含水岩组的富水性见表2-14。

表 2-14　含水岩组富水性

含水岩组类型		地层代号	泉及地下河流量/(L/s)	径流模数/(L/s·km^2)	富水性
岩溶水含水岩组	纯碳酸盐岩含水岩组	D_3y	60.85	13.70	强
		D_2d		0.77	弱
		C_1y	300.0	5.50	强
		C_1d^2	300.0	3.27～24.86	中等–强
		C_1b	2095.0	8.57	强
		C_2hn	135.11	4.70	中等
		C_3mp	43.29	2.1～6.5	中等–强
		P_1q-m	5530.0	0.474～32.63	弱–强
		T_1d	19.07	3.50～4.20	中等
		T_2xm	8531.0	2.07～7.05	中等–强
		T_2l	1.00	5.00～8.10	中等–强
	碳酸盐岩夹碎屑岩含水岩组	P_2w-c-d	51.89	3.10～4.10	中等
		T_1yn	0.80		弱
碎屑岩基岩裂隙水含水岩组		T_2b	1.0	1.33	中等
		T_2x	0.1～1.5	0.22～3.45	弱–强
		P_2w	0.04～8.30	0.02～8.00	弱–强
		C_1d^1	0.01～30.0	0.46～3.49	弱–强
松散岩孔隙水含水岩组		Q			弱

2. 地下水补给

由于大小井岩溶流域系封闭、完整的地下水系统，除大气降水的入渗补给外，基本上无外源水输入，仅流域内部上游的部分次级单元存在地表水与地下水之间的相互转换。每年丰水期降水量占全年降水总量的50% ~70%，是地下水接受补给的主要时期，其他季节降水少，地下水接受补给的量较小。

地下水接受补给的方式有集中补给和分散补给两种。集中补给普遍存在于摆郎河深切河谷地带以及流域下游的峰丛洼地区，指大气降水通过落水洞或规模较大的溶蚀裂隙直接注入地下补给地下水，具有补给量大、补给迅速的特点；分散补给主要存在于区内碎屑岩及不纯碳酸盐岩分布区，指大气降水、农田灌溉回归水等沿岩石的构造或风化裂隙、溶隙、溶孔等通道缓慢渗入补给地下水，具有分散、面广、补给量小、速度慢的特点。

受碳酸盐岩与碎屑岩空间分布、岩溶发育程度控制，区内地下河明、暗流交替频繁，地表河经落水洞转入地下对地下水进行补给的现象在流域上游较为普遍，如地下河上游石炭系大塘组一段（C_1d^1）碎屑岩地层中发育的地表水在进入黄龙组（C_2hn）碳酸盐岩类分布区的盲谷后，即由16号伏流入口潜流地下补给龙洞地下河。

3. 地下水径流

总体上，大小井流域内地下水径流方向为自北向南，径流形式表现为：碎屑岩或不纯碳酸盐岩分布区，地下水主要沿不同成因发育的裂隙呈散流状向岩溶区径流补给；纯碳酸盐岩出露区，地下水多以管道流形式集中径流。在不同地段，受含水岩组组合特征、地质构造及地形、地貌条件、地表水文网的展布等因素影响，地下水的径流方向以及径流形式有所差异。

zk12以北中上游，摆郎河构成了地下水排泄基准面，地下水由东、西两侧分别向摆郎河运动，且分散流与管道流并存；zk12以南中下游，地下水主要通过3个集中管道径流方向由北向南径流。

地下水埋深从上游至下游逐渐加大。其中北部区域，地形相对平缓，地下水埋深小于50m，地下水平均水力坡度约为4‰；中部地区地形切割较为强烈，相对高差200 ~250m，地下水埋深50 ~100m，地下水平均水力坡度为3.5‰ ~5.8‰；下游主要为峰丛洼地区，地形切割强烈，相对高差大于300m，垂直循环带巨厚，地下水埋深大于100m，部分地区埋深在150m以上，地下水平均水力坡度为12‰ ~22‰。

4. 地下水排泄

地下水排泄方式以地下河出口集中排泄为主，其次为分散排泄。地下河出口集中排泄主要位于摆郎河河谷深切地段和大小井，具有排泄迅速、流量大、动态极不稳定的特点，如流域上游摆郎河两岸发育的单枝状地下河以及中游的巨木地下河等。分散排泄主要指区内不纯碳酸盐岩类及碎屑岩类含水岩组中溶洞-裂隙水和基岩裂隙水所具有的排泄类型。地下水一般以泉的形式分散排泄于沟谷、河谷内，如大小井流域上游地带以及中游的克渡地区，泉水出露点多，但流量小，动态不稳定。

本章阐述的4条岩溶地下河的主要特征汇总见表2-15。地下河出口及地貌等相关照片见图版1 ~3、图版20 ~26。

表 2-15　地下河的主要特征

地下河名称	汇水面积/km^2	岩溶地貌特征	碳酸盐地层	非碳酸盐岩	地下河管道结构
寨底岩溶地下河	33.5	峰丛洼地	上泥盆统厚层状纯灰岩	中泥盆统碎屑岩	复杂树枝状
万华岩岩溶地下河	28.72	溶丘洼地	下石炭统中厚层灰岩夹页岩	岩浆岩	简单树枝状
鱼泉岩溶地下河	51.26	深切峡谷	下三叠统灰薄-中厚层灰岩、白云岩夹页岩、泥灰岩	中志留统碎屑岩	简单树枝状
大小井岩溶地下河	1943.2	多种岩溶地貌组合	泥盆系—三叠系灰岩和碎屑岩地层均有出露		单管状、树枝状、局部网状

第3章　地下河示踪及探测

3.1　示踪方法

3.1.1　化学离子类示踪剂

化学离子示踪是广泛应用的一种地下水示踪方法（张祯武和杨胜强，1999；刘兴云和曾昭建，2006）。基本方法是：将化学物质投入地下水中，在水动力驱动下化学物质的离子经地下水出口排出地表；在这些出水口（如泉、地下河出口等）提取水样，利用化学分析方法检测水样中该化学物质的离子浓度；通过离子浓度证明投放点与出水口之间的连通特征（孙恭顺和梅正星，1988；杨靖等，2009）。本书使用钼、钨、氯3种离子进行地下水示踪（易连兴等，2010，2015；王喆等，2012）。

1. 钼离子示踪和测试方法

利用钼离子（Mo^{6+}）开展地下水示踪，具有ppb（$1ppb = 10^{-9}$）级别高检测灵敏度，同时其背景值一般较低；在同样水文地质条件下，背景值的高低直接影响投放量，背景值越小需要的投放量则越小。

使用的化学材料对应为四水七钼酸铵（NH_4）$6Mo_7O_{24} \cdot 4H_2O$，常温条件下，该化学材料为白色结晶体，它具有易溶解于水、野外操作方便等特点。四水七钼酸铵主要作为石化工业的催化剂，也可作为微量元素肥料，还可作为食品添加剂及水处理药剂，因此，该化学材料对地下水环境影响小。

1）测试方法

采用极普仪测定钼离子浓度，并结合插值方法来获得示踪试验的浓度曲线，步骤如下：

第一步，配置标准水样。在室内分别配置钼离子浓度为0.0μg/L、0.5μg/L、1.0μg/L、2.0μg/L、3.0μg/L、4.0μg/L、5.0μg/L等浓度的标准水样。

第二步，建立标准曲线。在开展实际水样测定之前，首先对标准水样进行测定，获得各标准水样在极普仪上的读数，并建立标准曲线（图3-1）；标准水样在不同温度下其读数有一定的变化，实际工作中，根据每天上午、下午气温的变化情况进行多次测定，获得不同温度下的标准曲线。

第三步，对实际水样测定。通过在极普仪上所得的实际读数（如28），根据读数通过标准曲线方程计算出该水样的钼离子含量1.83μg/L。当水样中离子浓度大于标准曲线标定的浓度时，对水样稀释一倍或多倍后再进行测定。

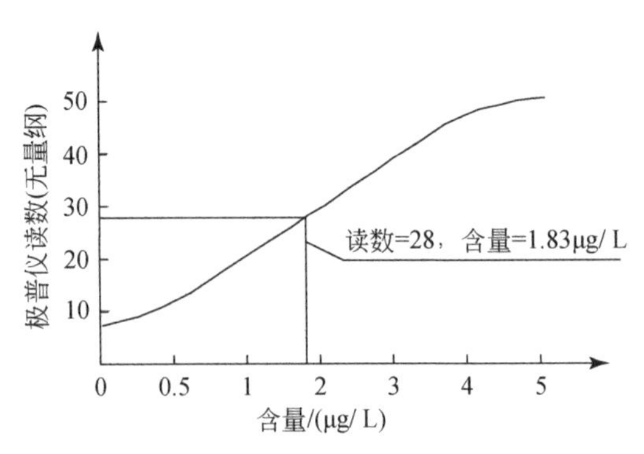

图 3-1　检测数据与标准值对应图

2）计算投放量

野外投放的化学材料重量一般为毛重，需要换算后才能用于计算。对化学离子示踪，所投放的元素重量一般计算公式为

$$M = W\rho \frac{m_r}{M_r} \tag{3-1}$$

式中，M 为所测试的元素投放重量（kg）；W 为化学材料投放重量（kg）；ρ 为化学材料的纯度（%）；M_r 为化学材料的分子量；m_r 为分子式中测试元素的原子量总和。

根据产品说明书，钼酸铵含量 ρ 为 98.0%；钼酸铵（NH_4）$6Mo_7O_{24} \cdot 4H_2O$ 分子量 M_r 为 1236，分子式中 7 个 Mo^{6+} 的 m_r 为 672，式（3-1）可简化为

$$M = 0.5328W \tag{3-2}$$

2. 钨离子示踪和测试方法

利用钨离子（W^{6+}）开展地下水示踪，对应的化学材料为二水钨酸钠 $Na_2WO_4 \cdot 2H_2O$，在常温条件下，也为白色结晶体和易溶于水。钨酸钠为生产钨材料的中间产品，一般用于媒染剂、催化剂颜料和分析试剂等，可用于水处理药剂，对环境影响小。

钨离子（W^{6+}）检测与钼离子（Mo^{6+}）检测方法相同，采用极普仪结合标准曲线对比方法进行测定。

3. 氯离子示踪和测试方法

氯离子（Cl^-）示踪，对应的化学材料为氯化钠（NaCl），即日常使用的食盐，从成本上考虑，一般采用工业用食盐。显然，食盐无毒，对环境没有污染影响。在常温条件下，氯化钠（NaCl）溶于水，但一次性溶解大批量的氯化钠比较难。

氯离子检测有多种方法，比较简单的为电导率检测方法，即通过带有电导率探头的 pH 计、便携式水质仪等直接检测地下水中的电导率，通过电导率的变化来判断氯离子（Cl^-）浓度的变化，也可采用更先进的多参数水质仪进行检测，它带有氯离子（Cl^-）浓度探头可以定时自动检测出水体中的氯离子（Cl^-）的浓度。

3.1.2　荧光类示踪剂

荧光类材料示踪主要根据化学物质在水体中溶解后具有荧光的特点，通过检测出水口

水样的荧光强度，证明投放点与地下水出口之间的连通性。我们使用了下列两种材料：

（1）罗丹明B（Rhodamine B）又称玫瑰红B，或碱性玫瑰精，俗称花粉红，是一种具有鲜桃红色的人工合成的染料。曾经用作食品染色剂，试验证明罗丹明B对人体可致某种疾病，现在已不允许用作食品染色。罗丹明B在溶液中有强烈的荧光，用作实验室中细胞荧光染色剂、有色玻璃、特色烟花爆竹等行业。

（2）荧光素钠（fluorescein sodium），分子式为 $C_{20}H_{12}Na_2O_5$，分子量为376.27；有多个中文别名：荧光红、荧光红钠、荧光黄钠、荧光素二钠、荧光素钠盐、荧光橙红钠、荧光素二钠、荧光素钠、水溶荧光素等。荧光素钠易溶于水，溶液呈黄红色，并带极强的黄绿色荧光。荧光素钠广泛应用于化工、医药等领域，如医药领域的吸附指示剂、化工中的氧化还原指示剂、生物染色剂和化妆品着色剂，其应用范围与人们的生活直接相关，因此，其对环境影响小。

荧光素钠和罗丹明B的浓度通过荧光光度计（fluorescence meters）进行检测。我们使用的荧光光度计为瑞士生产的FL-661和FL-662，其中型号FL-661主要用于河流、溪沟等较大水流空间的水体检测，FL-662适宜于钻孔等较小水流空间中的水体检测。该光度计具有自动检测和存储功能，监测频率为1次/5s～1次/15min，使用12V电瓶供电，充电后，1次/15min的监测频率可运行25天左右。

3.1.3　示踪剂投放量估算

实际工作表明，近似相同距离和流量条件下，一次完整示踪试验一些地下河仅需要几十小时，有些则需要数百小时或更长时间；投放相同数量的示踪剂对应所获得的峰值浓度也存在1倍至数倍的差异；这种结果的主要原因是不同岩溶地下河的含水介质（管道）结构差异巨大。对于一般地下水系统示踪，有文献阐述了根据实测流量、投放点与接收点距离、背景值、并假设给出试验时间和峰值（或平均）浓度等估算投放量；对于岩溶地下河系统，由于管道结构的差异性，后两个参数很难相对准确给出，因此，这种方法所得出投放量估算结果仅可作为参考，这里，更多地建议采用经验或者类比法更为准确。

3.1.4　示踪剂投放方法

示踪剂投放前，应进行背景值检测，即在有关监测点提前安装自动检测仪器或安排取样人员定期取样。示踪剂需要集中性一次投放。

在示踪试验过程中，当钼酸铵或钨酸钠使用量在几千克至数十千克范围时，把示踪剂放入一般塑料桶中加水搅拌溶解后一次性投入地下水；当达到或超过上百千克时，则需要一个至多个大型塑料桶，每个桶中的材料都溶解后再统一投放。钼酸铵或钨酸钠常有脱水板结现象，此时，直接放入桶中很难溶解，需要充分打碎后再放入水桶中溶解；多次试验未发现该两种示踪剂对皮肤有灼伤现象，但操作员宜戴手套并用棍棒搅拌，不能图方便用手或脚搅拌。

荧光素钠、罗丹明B示踪材料均为粉状物，常见使用量几百克至数千克范围，一个

20L 的塑料桶能溶 1 ~2kg，因此，根据使用量准备相应数量的塑料桶；首先桶中装入 15L 左右水（不宜装满)，把材料放入桶中，充分搅拌均匀后，统一投入地下水中。该两种材料极易随风飞扬，材料溶解最好在避风点进行，把材料放入桶内水中时应尽量靠近水面并慢慢倒入和搅拌，操作人员必须戴手套和口罩，并站在上风口操作。同时，该两者粉状物在水中容易形成团块，搅拌使全部团块消失才可投放。

氯化钠使用量一般几百千克甚至几千千克。为便于溶解，首先，对食盐进行打碎预处理，条件允许时，最好进行多次过筛和破碎；由于使用量大，不宜使用桶状物溶解，可采用水坑方法；在投放点的水流附近挖一水坑，坑底铺塑料薄膜，把破碎后的食盐放入水坑，充分搅拌和溶解后，挖开水坑，使食盐溶液直接汇入地下水流中。

3.1.5 示踪结果分析和应用

3.1.5.1 示踪浓度曲线及参数符号

地下水示踪浓度曲线及叠加流量动态曲线一般如图 3-2 所示。

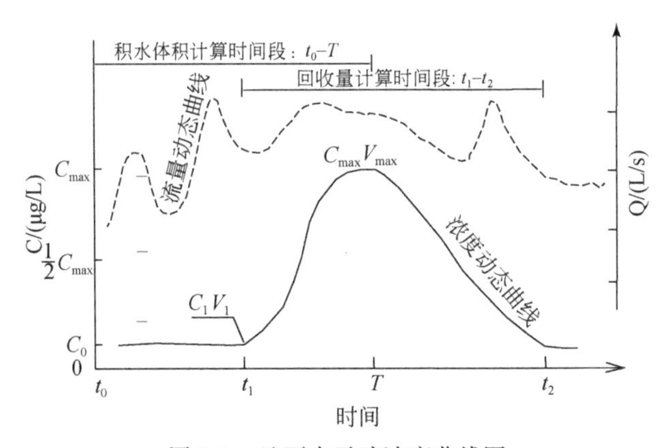

图 3-2　地下水示踪浓度曲线图

图 3-2 中，t_0、C_0 分别为投放示踪剂时间、地下水背景浓度值，有时记为 $C(t_0)$。

t_1、C_1、V_1 分别为第 1 次出现人工投放的示踪剂的时间、对应的浓度值、地下水流速；后两者分别可记为 $C(t_1)$、$V(t_1)$。

T、C_{max}、V_{max}分别为示踪试验最大浓度出现的时间、对应该时刻的浓度值以及对应该时刻的地下水流速。

t_2 为示踪试验结束时间，此时的浓度值基本与地下水背景值浓度 C_0 相近。

3.1.5.2 回收量、回收率及流速计算

示踪试验回收量计算公式如下：

$$m = 10^{-6}\int_{t_1}^{t_2}(C(t) - C(t_0))Q(t)\mathrm{d}t \tag{3-3}$$

$$p = \frac{m}{M} \times 100 \tag{3-4}$$

式中，M、m 分别为投放量和回收量（g）；t_1、t_2 分别为示踪试验初次浓度出现时间和结束时间；$C(t)$、$C(t_0)$ 分别为实测浓度、背景浓度（μg/L）；$Q(t)$ 为示踪试验期间实测流量（L/s）；p 为回收率（%）。

假设投放点到接收点距离为 D，流速计算公式为

$$v_1 = \frac{D}{t_1 - t_0} \tag{3-5}$$

$$v_{\max} = \frac{D}{T - t_0} \tag{3-6}$$

这里各符号意义同前，T、t_0、t_1 的单位为小时（h）；D 的单位为米（m）；v_1、$v_{\max}$的单位为每小时米（m/h）。

3.1.5.3　地下河管道空间参数计算

根据示踪结果和流量动态曲线，可计算出地下河管道等效过水断面、平均直径、储水体积计算，计算公式如下：

$$U = \int_{t_0}^{T} Q(t)\,\mathrm{d}t \tag{3-7}$$

$$S = \frac{U}{D} \tag{3-8}$$

$$R = 2\sqrt{\frac{S}{\pi}} \tag{3-9}$$

式中，U 为岩溶管道的储水体积（m^3）；S 为过水断面面积（m^2）；R 为管道平均直径（m）；D 为投放点至接收点之间的地下河长度（m）；其他符号意义同前。

3.1.5.4　应用示踪浓度曲线分析管道结构

地下水示踪直接结果是获得浓度曲线和地下水流向，通过分析浓度曲线形态可得到投放点与接收点之间的地下水连通管道结构情况（易连兴等，2010；杨前等，2013），浓度曲线形态所对应的管道结构模式如图 3-3 所示。

1. 单峰浓度曲线——单通道结构

投放点和接收点之间通道单一，无岔道；曲线表现为单一尖峰形态，并具一定的对称性，浓度曲线上升段与衰减段基本上对称于浓度最大值轴。

单一通道及溶潭组合结构，地下水流通过一个或多个溶潭或持水大型洞穴，在浓度曲线的上升段、衰减段则呈现 1 个至数个依次下降的台阶（即几个波折），说明持续了几次平稳的时间，每一个台阶对应一个溶潭或洞穴。

2. 双峰浓度曲线——双通道结构

一般认为双峰曲线可表示投放点与接收点之间有两条通道，根据前后关系与情况可分为三种情形：①常见的是高峰在前，低峰在后，说明主流的峰值浓度在前，支流的峰值浓度滞后，遭主流稀释，为低峰。②低峰在前、高峰在后情形，表示支流水流坡度较大，先

于主通道水流到达。③特殊情形，两个波峰曲线大小基本一致，表明投放点到接收点的两条通道大小规模、径流距离、水力坡度等特征基本相同。

根据两尖峰有无台阶状曲线，可判断主通道或支道上发育溶潭或大型洞穴。

3. 三峰以上浓度曲线——多通道结构

三峰以上浓度曲线说明投放点和接收点之间，过水通道错综复杂，通道的长度、宽度，以及地下水的流量、水力坡度均有很大差别，各通道的峰值浓度到达接收点的时间前后不等。

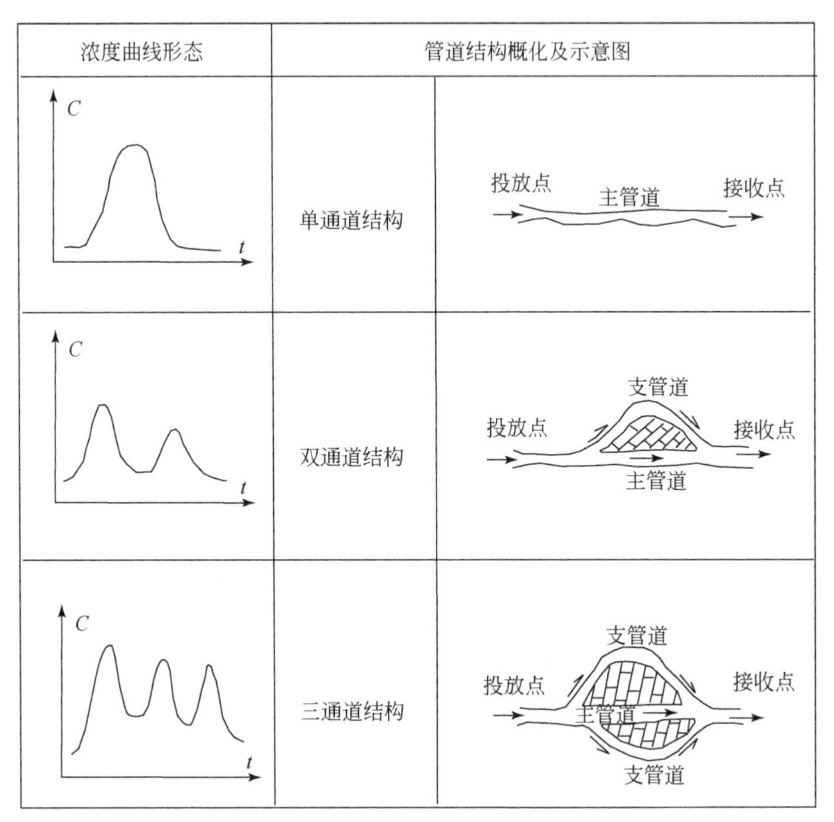

图 3-3　浓度曲线基本形态和管道结构对应模式

3.2　地下河示踪

3.2.1　万华岩地下河示踪

2012 年 6 月在万华岩地下河开展一次二元示踪（图 3-4），试验材料为钼酸铵和荧光素钠。采用人工取样，取样频率 1 次/2h，每天 0∶00 开始，每天取样 12 次。

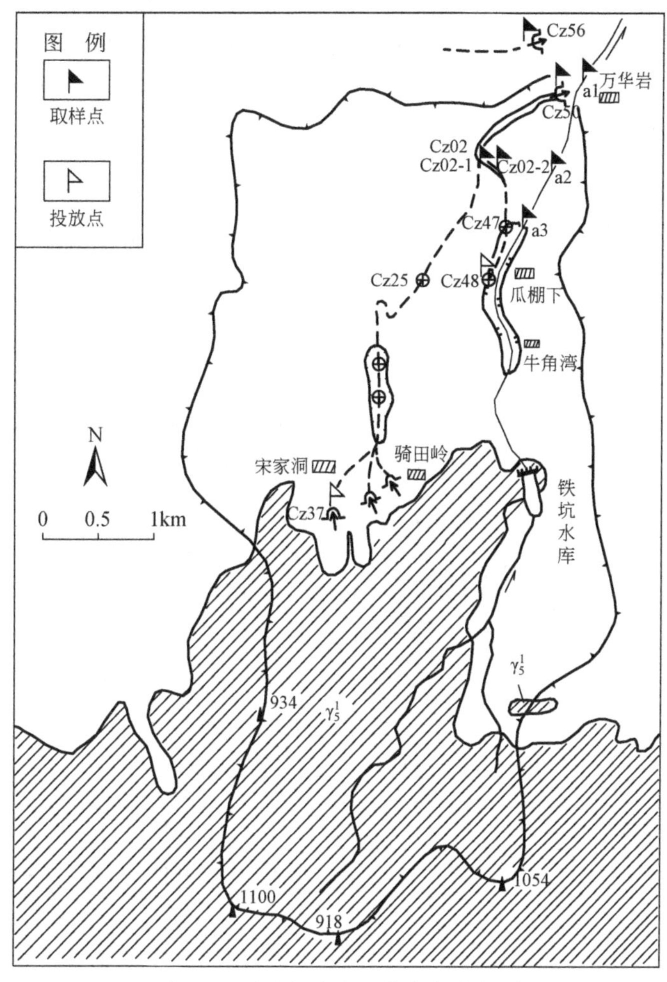

图3-4 示踪投放点和接收点分布图

1. 投放点

1）地下河入口 Cz37 投放点

投放点 Cz37 位于宋家洞洼地内，南部花岗岩地区汇集的外源水经过 Cz37 向地下河系统补给，投放时 Cz37 流量为 65.5L/s。通过试验获取投放点与万华岩地下出口间的水力联系特征、水力坡度、流速度等。6 月 27 日 15:00 在该点投放钼酸铵 8.0kg，产品含量均为 98%，计算得出投放 Mo 重量为 4.26kg。

2）消水洞 Cz48 投放点

消水洞 Cz48 位于东侧槽谷中下游瓜棚下西侧，天然状态下，牛角湾以南的岩溶水、花岗岩区汇集成的溪沟水径流到投放点区域，通过多个消水洞补给地下河。20 世纪 70 年代修建水渠后，大部分溪沟水流直接通过渠道径流到瓜棚下以北，并流出区外；2009～2012 年修建高速公路时，Cz48 附近的大部分消水洞被填平封堵，消水能力再次减弱。投放时 Cz48 流量为 25.0L/s。根据该区域水文地质条件特点，示踪试验的目的是查证东侧槽谷水流朝万华岩径流补给，进一步确认万华岩地下河系统的东侧边界是在牛角湾槽谷的东侧还是在西侧。2012 年 6 月 27 日 18:00 在 Cz48 投放荧光素钠 1kg，产品含量均为 98%，实际投放 980g。

2. 接收点及其目的

万华岩地下河出口 Cz50 为主要监测点，在西支道 Cz02-1 和东支道 Cz02-2 汇合处分别取样监测；北侧 Cz56 取样点，用于判断所投放的化学材料是否在区域外排泄，确认是否存在深部岩溶通道问题；瓜棚下以北溪沟分 3 段控制，监测点分别为 a1、a2、a3，用于判断所投放的化学材料是否在溪沟中排泄。

3. 背景值

钼离子平均背景值为 5.64μg/L，最大值 9.90μg/L，最小值 0.65μg/L。荧光素钠平均背景值为 0.20μg/L，最大值 0.30μg/L，最小值 0.08μg/L（表 3-1）。

表 3-1 投放点接收点数据

序号	取样点	投放材料		流量/(L/s)	背景值/(μg/L)		投放时间
		名称	数量		钼离子	荧光素钠	
1	宋家洞 Cz37	钼酸铵	8.0kg	65.5	0.85	0.15	6 月 27 日 15:00
2	瓜棚下 Cz48	荧光素钠	1.0kg	25.0	9.20	0.25	6 月 27 日 18:00
3	Cz50			425.0	1.80	0.22	
4	洞内西支道 Cz02-1			不明	1.30	0.08	
5	洞内东支道 Cz02-2			不明	9.80	0.16	
6	Cz56			35.0	0.65	0.22	
7	溪沟 a1			3.8	8.40	0.25	
8	溪沟 a2			2.5	9.90	0.30	
9	溪沟 a3			0.6	8.90	0.20	

4. 示踪结果

1）钼酸铵示踪结果

在万华岩地下河出口 Cz50 和洞内西支道 Cz02-1 监测到投放的钼离子，其他监测点的钼离子浓度与背景值接近。

万华岩地下河出口 Cz50，6 月 27 日 18:00～6 月 28 日 10:00，钼离子浓度与背景值浓度没有明显差异，6 月 28 日 12:00 钼离子浓度（C_1）为 43.70 μg/L，历时（t_1）21h；6 月 28 日 14:00 达到最大浓度（C_{max}）412.4μg/L，最大浓度值比第一次浓度值滞后 2h，历时（T）23h。计算得出地下水流速 v_1、v_{max} 分别为 290.54m/h、265.27m/h。6 月 28 日 14:00 以后，钼离子浓度进入快速衰减，至 7 月 6 日 8:00，钼离子浓度值多小于 5.00μg/L（图 3-5）。

西支洞 Cz02-1，西支洞钼检测曲线如图 3-6 所示，6 月 28 日 12:00 出现最大峰值 652.6μg/L，共历时 21h。23h 以后，6 月 29 日 11:00 浓度衰减到背景值，为 4.0μg/L。说明投放点的地下水经过 Cz02-1 径流到地下河出口；CZ37 至 Cz02-1 这段地下河平均速度为 242. 17m/h。

东支洞 Cz02-2，浓度曲线如图 3-6 所示。25 次取样检测平均值为 9. 70μg/L，最大值 11. 8μg/L，最小值 8. 6μg/L，均在背景值 9. 8μg/L 附近，在图上表示为接近 x 坐标轴的一条横线。其他监测点，Cz56、溪沟 a1、溪沟 a2、溪沟 a3 的检测值与对应点的背景值接近，没有明显的人工投放特征。

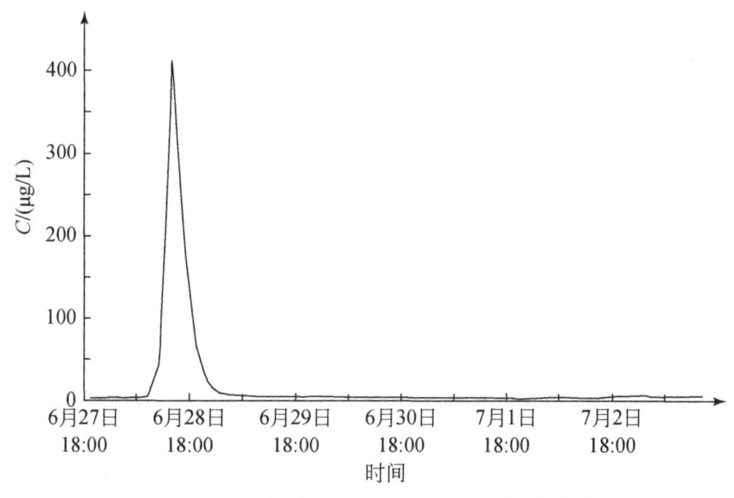

图 3-5　地下河出口（Cz50）钼离子浓度曲线

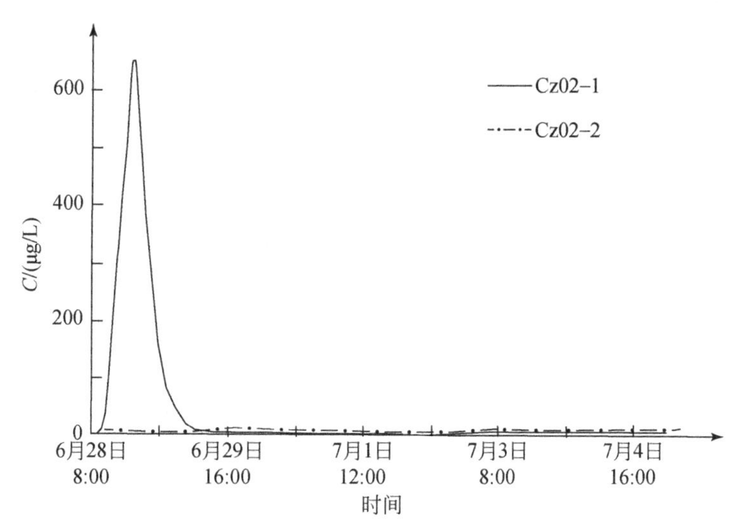

图 3-6　支洞 Cz02-1 和 Cz02-2 钼离子浓度曲线

2）荧光素钠示踪结果

万华岩地下河出口 Cz50，6 月 28 日 6∶00 出现荧光素钠浓度 C_1，为 2. 34 μg/L，其历时（t_1）12h；6 月 28 日 10∶00，6 月 29 日 4∶00 分别检测到两个峰值浓度（C_{max}），分别为 10. 48 μg/L、9. 02μg/L，对应历时（T）16h、34h。计算得出流速 v_1 为 167. 05m/h、第

1、第 2 峰值对应的速度 v_{max} 分别等于 125. 29m/h、58. 96m/h。6 月 30 日 12:00 以后浓度小于 0. 4，在背景值范围波动（图 3-7）。

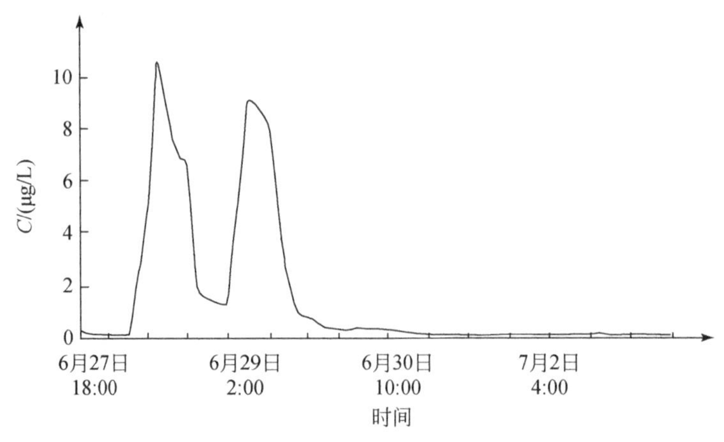

图 3-7　万华岩出口 Cz50 荧光素钠检测曲线

东支洞 Cz02-2，仅监测到浓度曲线的衰减期（图 3-8）。6 月 28 日 8:00 第 1 次取样浓度值为 78. 20μg/L，为取样期最大浓度，历时 14h，对应的平均径流速度为 70. 67m/h。

西支洞 Cz02-1 和监测点 Cz56、溪沟 a1、a2、a3 等的浓度值均在背景值附近，没有明显的人工投放特征。

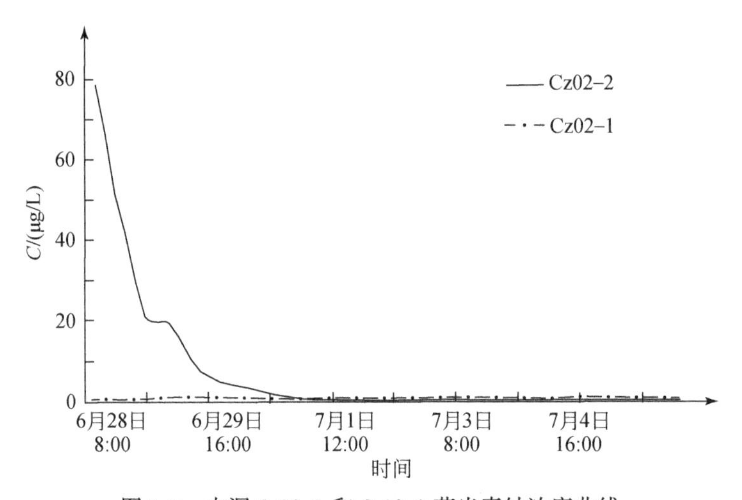

图 3-8　支洞 Cz02-1 和 Cz02-2 荧光素钠浓度曲线

3）地下管道结构

Cz50、西支洞 Cz02-1 的钼离子浓度曲线均为单峰形态，表明从宋家洞 Cz37 到西支洞 Cz02-1 和西支洞 Cz02-1 到地下河出口 Cz50 均为单通道。

从 Cz48 至 Cz02-2 荧光素钠浓度曲线的波峰不完整，不能推断该段通道的结构特征。瓜棚下 Cz48 至万华岩出口 Cz50 的浓度曲线为双峰形态，存在两条通道；根据地下河出口 Cz50 钼浓度曲线单峰形态即单通道，可推断出通过 Cz48 进入地下河东支道的地下水分流口应该在东、西两条支道汇合点 Cz02 之前；两个峰值比较，前者规模和地下水流通畅程度比后者稍大，可以理解为主通道，后者则对应支管道（图 3-9、表 3-2）。

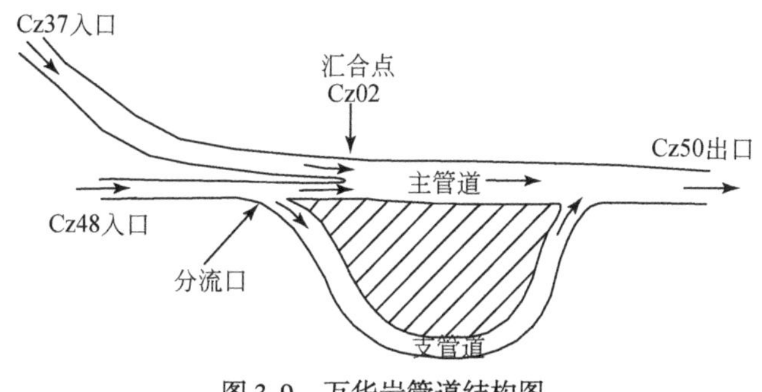

图 3-9　万华岩管道结构图

表 3-2　万华岩地下河示踪结果相关数据

投放地点	化学材料	接收点	管道长度/m	初次浓度		第 1 峰值		第 2 峰值		管道结构
				用时/h	流速/（m/h）	用时/h	流速/（m/h）	用时/h	流速/（m/h）	
Cz37	钼酸铵	Cz02-1	5085.5			21	242.17			单通道
		Cz50	6101.3	21	290.54	23	265.27			单通道
Cz48	荧光素钠	Cz02-2	988.8			14	70.63			单通道
		Cz50	2004.6	12	167.05	16	125.29	34	58.96	双通道

5. 回收量计算

示踪期间，对万华岩地下河出口河道采用断面法每天进行了流量测量，2012 年 6 月 28～30 日没有明显变化，流量为 600.39L/s；钼离子、荧光素钠背景值 C_0 等于 6 月 28 日 8:00 前实测数据的平均值，分别为 3.6μg/L 和 0.19μg/L。根据流量、背景值、实测浓度值并代入公式（3-3）和公式（3-4），计算得到荧光素钠回收量为 377.73g，钼离子的回收量为 3323.81g；回收率 p 分别为 38.54%、78.02%。

3.2.2　鱼泉地下河示踪

鱼泉地下河区域，目前存在下列观点：根据已有的洞穴探测资料，Y064 所处的山体发育的洞穴与西南 Y086 附近的洞穴连通，且 Y064 发育在区域水文地质资料划分为相对隔水层飞仙关组第 4 段的下部，以此推断 Y064 以北的地下水向 Y086 径流排泄，与鱼泉出口 S151 不存在水力联系。示踪试验主要目的是充分论证上述观点正确与否，从而进一步确定鱼泉地下河系统的北部边界。2012 年 6 月、2014 年 6 月共开展了 2 组示踪，投放点有下干沟地下河入口 Y064 和老盘沟消水洞 Y139，主要控制点为鱼泉地下河出口 S151（图 3-10）。

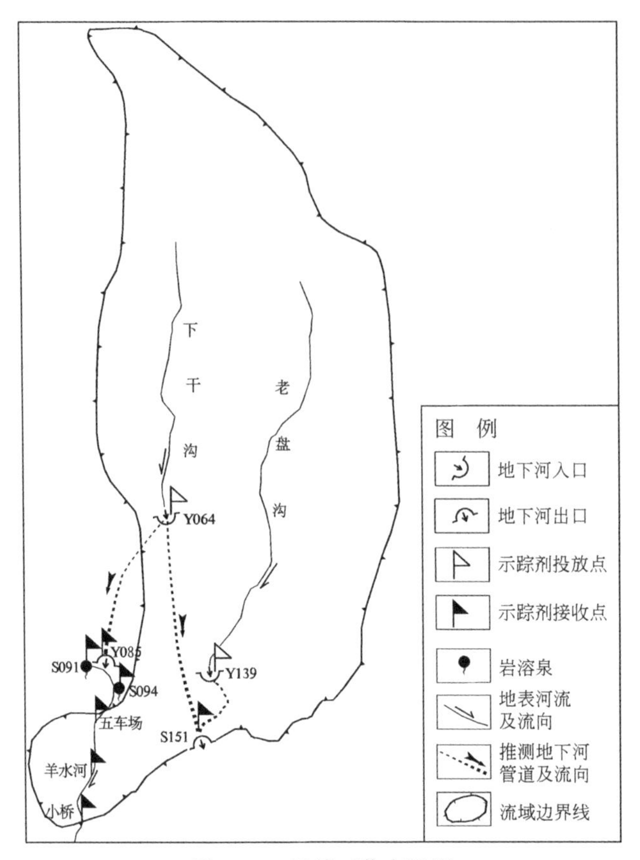

图 3-10　示踪工作布置图

1. 2012 年示踪

本次采用荧光素钠和钼酸铵两种化学材料开展二元示踪。

2012 年 6 月 6 日 12:00 在老盘沟消水洞 Y139 投放荧光素钠 5kg，采用 FL-661 荧光光度计实时自动测试荧光素钠浓度，监测频率 1 次/15min；S151 的荧光素钠浓度曲线为单峰形态（图 3-11），投放点 Y139 与鱼泉总出口 S151 之间为单管通道结构。6 月 7 日 6:00，出现初见浓度 1. 0μg/L，用时 18h，两者间距离 1335m，得出流速为 74. 17m/h；6 月 7 日 12:00 出现最高峰值浓度 69. 37μg/L，用时 24h，对应流速为 55. 63m/h。11 日 12:00 以后浓度衰减到背景值（<l. 0μg/L）。结合流量动态计算出荧光素钠回收量为 3. 1121kg，回收率 62. 24% 。

2012 年 6 月 6 日 16:00 在地下河入口 Y064 投放钼酸铵 25kg，人工按 2h 间隔定时采样，在野外建立试验室采用国产 JP-2C 型极谱仪测试钼浓度。6 月 11 日 12:00 地下河出口 S151 出现初见浓度 0. 43μg/L，用时 116h，两者间距离 3860m，流速为 33. 28m/h；6 月 12 日 6:00 出现最高浓度峰值 1. 30μg/L，用时 130h，对应流速为 29. 69m/h。6 月 15 日 16:00 以后衰减到背景值 0. 1μg/L（图 3-12）。

试验期间，西南方向龙泉洞（S091）、仙女洞（Y085）、五车场（S094）、五车场、羊水河、小桥 6 个接收点均没有检测出钼。

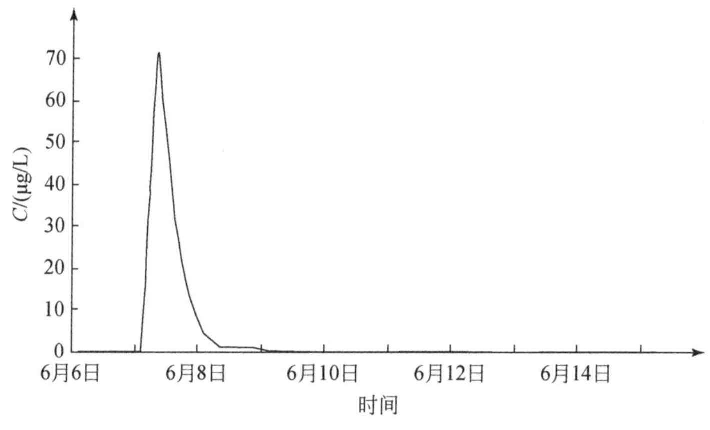

图 3-11　S151 荧光素钠浓度曲线

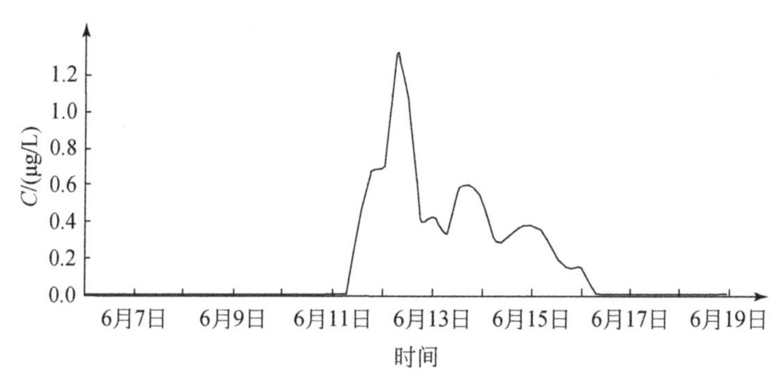

图 3-12　鱼泉地下河总出口钼离子浓度曲线

根据钼酸铵示踪结果，厚约 25m 的下三叠统飞仙关组第 4 段地层（T_1f^4）隔水不充分，使得印象武隆下干沟地下河入口 Y064 的地下水穿过该段地层与鱼泉地下河总出口 S151 存在水力联系；这与地面调查时发现该层张裂隙较发育是比较吻合的。但本次试验回收率低，仅为 5.8%，不排除与人工取样有关，也有可能存在其他径流通道排出鱼泉地下河系统外，这需要更多的试验资料加以佐证。

2. 2014 年示踪

2014 年 6 月 5 日 10:00 进行第二次试验，在 Y064 投放荧光素钠 2000g，本次试验采用光度计自动实时检测，并采用回收强度曲线进行管道结构分析得出投放点到出口为 3 通道结构，具体见本章 3.4 节。

本次试验在龙泉洞（S091）、仙女洞（Y085）、五车场（S094）、五车场、羊水河、小桥等也没有监测到荧光素钠，试验结果进一步表明，下三叠统飞仙关组第 4 段（T_1f^4）厚约 25m 的钙质页岩夹泥灰岩所构成的相对隔水层不完整，印象武隆下干沟地下河入口 Y064 的地下水穿过该段地层与鱼泉地下河总出口 S151 存在水力联系，Y064 与仙人洞 Y085 不存在水力联系。

3.2.3　大小井地下河示踪

2013年5月、2015年3月在大小地下河系统中下游区域分别进行了2次示踪试验，重点查明大井、小井主管道的分布和水文地质参数。投放点有3处，分别为444#消水洞、521#地下河入口、450#天窗；接收点3处，分别为大井582#、小井583#、583-1#地下河出口。450#、521#到小井583#距离分别为25320m、10280m，444#到大井582#距离为14420m（图3-13）。

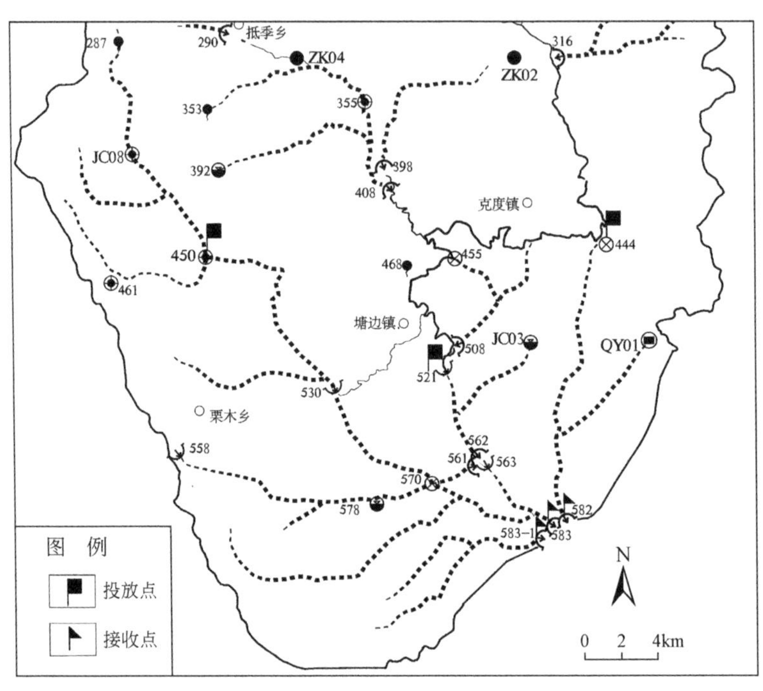

图3-13　大小井示踪点分布图

1. 2013年5月雨季示踪

本次为二元地下水示踪，投放点两处：444#消水洞和地下河入口521#。投放前发过洪水，投放点、接收点流量均较大，属洪水期试验。本次试验，对两种示踪剂均采用人工取样室内检测方式，取样间隔2h，为确保取样的可靠性，大井582#、小井583#以及583-1#均同时请两个工作人员错开1h取样，同时技术人员定期取样校核。

投放点444#消水洞，位于克度镇南东2km省道公路边，与大小井流域摆郎河相连，所处河流段发育有多个消水点，444#为最大一处。该段摆郎河河道丰水季节部分河水通过444#等消水洞补给地下水，部分河水继续往西南径流，通过521#集中补给地下河。2013年5月19日15:00，在444#消水洞投放钼酸铵25kg；试验结果在大井地下河出口582#收到钼酸铵，小井583#、583-1#两个地下河出口没有收到。582#的钼浓度曲线整体为单峰形态，即单通道结构；5月24日6:00初见浓度0.83μg/L，用时111h，流速127.93m/h，5月26

日 20:00 峰值浓度 8.33μg/L，用时 153h，流速为 92.81m/h；5 月 29 日 6:00 浓度为 0.33μg/L，恢复到背景值（图 3-14）。

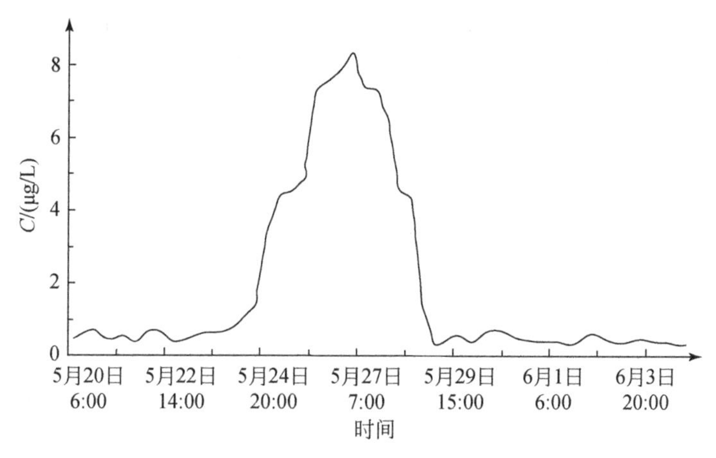

图 3-14　大井 582#钼浓度曲线

投放点 521#为地下河入口，位于塘边镇东南 1.3km 处，为北部区域的地下水、地表水集中消水点。2013 年 5 月 18 日 11:00，在 521#洞口投放荧光素钠 3000g。试验结果，小井 583#收到荧光素钠，583-1#和大井 582#则没有接收到。583#的荧光素钠浓度曲线呈双峰形态，即双通道结构；第一个为主波峰，5 月 27 日 24:00 收到初次浓度 1.22μg/L，用时 229h，流速 44.3m/h；5 月 29 日 12:00 峰值浓度 2.69μg/L，用时 269h，流速 37.73m/h。6 月 3 日 8:00 出现第 2 波峰，峰值浓度为 1.02μg/L，流速 26.63m/h（图 3-15）。

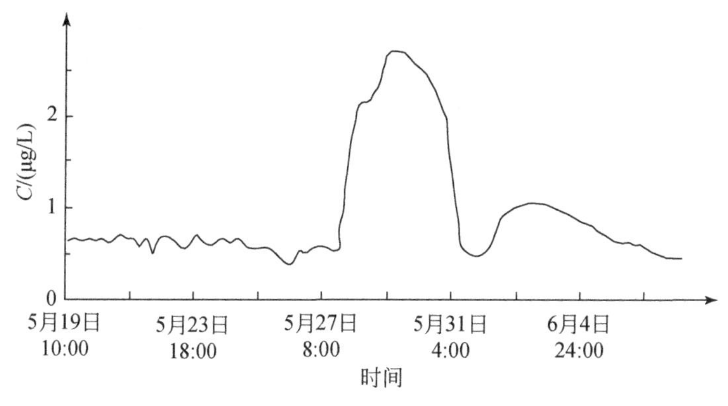

图 3-15　小井 583#荧光素钠浓度曲线

2. 2015 年 3 月枯季示踪

本次也是二元地下水示踪，投放点为 450#消水洞和地下河入口 521#，试验期为当地枯水季节。试验目的：①查明中西部的地下水补、径、排特征，②获取枯水季节的水文地质参数。本次试验，在小井出口 583#、583-1#等采用 FL-662 荧光仪进行自动监测荧光素钠、罗丹明 B 浓度，监测频率 1 次/5min。

2015 年 3 月 18 日 10:00 在地下河入口 521#投放荧光素钠 4000g。在小井 583#收到荧光素钠，在583-1#、582#没有接收到荧光素钠。583#的荧光素钠浓度曲线呈典型单峰形态；3月31日22:00收到初次浓度0.10μg/L，用时324h，流速31.33m/h；4月6日1:30收到浓度峰值2.16μg/L，用时447.5h，流速22.68m/h；4月13日15:00及以后浓度接近背景值（图3-16）。与2013年5月洪水期试验比较，浓度曲线形态产生了变化，由双峰形态变为单峰形态，表明洪水期高水位的通道在枯水季节已经断流；枯季的流速 V_1、V_{max} 分别仅为洪水期的0.71倍、0.60倍。枯季的 V_{max} 略小于洪水期第二峰的 V_{max}。

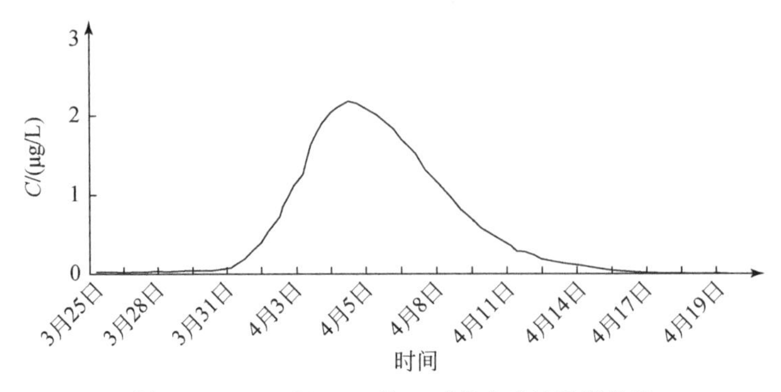

图3-16　2015年3～4月583#荧光素钠浓度曲线

2015年3月21日11:00，在450#天窗投放8kg罗丹明B。2015年4月18日现场踏勘，经过了27天，投放点450#天窗内依然可见所投放的罗丹明B，投放的材料还没有完全被排走；分析其原因是枯季缺乏补给、地下水径流速度缓慢。安装在小井583#的仪器连续监测到7月，在雨季大气降水强补给作用下，至7月中旬，才在小井583#接收到罗丹明B，浓度曲线呈多峰形态（图3-17），最大浓度超过5.5μg/L。由于历时长达116天合计2784h，初见浓度、最大峰值浓度出现间隔时间短，两者对应的流速比较相近，为9.09m/h、9.05m/h。试验结果说明，西部450#天窗的地下水与小井583#有多通道的水力联系，但枯水季节的地下水流速非常缓慢。

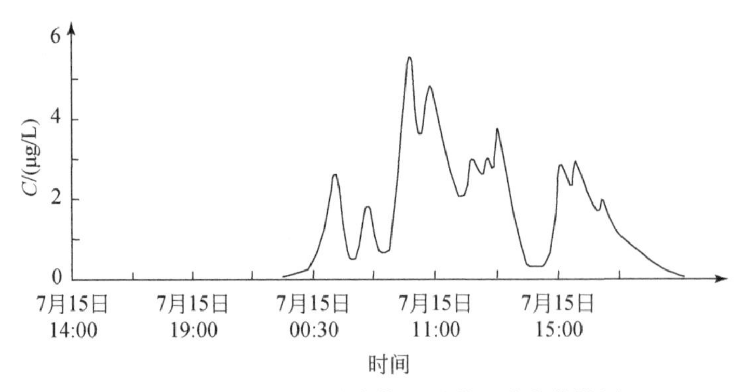

图3-17　2015年7月小井罗丹明B浓度曲线图

3. 不同时期认识结论对比

1）前期认识

早期研究成果认为444#一带地下水与大井582#、小井583#同时有水力联系，即通过

444#等消水洞的补给后，部分地下水向大井582#径流排泄，部分朝南西230°径流补给508#地下河子系统，再通过521#向小井583#补给和排泄。

大井582#和小井583#各自具有独立的汇水面积。克度镇以北摆郎河两岸地区均属于大井582#地下河系统的汇水区域，面积1245.4km^2。小井地下河汇水区域则主要由西南部翁吕530#、中下游地区巨木（408#、398#）和砂厂508#三条分支地下河构成，流域面积697.8km^2。

2）本次试验后新认识

克度镇以北的摆郎河干流及其两岸20余条地下河流域面积不应完全属于大井582#地下河系统，或者说目前比较难以具体划分大井和小井的汇水面积。摆郎河至克度镇南部的消水洞444#后，转向西径流至塘边镇附近再转向南，在521#地下河入口消于地下；野外调查时可见雨水季节摆郎河汇集的径流较大部分通过521#补给地下朝小井583#径流排泄，根据流量估测，往西向521#径流的河流流量占比不小于60%，因此，克度镇以北汇水区域显然也属于小井583#汇水范围，大体估算不少于50%的上游汇水面积归属小井地下河系统。

示踪结果表明，消水洞444#与大井582#存在水力联系，与小井583#不存在水力联系。试验结果不支持444#与508#、521#以及小井583#之间存在一条径流通道的早期认识。

小井583#西南150m发育有另一个出水口583-1#，多次试验表明，在521#、450#投放的化学材料在该点均没有接收到，说明583-1#为一个独立的地下河子系统，即整个大小井地下河系统由582#、583#、583-1#三个地下河出口组成。

3.2.4　寨底地下河示踪

寨底地下河系统内，在上、中、下游等不同地段以及不同季节开展了多次示踪，查明地下水在不同区域的补给、径流、排泄水文地质条件的同时，并以研究和获取不同条件下的地下河水动力场特征和参数为主要目的。示踪试验投放点和主要接收点如图3-18所示。

1. 钓岩地下河子系统G16示踪

钓岩地下河G16处于寨底地下河系统的北部区域，也是湘江和珠江两个水系地下水分水岭分布区，海洋以北的地下水向北径流属于湘江水系，以南为寨底地下河系统，向南径流并相继汇入潮田河、漓江，属于珠江水系。示踪目的是通过查明地下河入口G06与钓岩地下河G16、溢流溶潭G20等的水力关系，进一步确定寨底地下河的北部边界分布。

2012年5月9日11:00在G06投放荧光素钠500g，采用人工定时取样，每天取样6次，分别为0:00、4:00、8:00、12:00、16:00、20:00。试验期间，投放点G06的流量为22.80L/s，接收点G16流量约为210L/s。5月11日6:00、5月12日20:00在G16接收到初次浓度0.21μg/L、最大峰值浓度5.86μg/L，地下水流速V_1、V_{max}对应为18.26m/h、9.69 m/h。到达下游G30，荧光素钠最大峰值2.82μg/L，历时418h，流速为7.11m/h。G16、G30的浓度曲线总体上表现为单峰形态（图3-19），即单管连通方式为主。

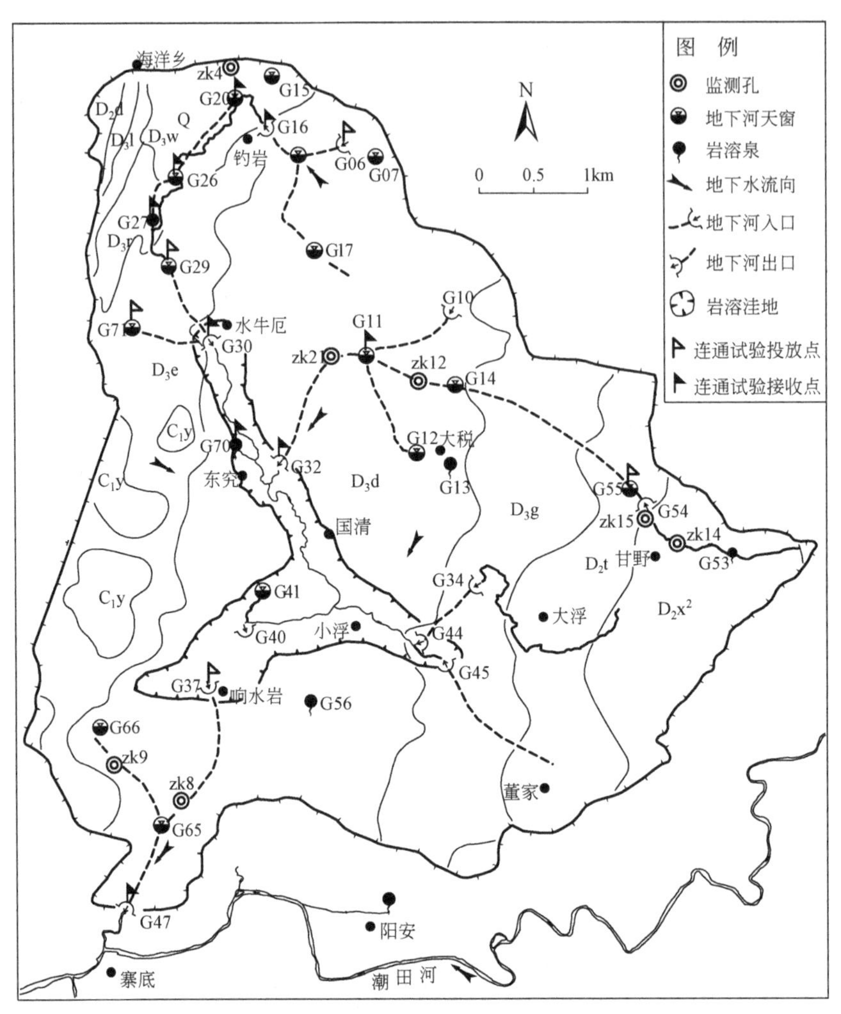

图 3-18　寨底地下河示踪投放点和接收点分布图

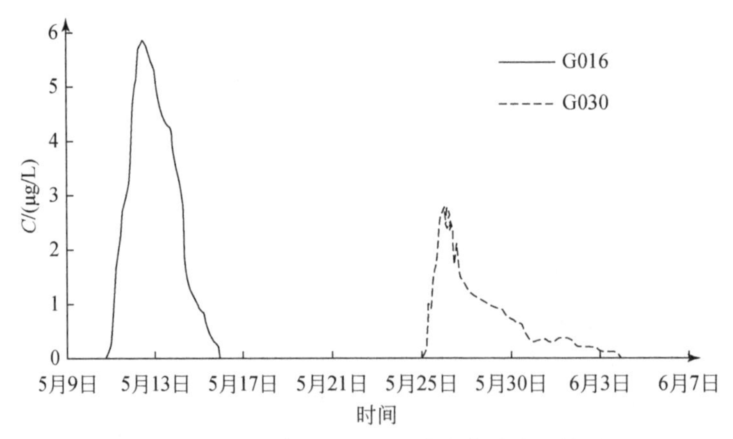

图 3-19　2012 年 G16、G30 荧光素钠检测结果

2. 水牛厄地下河子系统 G30 示踪

1）2012 年 5 月 G71 至 G30 雨季示踪

溶潭 G71 位于水牛厄泉 G30 西北 435m、地下河子系统出口 G70 的北侧 650m 处的洼地中，溶潭旁建有抽水房，为农灌用水取水点。试验目的是查明该点及附近区域是属于 G30 还是属于 G70 的补给区。

2012 年 5 月 9 日 10:00，在 G71 投放钼酸铵 8000g，投放时洼地中没有水流汇入 G71 中，但由于 5 月 6～8 日连续降水，溶潭中水体仍浑浊。在 G30、G70 进行间隔为 2h 的人工定时取样，2012 年 6 月 7 日结束取样，试验历时 28 天。G70 处未接收到钼离子，检测值一直为背景值（<1.0μg/L）。在 G30 检测到钼酸铵，5 月 24 日 6:00 初次检测到钼离子浓度为 0.70μg/L，5 月 26 日 20:00 浓度达到最大值 156.80μg/L 浓度曲线为典型单峰形态（图 3-20）。因此，G71 与 G70 之间不存在水力联系，与 G30 为单管道连通。

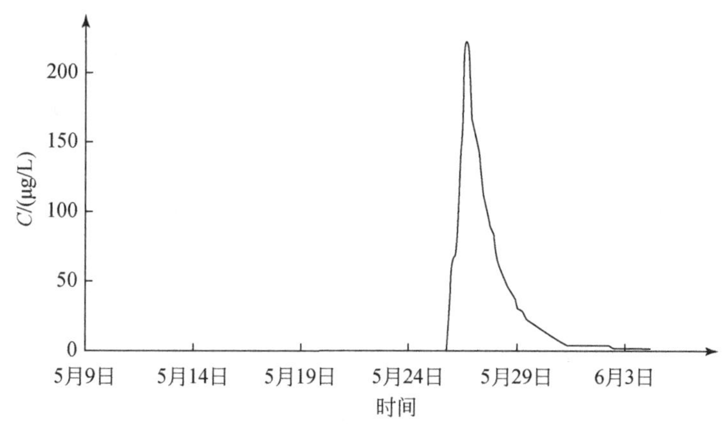

图 3-20　2012 年 6 月 G30 钼离子浓度曲线

尽管 G71 到 G30 两点之间距离仅 435m，但出现 C_1、C_{max} 浓度分别用时 356h、418h，地下水流速 V_1、V_{max} 比较小，分别为 1.04～1.22m/h；分析认为，径流速度慢不表示其径流通道不是管道；究其原因，G71 紧邻西侧边界，汇水面积和地下水补给径流量小，不能快速驱动 G71 的地下水向下游 G30 排泄；这也反映出西侧边界划分是准确的。

2）2013 年 4 月 G29 至 G30 示踪

2013 年 4 月 18 日 16:30，在琵琶塘消水洞 G29 投放荧光素钠 200g，本次采用 FL-661 型光度计进行自动监测。浓度 C_1 出现于 4 月 19 日 21:15，为 0.91μg/L，C_{max} 出现于 4 月 20 日 14:15，为 7.72μg/L，4 月 23 日 17:30 浓度衰减为 0.95μg/l，接近背景浓度（图 3-21）。初见浓度、最大峰值浓度分别用时 28.75h、45.75h，对应流速为 25.04m/h、15.74m/h。2013 年 4 月 18～23 日试验期，G30 每日流量分别为 264.5L/s、157.6L/s、128.8L/s、121.5L/s、117.8L/s、117.2L/s，结合背景值 0.49μg/L，计算得出荧光素钠回收量 143.87g，回收率 73.95%。

3）2013 年 5 月 G29 至 G30 洪水期示踪

2013 年 5 月 9 日 11:30，在琵琶塘洼地消水洞 G29 投放荧光素钠 400g，投放时为暴雨洪水期，投放点琵琶塘洼地内的试验房被淹，洼地内水深比一般时期高 5m 以上；本次采

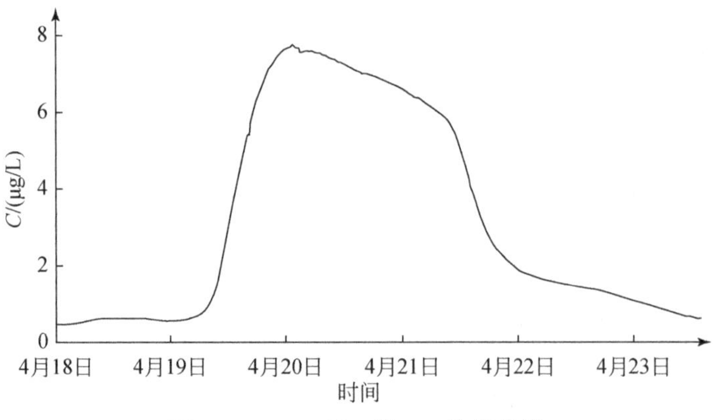

图 3-21　2013 年 4 月 G30 浓度曲线

用 FL-662 光度计进行自动监测，频率 1 次/15min，光度计检测出洪水期背景值浓度为 0.0μg/L。示踪浓度曲线如图 3-22 所示；浓度 C_1（0.93μg/L）出现于 5 月 9 日 19:45，C_{max}（2.94μg/L）出现于 5 月 9 日 21:15，分别用时 8.25h、9.75h，对应的流速 V_1、V_{max} 为 87.27m/h、73.85m/h。

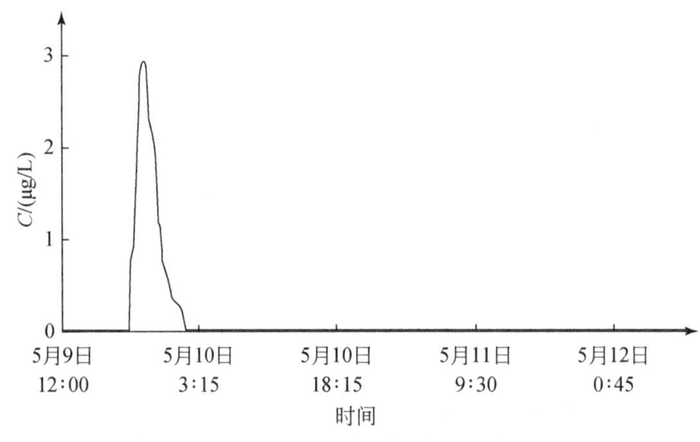

图 3-22　2013 年 5 月水牛厄 G30 浓度曲线

3. 东究地下河子系统 G32 示踪

该区域开展示踪 1 次，2012 年 5 月 9 日 14:30 在 G55 投放荧光素钠 200g，投放点 G55 位于甘野洼地地下水入口 G54 西侧 300m 处，G54 为一洞穴，可走通至投放点 G55。试验目的是查明甘野以东碎屑岩区的裂隙水与东究地下河子系统出口 G32 的水动力关系。

在地下河子系统出口 G32 人工定时取样，浓度曲线如图 3-23 所示。5 月 12 日 4:00 收到初次浓度 0.19μg/L，5 月 13 日 2:00 收到最大浓度 3.48μg/L，对应流速为 59.43m/h、43.77m/h。浓度曲线总体呈单峰形态，衰减过程有一些锯齿形态，这与地下河子系统中部 G11 所处洼地中的钻孔揭露 zk12 到 G32 存在局部支道或小型溶潭相符。

示踪表明，甘野洼地及其以东碎屑岩区形成的外援水向东究地下河子系统补给，与钓岩 G16、水牛厄 G30 同期试验结果比较，该区域地下水平均流速最大。

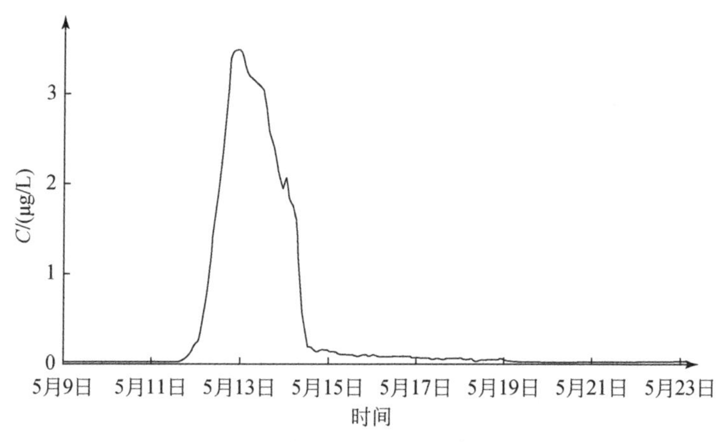

图3-23　2012年5月G32荧光素钠浓度曲线

4. 响水岩天窗G37至寨底出口G47示踪

在G37至G47总出口开展了多次示踪试验，目的是掌握地下河管道在枯、平、丰水期不同水动力场条件下的地下水径流速度及变化特征。投放点G37与接收点G47之间距离2230m。全部采用FL-662光度计进行自动监测，监测频率1次/(2～15) min。

1）洪水期示踪

2013年4月18日15:45，在响水岩G37天窗投放荧光素钠1000g，同期在G29至G30段也开展示踪试验。试验期4月18～23日寨底G47出口每日流量分别为4.48m^3/s、3.12m^3/s、2.16m^3/s、0.87m^3/s、0.77m^3/s、0.77m^3/s。2013年4月19日11:30初次浓度为0.05μg/L，4月19日18:45达到最大浓度5.49μg/L，4月20日6:45，浓度衰减到背景值范围，为0.07μg/L（图3-24）。初次浓度、最大峰值分别用时19.75h、27.00h；对应的平均流速112.91m/h、82.59m/h。结合试验期测流结果，计算得到回收量为512.26g，回收率为51.23%。

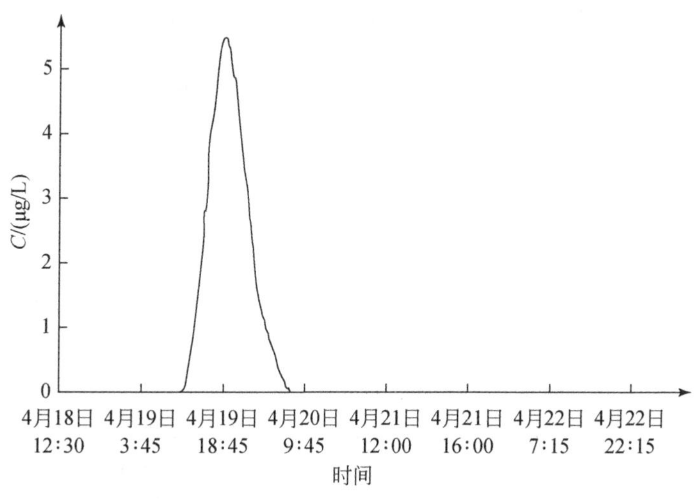

图3-24　2013年4月G47试验浓度曲线

2014 年 7 月 7 日 10:00 在响水岩天窗（G37）投放 1kg 罗丹明 B，开展了另一次洪水期示踪试验，浓度曲线如图 3-25，得到的流速为 185.83m/h、139.38m/h。

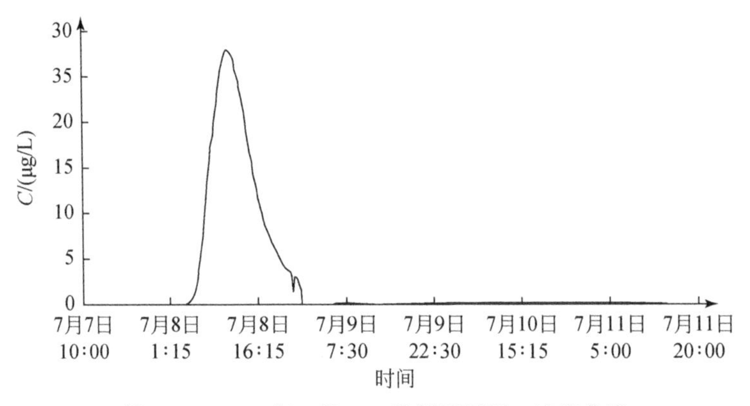

图 3-25　2014 年 7 月 G47 检测罗丹明 B 浓度曲线

2）G37 至 G47 枯水期示踪

2013 年 12 月 21 日 12:30、2015 年 1 月 9 日 10:50 在响水岩天窗 G37 进行枯水期试验；均投放 500g 荧光素钠，开展枯季试验，浓度曲线如图 3-26、图 3-27 所示。2013 年 12 月 21 日示踪获得的枯季流速 V_1、V_{max}为 51.56m/h、35.40m/h；2015 年 1 月 9 日示踪获得的流速 V_1、V_{max}为 29.57m/h、28.44m/d。

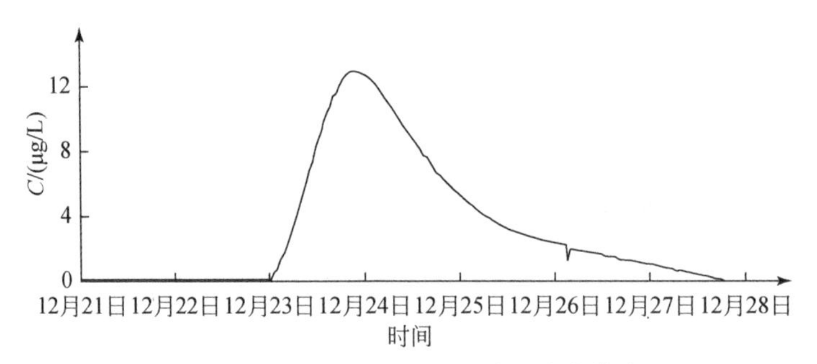

图 3-26　2013 年 12 月 G47 检测浓度曲线

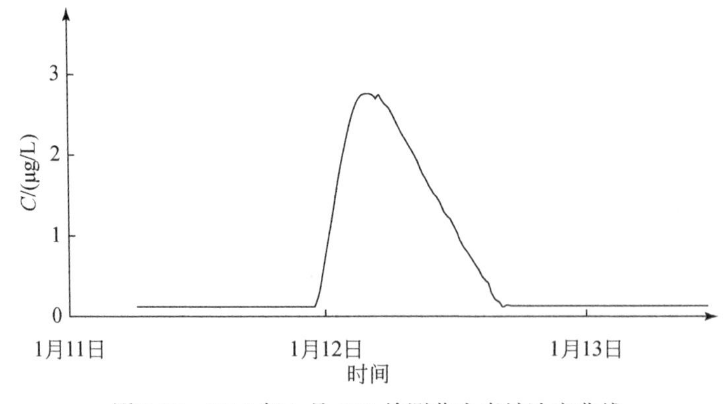

图 3-27　2015 年 1 月 G47 检测荧光素钠浓度曲线

3）2014年6月G37至G47低洪水位示踪

2014年6月4日前连续多日强降水，响水岩天窗G37的水位上涨，6月5日投放时为高洪水位期，6月5日下午以后水位进入衰减期。6月5日10:30投放荧光素钠2.5kg；6月6日17:45，历时31.25h后收到首次浓度4.0μg/L，峰值出现时间为6月6日18:30，历时32h，浓度为38.42μg/L；浓度初值、峰值对应的流速为71.36m/h、69.69m/h。本次初次浓度与峰值浓度出现时间差仅45min（图3-28）。

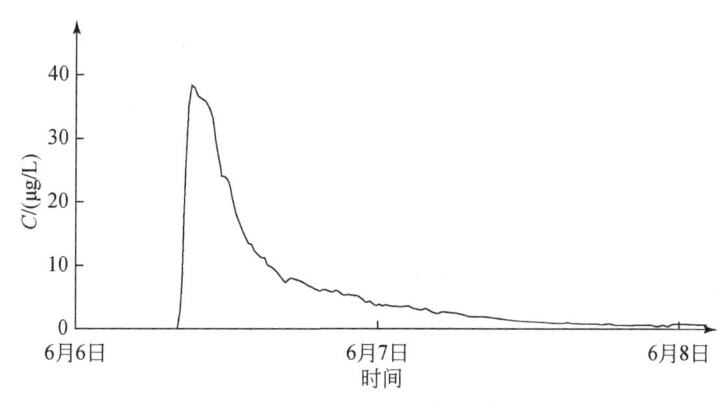

图3-28　2014年6月G47检测荧光素钠浓度曲线

4）2015年6月G37至G47洪水期连续示踪

2015年6月15～19日暴雨期洪水位衰减过程连续开展了3组试验，每组试验在响水岩天窗（G37）投放两种材料，在G47采用FL-661野外荧光仪自动监测，监测频率1次2min。

第1组试验，2015年6月15日11:30投放3kg荧光素钠，6月15日14:30出现浓度0.25μg/L，历时3h；6月15日16:40出现峰值26.02μg/L，历时5.17h；分别对应平均流速783.33m/h，454.50m/h。2015年6月15日16:02投放5kg罗丹明B，6月15日19:50出现浓度0.68μg/L，历时3.83h；6月15日21:00出现峰值54.24μg/L，历时5.00h；对应平均流速582.25m/h，446.00m/h.

第2组试验，2015年6月16日9:05投放1.5kg荧光素钠，6月16日10:20出现浓度0.24μg/L，历时1.33h；6月17日2:50出现峰值28.11μg/L，历时17.13h，对应平均流速1766.92m/h，137.19m/h。2015年6月16日15:30投放1.5kg罗丹明B，6月16日20:40出现浓度0.22μg/L，历时5.17h；6月17日8:30出现峰值25.41μg/L，历时17.00h，对应平均流速为431.33m/h，131.18m/h.

第3组试验，2015年6月19日12:15投放荧光素钠2kg，6月19日15:36出现首个浓度0.05μg/L，历时3.35h；6月19日18:02出现峰值17.11μg/L，历时5.78h，分别对应平均流速为701.49m/h，406.57m/h。2015年6月19日15:30投放罗丹明B8kg，6月19日21:00出现首个浓度0.32μg/L，历时5.5h；6月20日0:08出现峰值8.23μg/L，历时8.63h，分别对应平均流速为405.45m/h，258.40m/h。本次3组试验曲线如图3-29所示。

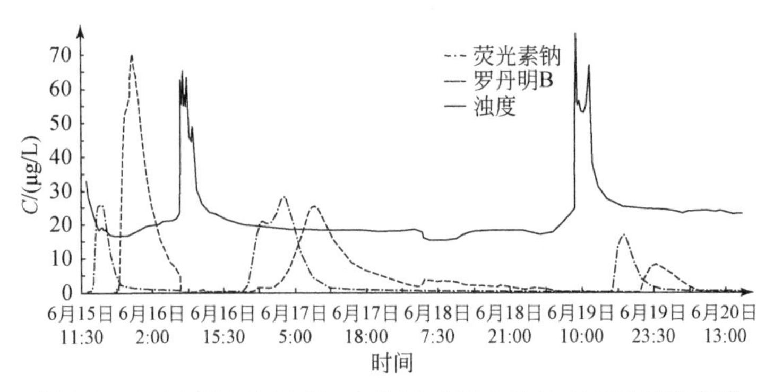

图 3-29　2015 年 6 月 15 日、6 月 16 日和 6 月 19 日试验浓度曲线

在 G37 至 G47 段还开展了其他水位下的示踪，不一一阐述。寨底地下河系统内地下水示踪试验结果汇总见表 3-3。

表 3-3　寨底地下河示踪结果汇总

序号	投放时间（年. 月. 日）	投放点	化学材料		接收点	监测频率	距离/m	初值		峰值		回收率/%
			名称	投放量/g				用时/h	流速/(m/h)	用时/h	流速/(m/h)	
1	2008. 9. 23	G06	钼酸铵	8000	G16		765	48. 0	15. 94	84. 00	9. 11	
2	2012. 5. 9	G06	荧光素钠	500	G16		765	42. 0	18. 21	80. 0	9. 56	
3	2012. 5. 9	G71	钼酸铵	8000	G30		435	356. 0	1. 22	418. 0	1. 04	
4	2013. 4. 18	G29	荧光素钠	200	G30		720	28. 75	25. 04	45. 75	15. 74	73. 95
5	2013. 5. 9	G29	荧光素钠	400	G30		720	8. 25	87. 27	9. 75	73. 85	
6	2012. 5. 9	G55	荧光素钠	200	G32		3655	61. 50	59. 43	83. 50	43. 77	
7	2013. 4. 18	G37	荧光素钠	1000	G47	1 次/15min	2230	19. 75	112. 91	27. 00	82. 59	51. 23
8	2013. 12. 21		荧光素钠	500		1 次/15min		43. 25	51. 56	63. 00	35. 40	
9	2014. 6. 5		荧光素钠	2500		1 次/15min		31. 25	71. 36	32. 00	69. 69	
10	2014. 7. 7		罗丹明 B	1000		1 次/15min		12. 00	185. 83	16. 00	139. 38	
11	2015. 1. 9		荧光素钠	500		1 次/15min		75. 42	29. 57	78. 42	28. 44	
12	2015. 6. 15		荧光素钠	3000		1 次/2min		3. 00	743. 33	5. 17	431. 33	
13	2015. 6. 15		罗丹明 B	5000		1 次/2min		3. 83	582. 25	5. 00	446. 00	
14	2015. 6. 16		荧光素钠	1500		1 次/2min				17. 13	130. 18	
15	2015. 6. 16		罗丹明 B	1500		1 次/2min		5. 17	431. 33	17. 00	131. 18	
16	2015. 6. 19		荧光素钠	2000		1 次/2min		3. 35	665. 67	5. 78	385. 81	
17	2015. 6. 19		罗丹明 B	8000		1 次/2min		5. 50	405. 45	8. 63	258. 40	

3.3　浓度曲线分析管道结构及案例

岩溶地下水系统中，各种岩溶形态的含水介质，如洞穴、管道、裂隙等构成地下水储存和运移空间，其内部结构复杂、分布极不均匀，导致岩溶地下水水动力特征与一般孔隙介质、裂隙介质的水动力特征存在较大差别。通过一种或多种方法组合尽可能多地揭露掩藏于地下的含水介质几何特征、空间分布特征、水流特征等，是水文地质工作者进行岩溶水文地质工作的重要目的。

在 3.2 节笼统给出了地下河管道的大体结构，本节至 3.7 节介绍如何利用地下水示踪及有关数据获得更多的地下河系统信息以及水文地质参数（鲁程鹏等，2009；陈余道等，2013）。

3.3.1　钓岩管道结构分析

示踪试验区域位于寨底地下河系统北部（图 3-30），该区域为漓江、湘江两个水系的地下水分水岭地带，地层为上泥盆统东村组（D_3d）灰岩，发育有 G01、G04、G16 等地下

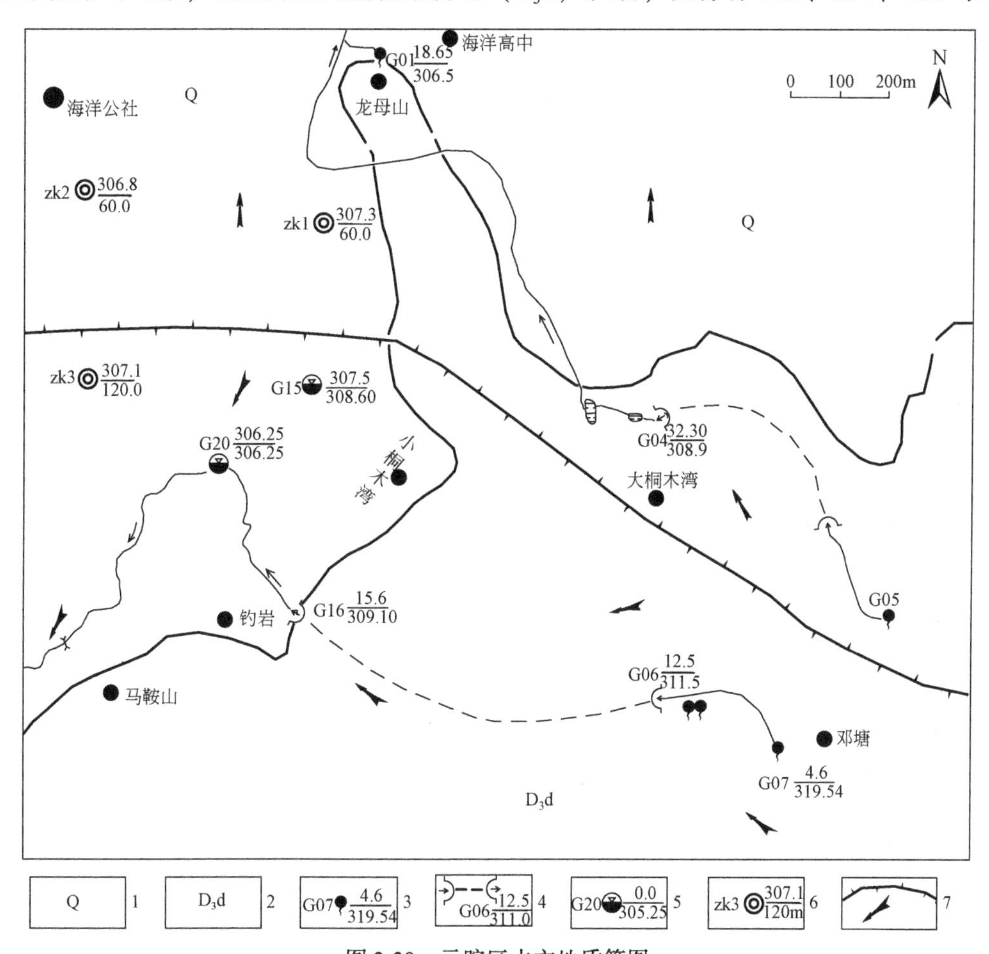

图 3-30　示踪区水文地质简图

1. 第四系平原谷地区；2. 东村组岩溶峰丛洼地区；3. 泉，分子流量（L/s），分母高程（m）；
4. 地下河进、出口，分子流量（L/s），分母高程（m）；5. 溶潭，分子水位（m），分母高程（m）；
6. 钻孔，分子水位（m），分母孔深（m）；7. 地下水分水岭及流向

水排泄点，其中 G01、G04 排出的地下水向北朝湘江径流排泄，属湘江水系；G16 排出的大部分地下水经地表溪沟汇入 G20 溶潭内，与 G20 溶潭的溢流一起朝南向漓江径流排泄，属珠江水系，另外，G16 出口处部分地下水潜入地下再次形成地下径流。其间发育消水洞 G06，该水点归属于哪个水系是确定寨底地下河系统北部边界的重要内容之一，结合示踪试验开展含水介质结构分析。

2008 年 9 月 23 日 10:00，在消水洞 G06 投放 8.0kg 钼酸铵进行连通试验，在钓岩地下河出口 G16、溶潭 G20 收到投放的化学材料及浓度曲线（图 3-31）。

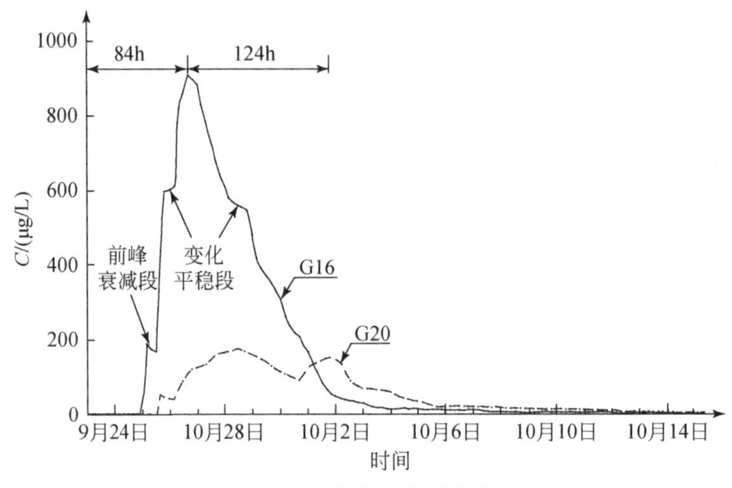

图 3-31　钼离子检测曲线

1. 利用流速分析介质结构

监测点 G16，9 月 26 日 16:00 浓度峰值历时 84h，投放点 G06 至 G16 距离 785m，计算得出径流速度为 9.11m/h。

溶潭 G20，浓度曲线有两的波峰，第 1 波峰反映 G16 至 G20 地表溪沟水径流特征，不进行讨论。第 2 波峰反映 G16 到 G20 段地下水径流特征，G16 至 G20 溶潭距离为 360m，以 9 月 26 日 16:00 G16 峰值与 10 月 1 日 20:00 第 2 峰值 148.40μg/L 对应计算，滞后 124h，对应的地下水径流速度为 2.90m/h。

计算结果表明，G06 至 G16 上游段与 G16 至 G20 下游段的地下水径流速度有较大差异，前者等于后者 3.14 倍，其主要由该两段含水介质的差异所形成：G06 至 G16 段为山体，G06 入口和 G16 出口段在枯水季节分别可进入 185m、120m，含水介质明显为大型管道（洞穴）。尽管 G16 至 G20 下游段处于平坦谷地区域，但水力坡度大于 G06 至 G16 上游段，而径流速度比上游段小 6.21m/h，反映其岩溶含水介质发育连通程度差，这种情形则多以裂隙介质为主（表 3-4）。

表 3-4　地下水流速和水力坡度

起点		终点		连通长度/m	第 1 峰值		第 2 峰值		水位差/m	水力坡度/‰	连通含水介质特征
编号	水位/m	编号	水位/m		用时/h	流速/(m/h)	用时/h	流速/(m/h)			
G06	311.5	G16	309.1	785	84	9.11			2.40	3.06	管道
G16	309.1	G20	306.25	360			124	2.90	2.85	7.92	裂隙

2. 利用局部浓度曲线形态分析管道结构

G06 至 G16 上游段中可能有一条支道，并有 1 个以上溶潭发育，分析原因如下：

（1）G16 曲线的初次浓度出现后，钼离子浓度没有增加，反而逐步降低，至 9 月 25 日 12∶00 降为 167.0μg/L，但 9 月 25 日 16∶00 浓度急剧增加到 441.0μg/L，说明运载前峰浓度的水流为主水流分离出来的小部分经过另一条支道，先于主水流到达地下河出口。

（2）在浓度曲线的上升段，9 月 25 日 20∶00，9 月 26 日 0∶00、4∶00，3 次检测钼离子浓度分别为 545.6 ~ 565.8μg/L，在浓度曲线的衰减段 9 月 28 日 8∶00 ~ 20∶00 4 次水样浓度为 555.30 ~ 532.60μg/L，在这两段时间内，浓度值相对比较平稳，与其前后浓度差异大，推测该两处曲线反映有溶潭发育；一般而言，高浓度钼离子水流进入溶潭后，对浓度有一定的均匀和延滞作用；该两段平缓曲线分别位于波峰的上升段、衰减段，有可能是一个溶潭在上升段、衰减段的不同表现，也不排除为两个独立溶潭表现出的特征。

（3）溶潭与支道空间关系，客观上有多种组合，如支道与主通道的分叉口、合并口同在溶潭的上游（图 3-32a）或下游（图 3-32b），或分别在溶潭的上游、下游（图 3-32c）。结合浓度曲线，与图 3-32c 的管道结构形态较为符合，G06 投放点的高浓度水流在分叉口分为两部分，一小股水流通过支道、大股水流通过主通道及溶潭，其中通过支道的高浓度水流早通过合并口并到达出口 G16。

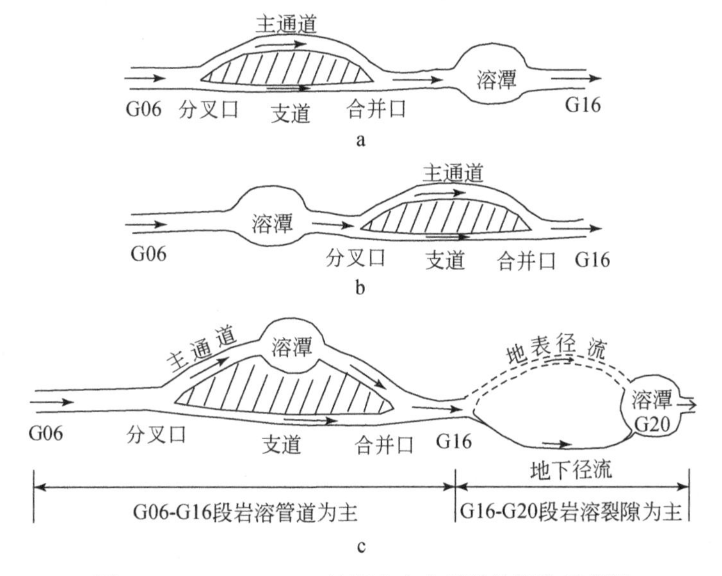

图 3-32　G06-G16-G20 连通含水介质结构概化示意图

3. 径流集中度及分流系数估算

水流进入地下含水空间后，受岩溶含水介质不均质、空间大小及结构、导水能力等影响，分为多股通过不同路径在不同时刻到达排泄口。目前，未见有描述水流在径流过程中的分散或集中程度的参数。下面利用示踪试验的最大相对浓度系数 μ 来描述水流在图 3-32 介质结构条件下的集中径流程度：

$$\mu = \frac{c_{max} - c_0}{M - M'} \tag{3-10}$$

式中，M、M' 分别为投放量、径流过程中被吸附、沉淀等物理化学作用所消耗掉的数量（kg）；c_{max}、c_0 分别为监测点实测最大浓度、监测平均背景值（μg/L）。

因此，式（3-10）的物理意义为最大相对浓度系数 μ 等于有效最大浓度与有效投放量之比［μg/(L · kg)］，其理论意义反映，在相同条件下，不管投放量多少，其相对浓度系数 μ 应该是一个常数。离子在含水介质中的所消耗掉的数量 m' 受母岩、介质空间（含淤积物、水中植物）、径流距离等众多因素影响，没有计算公式和经验值可参考，实际计算如下：

$$\mu = \frac{c_{max} - c_0}{M} \tag{3-11}$$

把 M、c_0 值（4.26kg、1.23μg/L），以及 G16、G20 最大峰值 c_{max}（909.70μg/L、154.40μg/L）分别利用式（3-11）计算得出，G06 至 G16 段对应 G016 主峰的 μ 值等于 200.9，G16 至 G20 段对应 G20 的第二峰（地下水）的 μ 值等于 48.8；前者 μ 值为后者的 4.12 倍，说明 G06 至 G16 段集中径流度较高，而 G16 至 G20 段集中径流度比较低；通常，地下水在地下河管道比在裂隙介质中更为集中径流。这里，G16 至 G20 段有一股地表水流为已知，当这股水流不以地表径流形式出现，而以地下潜流在某个未知水点（如河底泉等）排泄时，则可通过相对浓度系数 μ 来分析径流集中程度及其连通介质结构。

3.3.2 水牛厄管道结构分析

1. 示踪试验管道结构分析

2012 年 10 月 26 日 15:00，在寨底地下河琵琶塘 G29 消水洞投放钼酸铵 25kg 开展枯季示踪，接收点为水牛厄 G30，采用 2h 间隔人工样。钼酸铵浓度曲线如图 3-33 所示，该曲线形态不同于图 3-19 所示的雨季示踪曲线形态。在 11 月 3 日 6:00 至 5 日 14:00 和 6 日 6:00 至 8 日 0:00 两个时间段出现震荡式波动，形成两个“峰丛”曲线段，震荡波动过后，浓度开始缓慢下降，于 11 月 22 日 22:00 回到背景值。

形成“峰丛”曲线的原因是在枯水位条件下，地下水径流以管道流与溶蚀裂隙流交织组成，两段“峰丛”曲线各对应一段由数量众多的并联裂隙流；两段“峰丛”曲线也可以理解为串联在一起的两个溶潭，枯水位以下溶潭中充满破碎岩石及发育有多组裂隙，地下水在溶潭中通过裂隙介质往下游径流（图 3-34）。由于第 1 波峰的历时和峰值浓度均大于第 2 波峰，推测第 1 波峰对应的溶潭稍大，第 2 波峰对应的则相对小。

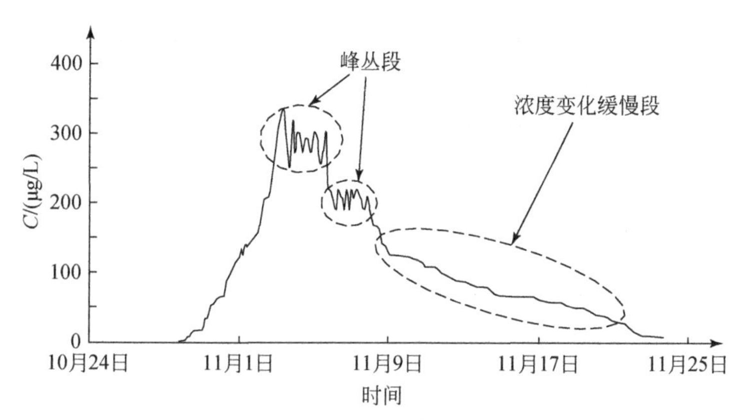

图 3-33　枯水期 G30 示踪剂浓度穿透曲线（2011 年 11 月）

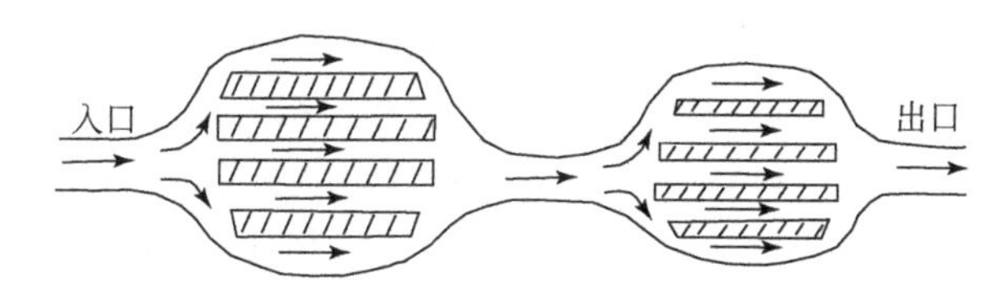

图 3-34　枯水期 G29 至 G30 段地下河结构图

2. 水文地质参数估算

根据同期流量动态，计算得出低水位的管道几何参数，岩溶管道的储水体积 U 为 84714.66m^3，过水断面面积 S 为 32.58m^2，管道平均直径 R 为 6.44m。结合地下河管道参数和水体部分特征参数可以估算出管道的雷诺数 Re、摩擦系数 f、折算渗透系数 K_L 等。

$$Re = \frac{\rho \bar{v} R}{\mu} \tag{3-12}$$

$$f = \frac{0.3126}{Re^{0.25}} \tag{3-13}$$

$$K_L = \frac{2gd}{fv} \tag{3-14}$$

式中，$\bar{v}$ 为地下水平均流速；μ 为地下水黏度（三次示踪试验时地下河水水温分别为 17℃、21℃和 20.2℃，因此 μ 取 17℃、21℃和 20.2℃时水的黏度值，分别为 1.08×10^{-3}Pa · s、0.98×10^{-3}Pa · s 和 1.00×10^{-3}Pa · s）。

利用示踪试验数据估算得到的水文地质参数值见表 3-5，这些参数为下面地下河管道模型模拟的确定相关参数建立基础。

表 3-5　地下河管道水文地质参数

参数	低水位	低-中水位	中水位
雷诺数/(Pa · s)	29462.88	157591.27	211562.22
摩擦系数	0.0242	0.0046	0.0031

续表

参数	低水位	低-中水位	中水位
管道折算渗透系数/(m/d)	6.25	7.04	8.36

3.4 回收强度曲线分析管道结构及案例

3.4.1 回收强度曲线分析方法

目前，示踪试验成果应用仅限于利用示踪剂浓度曲线来进行水文地质条件分析；除在计算回收量外，很少结合监测点流量动态进行综合分析。本节针对示踪结果给出了回收强度定义和公式，为充分利用试验数据开展水文地质条件分析提出一个新途径。

所谓回收强度，即单位时间内回收到的示踪试验材料的质量。计算公式为

$$\alpha(t) = 10^{-6} \times (C(t) - C(t_0)) \times Q(t) \tag{3-15}$$

式中，$\alpha(t)$ 为 t 时刻回收强度（g/s）；$C(t)$ 、$C(t_0)$ 为对应 t 时刻实测浓度、背景浓度（μg/L）；$Q(t)$ 为实测流量（L/s）。

3.4.2 回收强度曲线管道结构分析实例

以鱼泉地下河示踪结果为例。2014 年 6 月 5 日 10:00，在鱼泉地下河 Y064 投放荧光素钠 2000g，开展第二次试验，在鱼泉出口 S151、西侧河流小桥下面分别安装 FL-662 荧光仪进行自动监测，监测频率 1 次/15min，得到浓度曲线如图 3-35 所示。

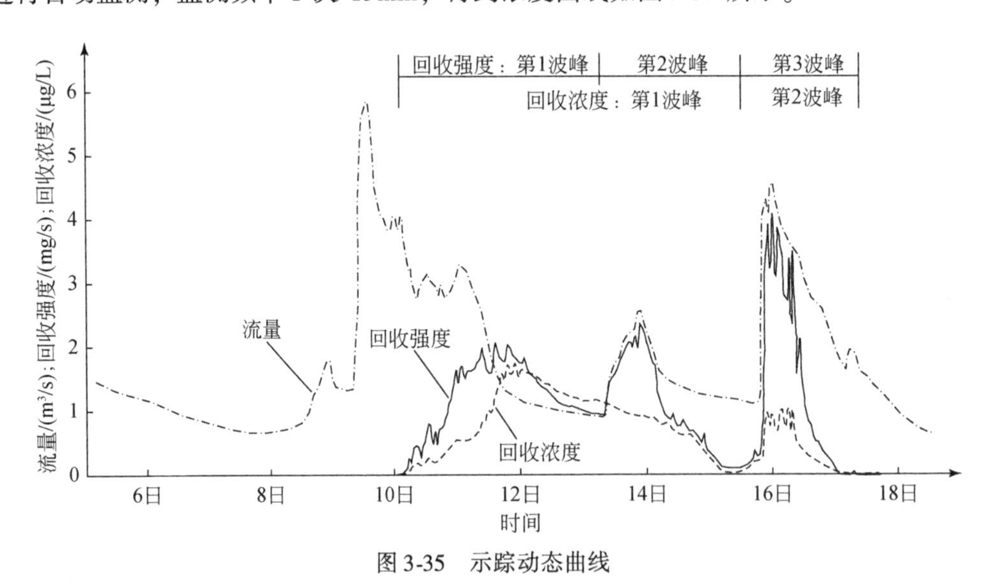

图 3-35　示踪动态曲线

1. 浓度曲线方法管道结构分析结果

水体中荧光素钠浓度动态曲线呈现两个完整的波峰形态。6月10日12:30开始接收到投放的荧光素钠，浓度为0.15μg/L，6月12日8:00达到峰值1.78μg/L，6月16日3:00浓度衰减到0.03μg/L；6月16日5:00以后，浓度再次增大，6月16日21:00出现第2峰值1.00μg/L，6月17日16:15再次衰减到背景浓度，小于0.03μg/L。

根据以往浓度曲线分析方法，从投放点Y064到地下河出口S151为双通道结构；其中第1波峰历时和峰值浓度均大于第2波峰，第1波峰对应较大一条地下水通道（图3-36a，A），而第2波峰对应的管道则相对小（图3-36a，B）。

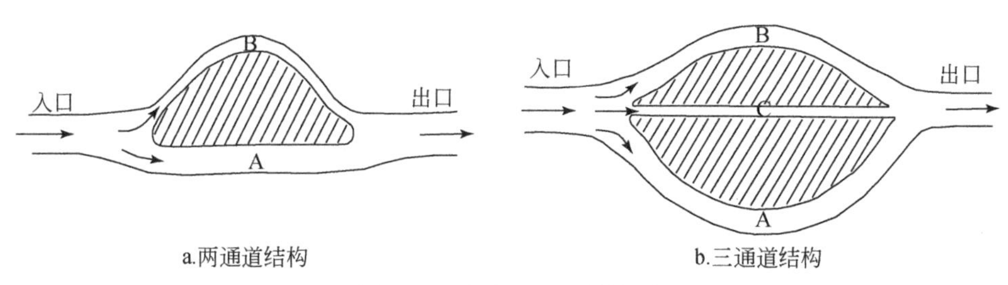

图3-36　鱼泉地下河结构图

2. 回收强度方法管道结构分析结果

在结合实测流量进行分时间段计算回收量工作中，发现投放点Y064到地下河出口S151连通结构与简单采用浓度曲线分析结果有一定差异。地下河出口S151的流量、降水量监测动态表明，在示踪试验期间6月9日22:00～11日16:00、13日18:00～14日3:00、15日23:00～16日18:00发生3次强降水过程，降水量分别为64mm、26mm、43mm，对应3次降水过程的瞬间最大洪峰流量为5.86m^3/s、2.25m^3/s、4.54m^3/s。根据地下河流量、荧光素钠浓度动态以及式（3-15）计算得出的回收强度动态（图3-35），这里单位时间指定为一个时间段，即15min。

回收强度动态曲线表现为3波峰形态，其中浓度曲线第1波峰段内变为2个波峰，因此可以推测出从投放点到鱼泉出口S151有3个通道（图3-36b）。除波峰数量变化外，峰体极值也明显变化，在浓度曲线中第2波峰的峰值小，而在回收强度曲线3个波峰中峰值最大。

3. 地下水分流特征及估算

投放点的水流在3个通道中的分配，这个参数也反映出地下河管道的结构特征。这里采用回收量进行定量描述，计算公式如下：

$$r_i = \frac{m_i}{m} \times 100\% \tag{3-16}$$

式中，m、m_i为总回收量、第i通道的回收量（g）；r_i为分流系数，即第i通道的回收量占总回收量的百分比（%）。

通过计算，总回收量为1070.27g，总回收率为53.51%。回收强度曲线波峰对应的3个通道的回收量分别为451.11g、346.76g、272.40g，对应占总回收量的42.15%、

32.40%、25.45%（表3-6）；计算每个波峰时间段内的回收量时，对两个波峰之间的交叉部分不进行详细划分，如图3-35中第1波峰没有衰减到背景值则出现第2波峰，第1波峰的最后衰减段的回收量归在第2波峰中，第2波峰的开始段回收量则归到第1波峰中。

不考虑各通道长度不等、通道性质差异等特点，荧光素钠在径流过程中被吸附、沉淀等总损耗也按 r_i 的大小进行分配，则可近似认为，每个波峰对应的 r_i 值表示投放点流量在不同通道中分配比例，即投放点流量在地下径流过程中分为3股分别进入3个不同管道，其中进入对应第1波峰的管道的流量占投放点流量的42.15%、进入第2波峰的管道的流量占32.40%、其余25.45%的流量通过第3波峰的管道，用通道大小表示流量分配的大小则如图3-36b中A、B、C所示。

表3-6　分时段计算结果

波峰序号	回收量/g	分流系数 r_i	峰值		
			出现时间	用时/h	平均流速/(m/h)
第1波峰	451.11	42.15	2014年6月12日0:00	158.0	94.90
第2波峰	346.76	32.40	2014年6月14日10:00	216.0	123.46
第3波峰	272.4	25.45	2014年6月16日16:00	270.0	157.17

3.4.3　浓度和回收强度曲线分析方法适用范围

当流量 $Q(t)$ 在示踪试验期间没有明显变化时，即 $Q(t)$ 为一常数，同时背景值 $C(t_0)$ 也可理解为一个常数，此时，式（3-15）的回收强度曲线仅仅是浓度曲线 $C(t)$ 的一种线性变换，其形态不产生改变。也就是说当试验期间流量变化小，使用回收强度曲线 $\alpha(t)$、浓度曲线 $C(t)$ 进行地下河管道结构分析所得到的结果是相同的。

当流量 $Q(t)$ 在示踪试验期间存在明显变化时，类似本例，回收强度曲线则随流量 $Q(t)$ 变化而变化，回收强度曲线 $\alpha(t)$、浓度曲线 $C(t)$ 两者的形态不同，所推导出的地下河结构也必然不同。因此，降水期，特别是雨水季节开展示踪试验，流量监控和准确计算是一件重要的问题。

由此可以得出，当进行地下河管道结构分析时，浓度曲线仅适用于枯水或流量稳定时期；回收强度曲线则可以适用于枯水、雨水季节，但其前提必须对流量有准确监测。

3.5　水动力场方法分析管道结构及案例

案例区域位于寨底地下河系统南部，主要涉及响水岩天窗G37，位于地下河管道上的zk8、zk7两个监测孔，以及总出口G47（图3-37）。G37与G47距离2230m，G37与zk8距离1270m，zk8与zk7距离880m，zk7与G47距离80m。

2012年5月16日～8月18日，利用荷兰生产的Mini-Diver压力式自动水位计和10min监测步长对G37、zk7、zk8监测点进行高频率水位动态监测，水位动态曲线如图3-38所示。

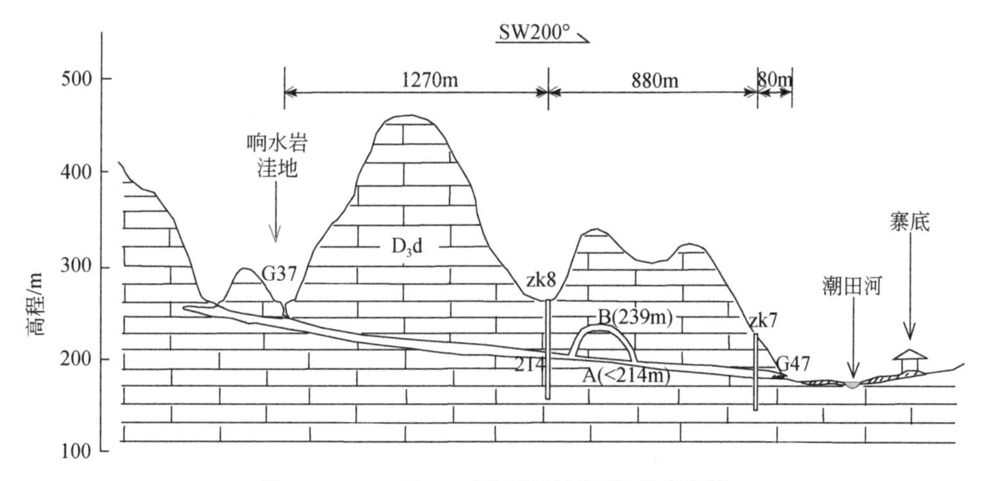

图 3-37 G37 至 G47 剖面及地下河结构示意图

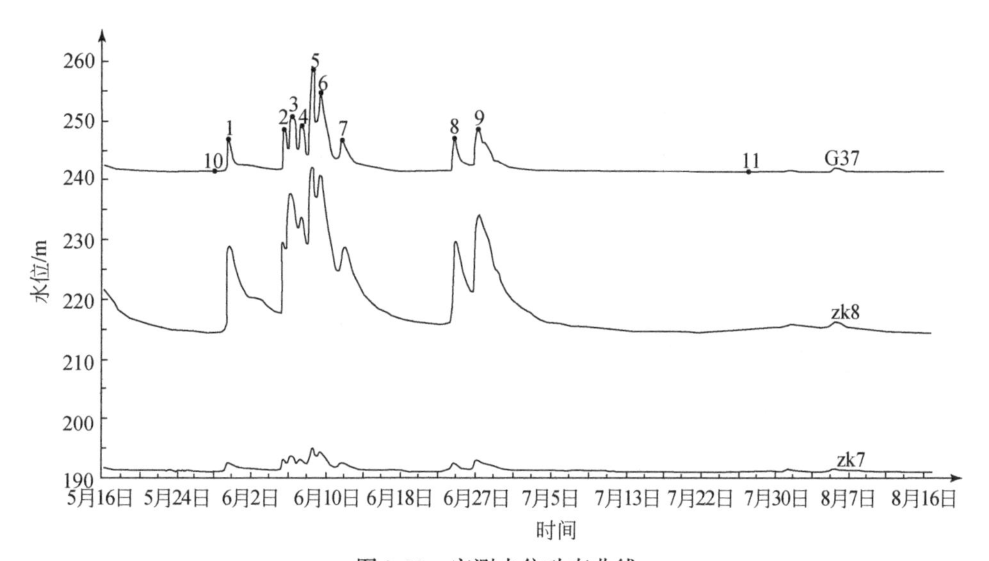

图 3-38 实测水位动态曲线

监测期内，有 9 次强降水过程，并引起地下水强烈波动；该段监测期间 G37、zk8 和 zk7 最低水位分别为 241.15m、214.27m 和 191.03m，最高水位分别为 259.78m、242.02m、195.17m。利用响水岩天窗 G37 的 9 个水位峰值以及对应 zk8、zk7 同时刻的监测水位进行梯度计算。为方便起见，用 h_{1j}、h_{2j}、h_{3j}分别表示 G37，zk8，zk7 监测点水位，$j=$［1，2，…，11］代表图 3-38 中 11 个水位序号，其中序号 1～9 代表 9 场强降水的峰值水位，序号 10、11 对应 2 个无降水期水位。

通过式（3-17）、式（3-18）计算得到 G37 至 zk8 和 zk8 至 zk7 的水力梯度 I_{1j}、I_{2j}（%），其中常数 1270、880 为监测点之间距离；计算结果见表 3-7。

$$I_{1j} = 100\% \times \frac{h_{1j} - h_{2j}}{1270},\ j = [1,\ 2,\ \cdots,\ 11] \tag{3-17}$$

$$I_{2j} = 100\% \times \frac{h_{2j} - h_{3j}}{880},\ j = [1,\ 2,\ \cdots,\ 11] \quad (3\text{-}18)$$

表 3-7　水力梯度计算结果

序号	监测日期	G37	zk8	zk7	G37-zk8		zk8-zk7	
		水位 h_1/m	水位 h_2/m	水位 h_3/m	水位差 /m	水力梯度 I_1/%	水位差 /m	水力梯度 I_2/%
1	2012 年 5 月 30 日	246.41	228.81	192.68	17.60	1.36	36.13	4.11
2	2012 年 6 月 5 日	248.42	232.62	192.99	15.80	1.22	39.63	4.50
3	2012 年 6 月 6 日	250.12	237.71	193.41	12.41	0.96	44.30	5.03
4	2012 年 6 月 7 日	248.73	233.54	193.07	15.19	1.18	40.47	4.60
5	2012 年 6 月 8 日	259.78	242.02	195.17	17.76	1.38	46.85	5.32
6	2012 年 6 月 9 日	254.57	240.72	194.53	13.85	1.07	46.19	5.25
7	2012 年 6 月 12 日	246.47	228.71	192.52	17.76	1.38	36.19	4.11
8	2012 年 6 月 24 日	246.82	229.29	192.70	17.53	1.36	36.59	4.16
9	2012 年 6 月 27 日	248.24	233.76	193.02	14.48	1.12	40.74	4.63
10	2012 年 5 月 28	241.59	214.41	191.16	27.18	2.11	23.25	2.64
11	2012 年 7 月 27 日	241.49	215.07	191.13	26.42	2.05	23.94	2.72
最小值		241.49	214.41	191.13	12.41	0.96	23.25	2.64
最大值		259.78	242.02	195.17	27.18	2.11	46.85	5.32
最大值-最小值		18.29	27.61	4.04	14.77	1.14	23.6	2.68

3.5.1　水力梯度与水位变化关系

根据该地下河系统的补给、径流、排泄特征，中上游的地下水、地表水都通过响水岩天窗 G37 补给到下游地下河主管道中，因此，G37 至 zk8、zk8 至 zk7 的水力梯度 I_{1j}、I_{2j}总体受 G37 的水位 h_{1j}波动控制，从理论上分析 I_{1j}、I_{2j}与 h_{1j}应该存在某种变化关系。以水位 h_{1j}为横坐标，水力梯度 I_{1j}或 I_{2j}为纵坐标，把表 3-7 中 11 组计算数据放到坐标系中建立散点图，通过趋势分析获得二者之间的变化关系（图 3-39）。

G37 至 zk8 上游段，没有降水影响期水力梯度 I_{1j}最大；当降水产生影响后，水力梯度变小，分为两段变化过程：水力梯度 I_{1j}开始随 G37 水位 h_{1j}上涨而变小，当 h_{1j}继续上涨后面则随 G37 水位 h_{1j}上涨而增大；I_{1j}与 h_{1j}变化关系呈二次反抛物线形态。通过趋势分析计算，水位 $h_1(t)$ 与梯度 $I_1(t)$ 的函数关系为

$$I_1(t) = 0.0081\, h_1^2(t) - 4.0947\, h_1(t) + 518.51 \quad (3\text{-}19)$$

水位与梯度之间相关系数 R_2 为 0.9829。对方程（3-19）进行导数得出极值点：

$$I_1'(t) = 0.0612\, h_1(t) - 4.0947 \quad (3\text{-}20)$$

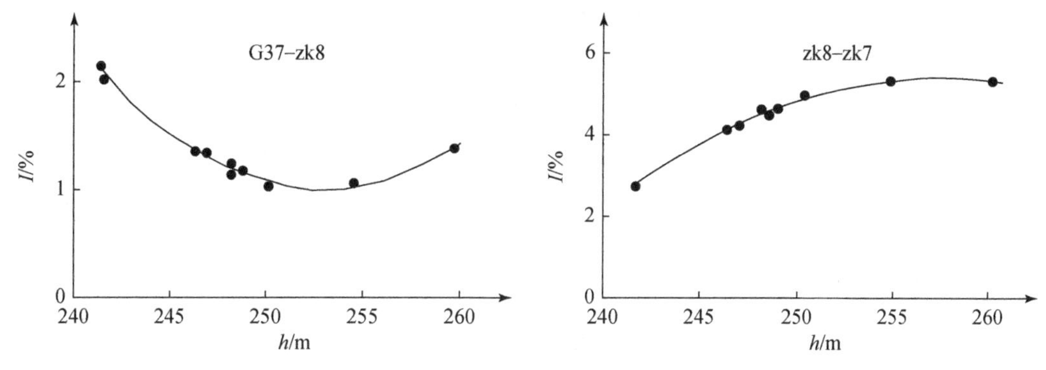

图 3-39　G37 到 zk8 和 zk8 至 zk7 水力梯度与 G37 水位关系图

令 $I_1'(t)=0$，得到当 h_1 等于 252.75m 时，I_1 最小值等于 1.43%。通过式（3-17）计算得出对应 h_1 等于 252.75m 时 zk8 孔水位 h_2 为 234.59m。

zk8 至 zk7 段，I_{2j}与 h_1 之间关系与前者相反，无降水影响期水力梯度 I_{2j}最小；当降水产生影响后，水力梯度快速增大，也可分为两段变化过程：水力梯度 I_{2j}开始随 G37 水位 h_{1j}上涨而增大，当水位过了 250.12～254.57m 区间后，水力梯度呈变小趋势，呈二次抛物线形态。梯度 I_2（t）与水位 h_1（t）的关系为

$$I_2(t)=-0.0113\,h_1^2(t)+5.8077\,h_1(t)-740.86 \tag{3-21}$$

其相关系数 R_2 达 0.9933；同理可以计算出极值点，当 h_1 为 256.98m 时，I_2 最大值为 5.37%。

3.5.2　管道垂直方向结构分析

根据上、下游水力梯度 I 与 G37 水位 h_{1j}的变化关系，可以推出下列结论，zk8 与 zk7 间存在双层地下水通道，其中下层通道狭小，上层通道相对大。根据钻孔 zk8 监测期最低水位，可以肯定下层通道埋藏高程小于 214.41m；在极值点即高程 234.59m 发育另一个上层管道。分析过程如下：

（1）当响水岩天窗 G37 水位 h_{1j}小于 252.75m 或钻孔 zk8 水位 h_{2j}小于 234.58m 时，地下水主要由下层通道朝 zk7 及地下河出口 G47 径流排泄，上游来水补给量大和下层通道狭小，逐渐形成地下水淤积，G37 至 zk8 的水力梯度 I_1 表现为由大逐渐变小；此时对应下游 zk8 至 zk7 段，由于 zk8 水位 h_{2j}上升且下游段地下水排泄通畅，zk8 至 zk7 的水力梯度 I_2 则由小逐步增大。

（2）当响水岩天窗 G37 水位 h_{1j}大于 252.75m 或钻孔 zk8 水位 h_{2j}大于 234.58m 时，地下水则由上、下两层通道朝 zk7 及地下河出口 G47 径流排泄。此时上游地区尽管来水量更大并形成响水岩天窗 G37 水位 h_{1j}更高，但上层过水通道大和过水通畅，没有进一步形成 G37 至 zk8 地段地下水淤积，G37 至 zk8 的水力梯度表现为由小变大。

上下通道在垂直方向的相对位置，同一个垂直剖面上如图 3-40a 所示；上下通道有可能不在一个垂直面上，如图 3-40b 所示，当然，上层过水通道也有可能由两个或多个小型

通道组成，如图3-40c所示，但其总的过水面积和通畅程度上层比下层大。

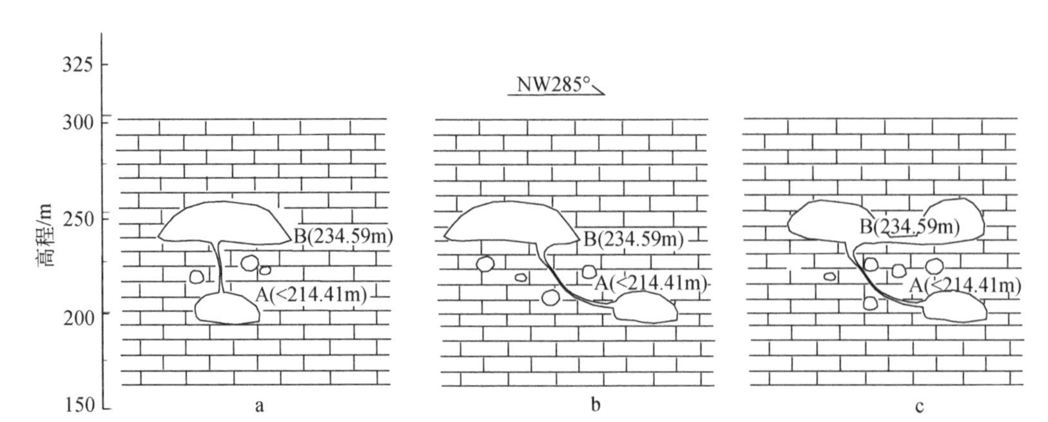

图3-40　双层溶洞结构示意图

图3-40中图形除了形态不同外，G37水位h_{1j}极值点252.75m、256.98m数值差别大，反映上下游两段岩溶管道内部结构不同。当响水岩天窗G37水位h_{1j}为252.75m或钻孔zk8水位h_{2j}为234.58m，上层管道开始大量过水时，由于zk8至zk7下游段管道结构、管道阻力与上游段不一致，所表现的水动力特征也就不一致，具体表现在不同时体现为下游段的极值点。

上述两层通道发育高程主要以zk8不同期水位进行推测，实际上，两层通道发育位置应该在zk8下游，下层管道也有可能为虹吸管结构，即埋深更大。因此，252.75m、214.41m两个数值仅为界限范围。

3.6　水化学场方法分析管道结构及案例

3.6.1　案例区水文地质条件

案例区为寨底地下河系统内的东究地下河子系统。东究地下河子系统区域，地貌上为岩溶峰丛洼地，中间发育豪猪岩、大税、小税、甘野4个洼地，岩层产状NW285°∠18°~35°，汇水面积12.5km^2，其中中泥盆统信都组上段（D_2x^2）碎屑岩区面积1.2km^2、由中泥盆统塘家湾组（D_2t），上泥盆统桂林组（D_3g）、东村组（D_3d）组成岩溶区面积11.3km^2。

表3-8和野外调查结果表明，塘家湾组（D_2t）、桂林组（D_3g）、东村组（D_3d）等碳酸盐岩地层的岩性为纯灰岩，不存在相对隔水层；其中CaO、烧失量两项合计百分比含量大于97.15%，白云质（MgO）及泥质（Al_2O_3）、砂质（SiO_2）等其他矿物质百分比含量合计小于2.85%。

表3-8　岩石分析结果

编号	取样地层	CaO/%	MgO/%	烧失量/%	其他/%	编号	取样地层	CaO/%	MgO/%	烧失量/%	其他/%
S038	D_3g	52.47	3.10	43.67	0.76	S046	D_3g	55.22	0.50	43.24	1.04
S039	D_3g	51.38	3.98	43.74	0.90	S047	D_3d	54.69	0.43	43.17	1.71
S040	D_2t	55.45	0.42	43.38	0.75	S048	D_3d	55.26	0.51	43.35	0.88
S041	D_2t	54.13	0.51	43.02	2.34	S049	D_3d	54.74	0.68	43.30	1.28
S042	D_2t	54.79	0.55	43.19	1.47	S050	D_3d	54.88	0.65	43.39	1.08
S043	D_3g	54.60	0.68	43.28	1.44	S051	D_3d	55.36	0.31	43.30	1.03
S044	D_3g	54.69	0.67	43.00	1.64	S052	D_3d	55.16	0.50	43.29	1.05
S045	D_3g	55.17	0.57	43.00	1.26						

地下河系统获得岩溶区的大气降水入渗补给、非岩溶区的外源水和侧向径流补给后，地下水向西径流在国清洼地G32集中排泄（图3-41）。

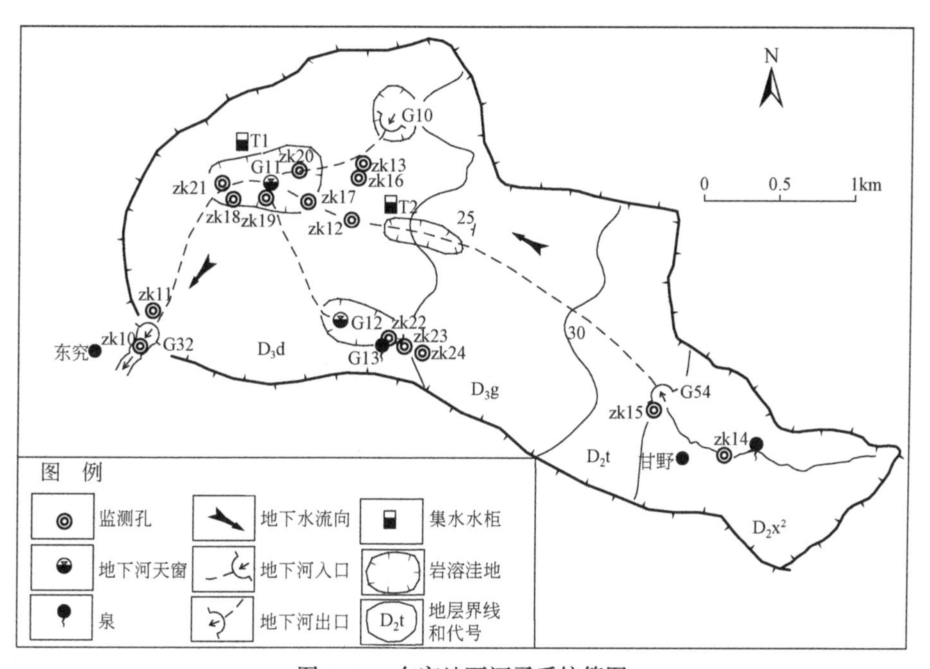

图3-41　东究地下河子系统简图

地下水示踪已证明G54与G32连通，大税（或小税）洼地是地下河主径流管道经过区域，所布置的zk12、zk23、zk24钻孔，在孔深16～30m处发现溶洞并有稳定水位（表3-9），特别是zk12，钻探时出现掉钻，所揭露的水位及孔洞是否是地下河的水位或对应的管道，这涉及是否继续勘探和监测深度是否准确问题（易连兴等，2012）。

表 3-9　岩溶发育段及水位

孔号	孔口高程/m	孔深/m	上部岩溶		下部岩溶	
			发育段高程/m	水位/m	发育段高程/m	水位/m
zk12	401.5	150	370～385	384.5	310～313	311.2
zk23	390.8	60	377～385	384.6		
zk24	407.2	60	375～387	384.8		

3.6.2　水化学特征及地下河管道判别

1. 上下游矿化度特征分析

G53 和 G32 为连续取样点，枯水期矿化度变化不大，分别为 25.62mg/L、182.14mg/L；钻孔 zk14 位于碎屑岩区，矿化度为 32.84mg/L；zk15 位于碎屑岩与灰岩接触带，矿化度为 81.19mg/L。zk12、zk23、zk24 钻孔的上部岩溶水矿化度分别为 250.93mg/L、298.7mg/L、242.77mg/L，平均矿化度为 264.15mg/L（表 3-10）。

表 3-10　不同地段水化学特征　（单位：mg/L）

序号	取样时间	地点	K^+	Na^+	Ca^{2+}	Mg^{2+}	Cl^-	SO_4^{2-}	HCO_3^-	矿化度	矿化度平均值
G053	2008 年 10 月	甘野	0.30	1.10	4.22	2.56	3.51	8.09	9.88	24.64	25.62
G053	2009 年 10 月	甘野	0.61	1.19	3.56	1.62	6.90	6.39	11.58	25.97	
G053	2010 年 9 月	甘野	0.40	0.78	4.42	1.61	3.49	3.24	25.05	26.26	
zk14	2010 年 9 月	甘野	0.90	1.31	5.23	1.65	4.38	4.25	30.75	32.84	32.84
zk15	2010 年 9 月	甘野	0.20	0.10	25.60	1.98	2.63	3.47	96.00	81.19	81.19
zk22	2010 年 9 月	大税	0.15	0.24	95.30	1.19	7.76	9.56	278.02	250.93	264.15
zk24	2010 年 9 月	大税	0.98	1.57	111.30	1.07	11.35	6.13	338.24	298.75	
zk12	2010 年 9 月	深 30m	0.20	0.30	90.58	1.32	4.38	2.58	291.61	242.77	
	2010 年 10 月	深 105m	0.48	0.33	55.39	4.91	6.95	0.00	185.34	159.21	159.21
G032	2008 年 10 月	东究	0.70	1.20	64.15	4.10	3.51	23.26	177.87	184.40	182.14
G032	2009 年 10 月	东究	1.00	1.68	64.01	4.85	6.90	6.39	205.62	185.95	
G032	2009 年 12 月	东究	0.99	1.89	64.01	2.70	6.08	6.39	191.14	176.06	

2. 地下河管道分析判断

利用不同地段矿化度平均值进行对比分析：

（1）上游—中段，上游碎屑岩区 G53、zk14、zk15 矿化度分别为 25.62mg/L、32.84mg/L、81.19mg/L，中段（zk12 孔深 30m 处、zk23、zk24）地下水矿化度增加到 264.15mg/L，从矿化度随着地下水运移距离增大而增大上考虑，其变化符合矿化度基本规律。

（2）中段—出口，地下河出口 G32 矿化度为 182.14mg/L，比中段（zk12 孔深 30m

处、zk23、zk24）平均矿化度 264.15mg/L、最小矿化度 242.77mg/L 分别小 82.01mg/L、60.63mg/L；根据调查，除东部甘野洼地外，在南部和北部区域没有其他低矿化度水向东究地下河系统内径流补给，因此，出口 G32 矿化度变小不符合矿化度基本规律，进一步说明，zk12 及 zk23、zk24 孔深 16～30m 处所揭露的地下水不是东究地下河主径流，埋深 16～30m 段的孔、洞不是东究地下河主径流管道。

3. 钻探验证结果及认识

zk12 孔深 89.3～90.7m（标高 312.2～310.8m）段，发现高 1.4m 溶洞，揭露溶洞后，上部水位消失，孔内水位变为 311.2m，溶洞内水深 0.4m，经取样测试，地下水矿化度为 159.21mg/L，该矿化度与上游 zk15 钻孔 81.19mg/L 和下游 G32 出口 182.14mg/L 的递增关系符合矿化度基本规律。因此，可以确定该层地下水才是地下河主径流层，其溶洞是地下河主径流管道，此外，在垂直方向上，上部为高矿化度水、深部为低矿化度水，逻辑上可以理解为上部高矿化度水流补给深部地下河管道水流在数量上不占主导地位。

通过上述勘探，得到了不同段地下河管道内水力坡度，zk15 至 zk12、zk12 至 G32 的水力坡度分别为 9.07%、2.33%，地下河中上游水力坡度较大，中下游水力坡度相对平缓。

岩溶补给区或径流区，在不具有相对隔水层的纯灰岩区同一点依然存在两个或多个水头，因此，通过勘探获取一个地下水位后，要结合水文地质条件、结合各种分析方法论证其代表性，排除造成对深部地下河管道的误判。

根据上述示踪浓度曲线、回收强度曲线管道结构分析，以及水动力场和水化学场管道结构分析，寨底、大小井、鱼泉、万华岩 4 条地下河的 16 处管道结构见表 3-11。

表 3-11　地下河示踪管道结构分析汇总

序号	名称	投放点及编号		接收点	距离/m	曲线形态	说明
		地名	编号				
1	寨底	邓塘	G06	G16	765	单峰	为单管道结构，曲线局部不平滑连续，有两处以上裂隙通道
2		甘野	G54-1	G32	3885	单峰	豪猪岩洼地有短距离分支管道
3		水牛厄西	G071	G30	660	单峰	尖顶单峰，为单管道连通
4		琵琶塘	G29	G30	785	单峰	平水期为单通道结构，平顶峰，局部管道宽，材料分撒
5		琵琶塘	G29	G30	785	单峰	暴雨期以某一路径集中排泄，即地下水集中径流为主
6		国清小学	zk32	G37	1600	单峰	单通道结构，波峰对称
7		响水岩	G37	G47	2230	单峰	单峰单管结构，枯季流速缓慢或滞留现象
8	大小井	塘边镇南	521	583	10150	双峰	主峰在前，次峰在后；双通道结构，局部有短途分支道
9		克渡镇南	444	82	14200	单峰	径流集中，单管道，通畅且大小均匀
10		简耐村	449	583	25320		峰顶不明显，但存在水力联系

续表

序号	名称	投放点及编号		接收点	距离/m	曲线形态	说明
		地名	编号				
11	鱼泉	野水沟	Y139	s151	1335	单峰	尖顶对称单峰形态，为单管道结构，管道通常，径流集中
12		印象武隆	Y064	s151	3860	双峰	两条径流通道，主通道流速快，次通道流速慢
13	万华岩	宋家洞	Cz37	西支道	4585	单峰	单管道，且通畅，无滞留
14				Cz50	5585	单峰	单管道，交汇处 Cz02-1 为唯一中途经过点
15		瓜棚下	Cz48	东支道	970	单峰	单通道结构，波峰对称
16				Cz50	1970	双峰	主、支道结构，次级通道流速慢或径流距离稍长

3.7　温度场方法分析管道结构及实例

3.7.1　地质背景及问题

该案例不属于前面章节阐述的 4 个典型地下河流域，为江坪河拟建水电站的河间地块（易连兴等，2006）。江坪河水电站位于湖北省鹤峰县溇水上游河段，设计坝高 220m，正常蓄水位 475m，坝区溇水水位 290～294m，正常蓄水位比河水位高 185m。

建坝地段，河流从北东朝南西急剧转向，使右岸形成锐角形河湾地块。河湾地块由下寒武统（$\in_1l^2$）和中上寒武统（$\in_{2+3}$）、中下奥陶统（O_{1+2}）组成，岩性以中厚层白云岩和白云质灰岩为主；地形高程 500～1200m，地貌属岩溶峰丛洼地；溇水为 V 字形深切峡谷。河湾地块发育多级岩溶洼地，高程 550～800m，洼地内发育众多落水洞，大气降水除蒸发、植被持水外所形成的地表径流全部通过落水洞补给到岩溶地下水系统。接受补给后，地下水通过岩溶管道（洞穴）、裂隙的储存和运移，最终朝南西魏家河、南东河湾下游、河湾上游库区 3 个方向的径流排泄（图 3-42）。

在前期勘探阶段，开展了河湾地块岩溶渗漏专题研究，形成了重要结论：龙王庙上段（$\in_1l^2$）单斜构造地层存在高位地下水，同时不存在深部岩溶通道。该结论主要依据为高程 480m 的 PD16 平洞内 zk50，该孔的水位大于 480m。

3.7.2　温度场及水文地质意义

坝址区钻孔水温涉及河水水温、河湾地块区域地下水温，主要监测点如图 3-43 所示；其中泉点测温日期为 2003 年 10 月 15～18 日；河水、钻孔测温时间为 10 月 21 日；仪器测温精度 0.01℃。

1. 地下水温度平面分布特征

2003 年 10～12 月，对 6 个常年性泉点进行了多次水温测量，温度变化范围 17.2～

19.2℃（表3-12）。

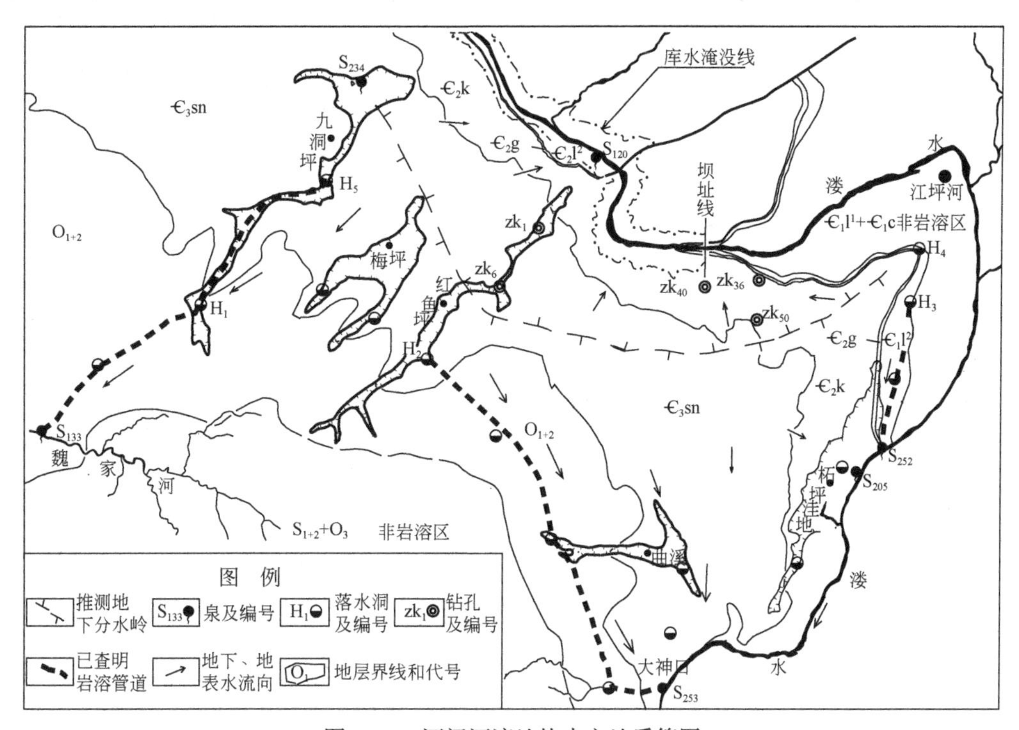

图3-42　河间河湾地块水文地质简图

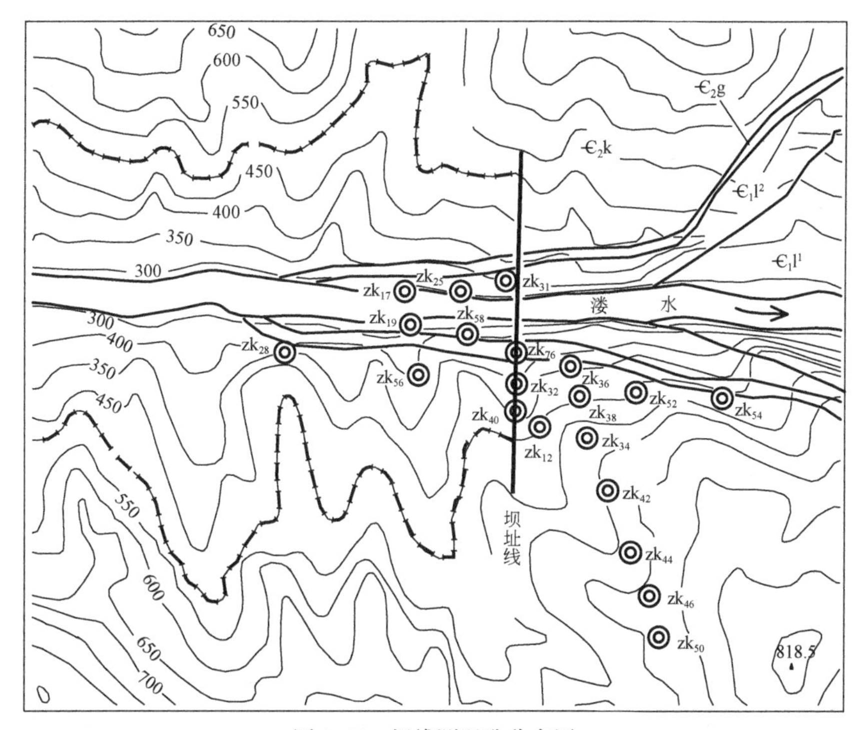

图3-43　坝线测温孔分布图

表 3-12　岩溶大泉水温特征

编号	名称	高程/m	温度/℃	编号	名称	高程/m	温度/℃
S205	白洞	313	18.4～19.2	S234	九洞坪	800	18.0～18.6
S252	黑洞	272	17.4～17.8	S120	白日亚	397	17.2
S253	大神口	300	17.4	S133	黑眼洞	415	17.6

2. 河水水温垂直分布特征

2003 年 10 月 21 日对坝址区上下游深水潭进行分层测温，多个测点及测面的测温统计结果为：当时地面气温 20.5℃，河水 0.5m 深以上温度为 16.4℃，其后水温随水深增大而下降，2.0m 水深处水温达到最小为 15.5℃，水深 2.0～4.0m 段水温呈上升趋势，大于 4.0m 水深以后水温变化小于 0.01℃，接近稳定状态，温度为 15.81℃（图 3-44）。

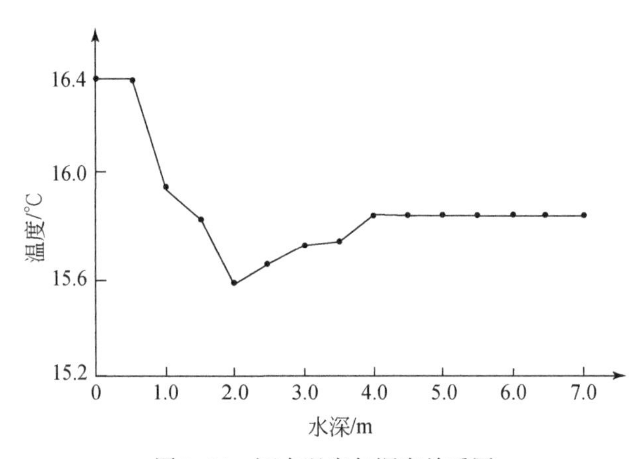

图 3-44　河水温度与深度关系图

3. 钻孔水温垂直分布特征

坝址线左岸和右岸布置了多个勘探孔，5 个测温钻孔分布如图 3-43 所示，其中左岸 1 个测温孔，右岸 4 个测温孔，钻孔水位埋深 3.00～111.41m，水位 292.50～292.87m；在钻孔水面以下，每隔 20m 孔深测温一次，测温结果见表 3-13。

表 3-13　钻孔垂直分层测温一览表

地点	坝址右岸				坝址左岸
孔号	zk19	zk58	zk76	zk36	zk17
孔口标高/m	296.14	316.50	389.00	403.96	295.56
水位埋深/m	3.50	23.63	96.50	111.41	3.00
水位/m	292.64	292.87	292.50	292.55	292.56
埋深/m	地下水温度/℃				
0	15.88				16.03
20	15.91	15.95			16.43

续表

埋深/m	地下水温度/℃				
40	15.95	16.16			16.84
60	16.42	16.22			17.35
80	17.55	16.78			17.69
100	17.99	17.31	16.29		18.06
120	18.81	17.89	16.42	16.30	18.85
140	19.37	18.81	16.84	16.62	19.32
160	19.83		17.24	16.97	19.75
170			17.37	17.16	
180			17.68		
孔顶孔底水温差	3.95	2.86	1.39	0.86	3.72
孔顶水温与河水温差	0.07	0.14	0.48	0.49	0.22
孔顶水温与泉水温差	-1.32	-1.25	-0.91	-0.90	-1.17

钻孔内分层水温变化明显，地下水水温总体随埋深增大而上升，在一个钻孔内顶面水温最小，孔底水温最大。右岸 zk19、zk58、zk76、zk36 以及左岸 zk17 五个钻孔顶面水温分布范围为 15.88～16.30℃，孔底水温变化范围为 17.16～19.83℃，钻孔顶面水温与孔底水温温差分别为 3.95℃、2.65℃、1.39℃、0.86℃、3.72℃。在一个测量段内温差最大为右岸 zk19 孔埋深 60～80m 段，温度分别为 16.42℃、17.55℃，相差 1.13℃；5 个钻孔尽管距离较近，但不同钻孔在相同埋深的水温不相等，其水温与相同埋深没有相关性。

4. 不同水温对比及水文地质意义

坝址区河流段平均水深小于 1.5m，仅局部分布有深水潭，水深 1.5m 处河水水温与大于 4.0m 深水潭的底部水温基本相同为 15.81℃，钻孔顶面水温与该河水 15.81℃水温比较，温差范围为 0.07～0.49℃，表明钻孔顶面水温比河水温稍大，但比较接近。

钻孔顶面水温与岩溶大泉最低水温 17.2℃比较，比泉水最低水温低-0.90～-1.32℃。

钻孔孔底水温变化范围为 17.16～19.83℃，与泉水温度范围 17.2～19.2℃基本相同。

上述温度特征比较分析说明，钻孔底部的水温才是河湾地块代表性的地下水水温，钻孔底部较高温度的地下水没有达到钻孔顶水面高度；引起钻孔顶面水温下降的原因，主要是受低温河水的影响，即坝址区域河水位比下伏岩溶水位高，部分河水越过河床上的砂卵石层、堰塞湖黏土层等第四系松散层向下伏岩溶水补给，形成钻孔内水位、顶面水温与河水水位、水温基本一致；根据钻孔顶面水温与河水温度、泉水温度的温差值大小，可以得出，左岸 zk17 与右岸 zk19（包括 zk58）一线，河水对岩溶地下水下渗补给比下游 zk79、zk36 地段强烈。

通过论述，坝址段淡水河道不是左右两岸地下水的排泄基准面，河水向右岸（河间地块）深部岩溶地下水补给，向南部径流排泄，即河间地块深部存在一条地下河通道，这个结论通过后期的水文地质钻探证明存在：在低于河床约 126m 龙王庙上段（$\epsilon_1 l^2$）灰岩与下伏泥砂质板岩（$\epsilon_1 l^1$）接触带岩溶发育，揭露高度 75cm 的小型管道，地下水位低

于292.85m。

实际工作中，充分结合所有的勘探条件和资料数据，利用类似地下水分层测温这种简单易行、耗资少的常规方法及数据资料综合分析，也能揭露或发现一些重要岩溶水文地质问题。通常而言，区域性河流一般为地下水排泄基准，即沿河左右两岸地下水向河道径流排泄。类似本节出现的河水位比下伏岩溶地下水位高的现象，多出现在季节性河流或一些常年性小河，象�水具有2394km^{2}汇水面积，枯季流量大于6.0m^3/s的较大型河流出现这种现象比较少见，容易被水文地质等专业技术人员忽视。

3.8 示踪材料及对比

3.8.1 钼酸铵、钨酸钠及食盐示踪剂对比

四水七钼酸铵（NH_4）$6Mo_7O_{24}\cdot 4H_2O$、二水钨酸钠$Na_2WO_4\cdot 2H_2O$均具有易于溶解、野外操作方便等特点，在费用上，钼酸铵比钨酸钠稍贵。

2008年9月，在寨底地下河上游钓岩开展两种化学材料试验对比，在G06同时投放钼酸铵8kg与钨酸钠16kg。钓岩地下河出口G16的浓度曲线如图3-45所示。根据浓度曲线，钨离子明显容易被吸附或受环境因素影响。钨酸钠投放量比钼酸铵大1倍条件下，最大浓度比钼离子还稍小；且钨离子浓度表现为比较不稳定，浓度波动大；并形成长时间的拖尾现象。

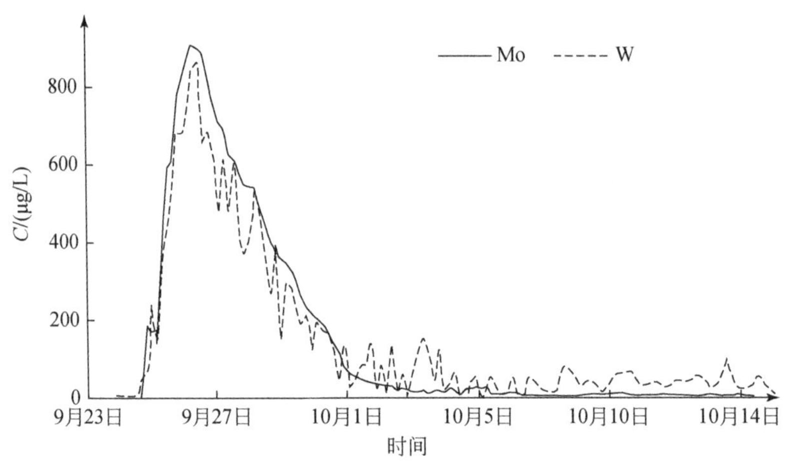

图3-45 G16示踪钼、钨离子检测曲线

考虑钨离子所表现的上述特性，在后期的工作和示踪试验中，没有再次使用钨离子进行示踪试验。尽管钼酸铵成本稍高，考虑其不易被吸附和稳定性，在寨底、万华岩、鱼泉、大小井地下河示踪，以及其他项目中得到广泛应用，达到了比较好的预期试验成果。

2011年10月21日，在寨底地下河上游G29至G30段开展了食盐示踪试验。在G29

投放250kg工业用食盐（NaCl），利用修建的混凝土水池全部溶解后一次性排放，在下游水牛厄G30采用Manata-2多参数水质仪自动监测氯离子（Cl^-）浓度，在平均背景值4.65mg/L和流量小于18L/s条件下，监测到最大浓度小于5.0mg/L，仅有微小的变化，难以判断是否由所投放的食盐所引起。显然，采用氯离子（Cl^-）示踪试验，一般所需要的量很大，野外操作时不易集中溶解。

背景值及其浊度影响对比；在背景值方面，钼离子（Mo^{6+}）、钨（W^{6+}）离子的背景值较低，一般小于1.0μg/L。但在个别区域由于存在相应矿床，地下水中背景值浓度稍高，如湖南郴州万华岩地下河，其东南部非岩溶区分布有有色金属矿，地下水中钼离子背景值浓度达到10.0μg/L。氯离子（Cl^-）的背景值浓度则比较高，一般均达到每升毫克级别，一些水点达到每升数十毫克。在开展的多次野外试验，特别是洪水期试验，未发现地下水的浑浊度对钼离子（Mo^{6+}）浓度有影响。

测试方法对比：迄今，对钼（Mo^{6+}）离子、钨（W^{6+}）离子还没有野外自动监测仪，在进行野外示踪时，需要配备专门的实验室技术人员和专门的仪器，结合人工取样进行测定。对于氯离子（Cl^-），则有多参数水质仪，包括简易的电导探头就可以进行野外试验。

3.8.2　荧光素钠和罗丹明B示踪剂对比

1. 地下水浊度对荧光素钠和罗丹明B影响对比

浊度以及流量对采用荧光素钠和罗丹明B试验有很大影响。2015年2月枯水期，在桂林寨底地下河投放1kg荧光素钠和3kg罗丹明B试验期间强降水使流量和浊度急剧增大并导致浓度曲线阶梯式衰减甚至检测不出（图3-46）。

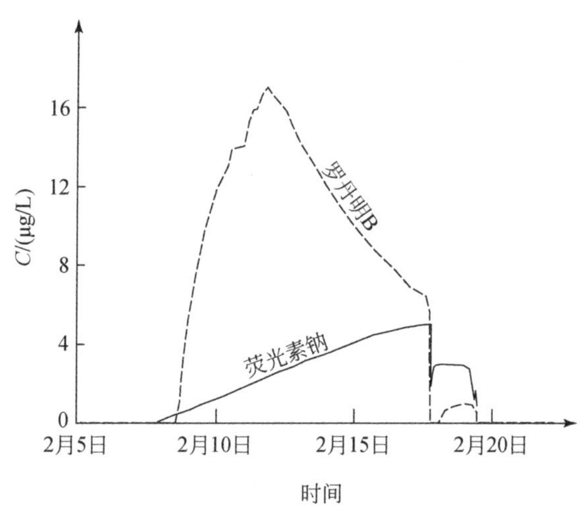

图3-46　荧光素钠和罗丹明B浓度突变曲线图

2. 荧光素钠和罗丹明B吸附及回收量实例对比

以2016年5月在贵州开展的1：5万水文地质环境地质调查工作中开展的试验及结果

说明染色剂荧光素钠和罗丹明 B 回收量差异。本次对比试验采用 FL-662 荧光仪进行自动监测，监测频率 1 次/ 15min。

1）水文地质条件

试验区域为红水河北盘江支流打邦河流域上游溶蚀丘陵谷地。地层为三叠系大冶组（T_1d）、安顺组（T_1a）、关岭组（T_2g）；除大冶组一段（T_1d^{1b}）为碎屑岩和基岩裂隙水外，其他均以灰岩或白云岩等纯碳酸盐岩为主，或局部夹碎屑岩，含水介质以岩溶管道为主，地下水埋深多小于 30m。

该区域地下河发育，丁旗镇附近发育有 3 个地下河出口，分别为 A19、A30、A10（图 3-47、表 3-14）；其中 A19 主要由西北部补给，地下水排出地表后经过一段溪沟径流再次补给到 A30 中；A10 主要由东部补给，地下水排出地表后直接进入溪沟向下游排泄。地下河为浅埋型，管道内淤泥沉积为主。试验期间，A30 流量比较稳定，为 417.76L/s。

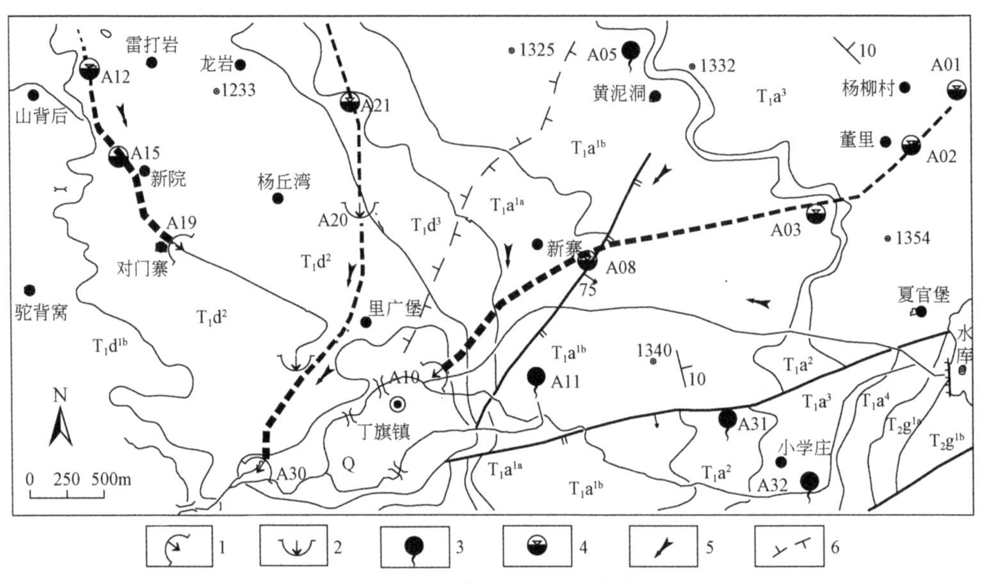

图 3-47　工作区水文地质简图

1. 地下河出口；2. 地下河入口；3. 泉；4. 天窗；5. 地下水流向；6. 推测分水岭

表 3-14　地下河出口一览表

编号	坐标 X	坐标 Y	坐标 Z	流量/(L/s)	距离 A20/km	地层	补给来源
A10	2893064.75	18569368	1220.26	28.00	1.80	T_1d^2 灰岩为主，夹少量泥岩	东部为主
A30	2892642.58	18568106	1218.00	417.76	2.38		
A19	2894098.36	18567516	1227.00	35.68	1.26		西北部

2）回收量、回收率及损失率对比

2016 年 5 月 16 日 10:30、11:00，在丁旗镇北侧地下河入口 A20 相隔 30min 分别投放荧光素钠、罗丹明 B 各 500g。5 月 17 日 10:00，在地下河出口 A30 收到了所投放的材料，分别于 16:00、18:30 出现峰值，试验结果如图 3-48 所示；在另两个出口 A19、A10 没有收到。

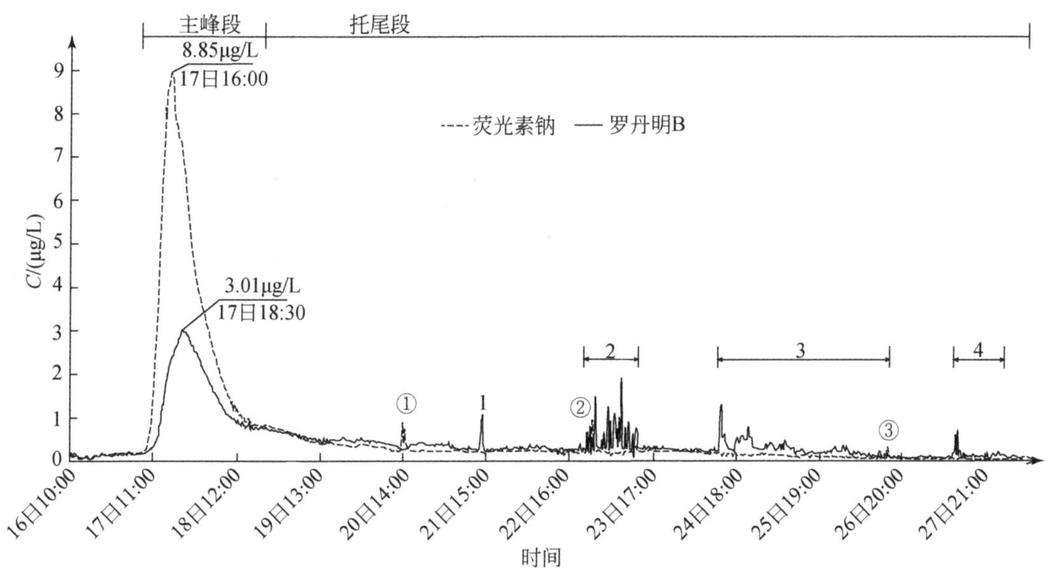

图 3-48　示踪结果曲线图

通过计算，荧光素钠回收量为 258.74g，回收率为 53.91%；罗丹明 B 回收量和回收率分别为 195.44g 和 40.72%；荧光素钠回收量比罗丹明 B 多 63.30g，多回收 13.19%。反过来说，荧光素钠、罗丹明 B 的损失率分别为 46.09%、59.28%。

把试验期分两段比较，回收量和回收率有明显差异。在 17 日 10:00～18 日 12:00 主峰段，荧光素钠回收量和回收率比罗丹明 B 分别多 91.24g 和 19.01%，但在 18 日12:00～28 日 8:00 托尾段，罗丹明 B 的回收量和回收率反过来比荧光素钠分别多 27.94g 和 5.82%（表 3-15）。反映出罗丹明 B 相比更易于被吸附，部分吸附量在后期释放。

表 3-15　两种材料回收量和回收率对比表

材料	总回收量/g	总回收率/%	主峰段		托尾段	
			回收量/g	回收率/%	回收量/g	回收率/%
荧光素钠	258.74	53.91	220.00	45.83	38.74	8.07
罗丹明 B	195.44	40.72	128.77	26.83	66.68	13.89
差	63.30	13.19	91.24	19.01	-27.94	-5.82

3）曲线形态对比

荧光素钠曲线形态在主峰段平滑，在缓慢衰减托尾段有 3 个时段检测出相对高浓度值（<1.0μg/L），但其时间段很短，曲线未形成完整波峰，因此，整条曲线表现为完整的单峰形态，也就是说从投放点到接收点为典型的单管连通结构。

罗丹明 B 曲线在主峰段也是平滑形态，在衰减段，则出现峰值浓度分别为 0.93μg/L、1.89μg/L、1.29μg/L、0.68μg/L 的 4 个完整小波峰，根据波峰理论，表明投放点到投放点之间存在 4 段小型通道。与荧光素钠浓度曲线对比，4 个小波峰显然是由罗丹明 B 在前面某段地下河管道中被吸附后再次释放排出的可能性更大，而不是由管道结构引起的。

3.8.3　示踪材料对比结果

通过上述对比，所使用的 5 种化学材料特征汇总见表 3-16，不同化学材料示踪见图版 4 ~6。化学离子类以钼酸铵为首选，荧光类荧光素钠则比罗丹明 B 稍好。

表 3-16　示踪材料对比表

类型	化学材料	稳定性	回收率	背景值	浊度影响	吸附性	投放量	可操作性	毒性	费用	测试
离子型	钼酸铵	稳定	高	低	小	低	大	较容易	很小	高	较难
	钨酸钠	欠稳定	比较高	低	小	有	较大	较容易	很小	比较高	较难
	氯化钠	稳定	低	高	不明	强	很大	不容易	无毒	比较高	容易
荧光类	荧光素钠	稳定	高	低	有	有	少	容易	很小	低	容易
	罗丹明 B	稳定	较高	低	较大	强	少	容易	很小	低	容易

第4章　地下河动态监测

4.1　地下河监测管理系统

岩溶地下河监测系统（Karst Groundwater-river Monitoring System，KGMS）以地下水监测数据有效管理和提高科学研究及社会服务水平为目的（井柳新等，2013；马晓晓等，2010）；对地下河系统各水文地质要素实现实时在线自动化监测（周仰效和李文鹏，2007）和监测数据智能化管理（刘志明等，1998；胡军，2013）。

岩溶地下河监测系统主要利用 Internet 公共网络、通用分组无线服务技术（General Pacbet Radio Service，GPRS）等功能，达到监测数据的远程控制、传输及其存储；并利用单位内部的局域网络防火墙、路由器达到有效的安全管理和防护。监测数据管理服务器为联想台式计算机，配有主服务器和备用服务器各一台，每天 24h 开机运行，通过有线连接单位内的局域网络，并通过 Internet 公共网络控制、接收、传送、管理监测站点的数据。野外监测站分布在广西寨底地下河、贵州大小井地下河、湖南万华岩地下河、重庆鱼泉地下河；每个地下河系统内包括数量不等的多参数水质仪、雨量计、水位计、气压计等监测仪器（刘强和章光新，2003；姚永熙，2010）；这些仪器通过统一安装广西桂林的手机 SIM 卡并经过 GPRS 方式向位于广西桂林的服务器传输监测数据或接受维护指令。整个地下河实时在线监测系统如图 4-1 所示。

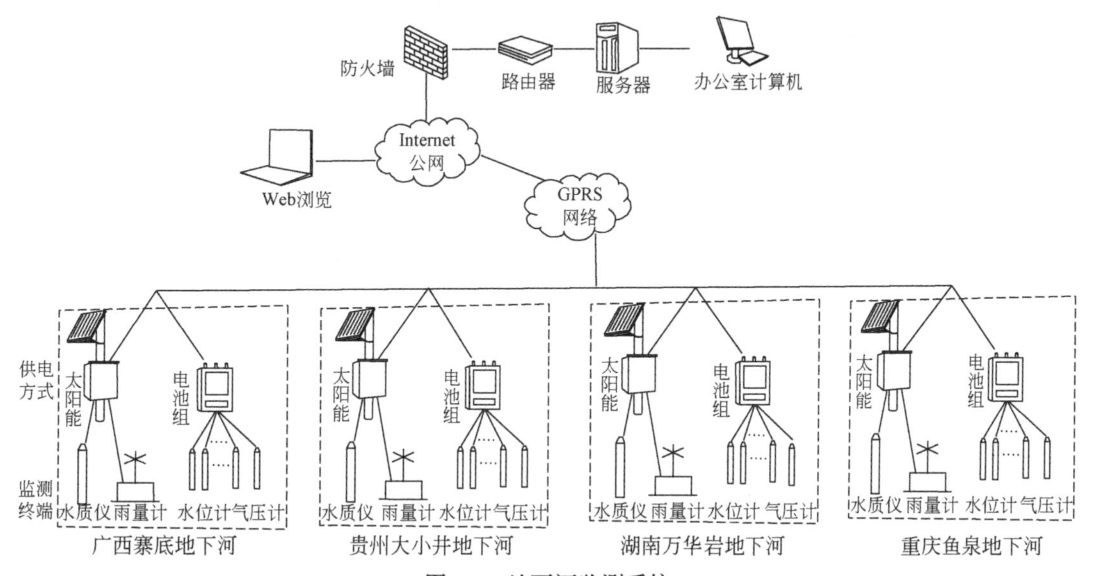

图 4-1　地下河监测系统

岩溶地下河监测信息系统采用模块化设计，各个功能模块相互独立；每个功能模块由一组功能组件实现，主要包括以下 6 个部分。

1. 系统管理模块

该模块为整个系统的核心管理功能模块，管理人员通过该模块实现对软件系统功能设置、监测数据的监控、野外监测仪器远程调试及维护等，实现对不同级别用户监测数据访问和利用权限管理等。该模块仅对管理人员开放。

2. 水文地质点管理模块

该模块主要对各类监测点的信息进行管理，监测站点类型及内容包括：岩溶天然水点调查记录表、钻孔调查记录表、机民井调查记录表、地表水文点调查记录表、气象监测点基础信息记录表。监测站点的基本信息表为水文地质点基础信息简表，主要包括监测点的编号、监测点类型、位置、地理坐标、开始监测时间、监测指标等内容。

3. 仪器信息管理模块

该模块主要对监测仪器进行管理，包括仪器型号及参数信息；传输线缆类型及长度；信号转接线类型及相关信息；SIM 卡号及其各月费用、余额等信息；无线数据传输模块信息等。

4. 监测站信息管理模块

该功能模块主要对监测站基本信息进行管理，包括自动监测站安装时间、自动监测站调式、维护记录、仪器更换记录。

5. 监测数据管理模块

该模块为地下河动态数据管理模块，包括气压、气温数据记录；降水量数据记录；水位、水温数据记录；水质仪监测数据记录等。可实现不同类型监测数据的整合等管理。

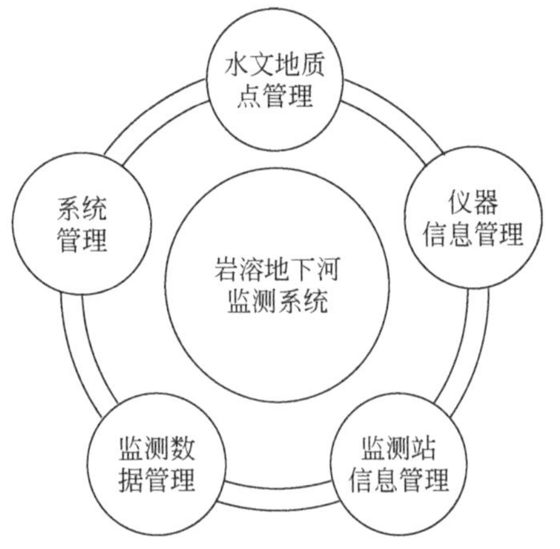

图 4-2　岩溶地下河监测系统模块化结构图

6. 数据安全控制模块

该模块完成系统安全认证、数据信息加密等功能；采用用户口令认证、口令加密的方式来保证用户信息的安全性。该模块仅对管理人员开放。

系统管理和数据安全控制两个模块仅对管理人员开放；水文地质点管理、仪器信息管理、监测站管理、监测数据管理 4 个模块具有录入、修改、查询、导入、导出等功能。各功能模块逻辑结构如图 4-2 所示。

4.2　地下河监测网

4.2.1　寨底地下河监测网

4.2.1.1　监测站分布

寨底地下河为一个完整的岩溶地下水单元，地下水边界清晰，具有补给、径流、排泄多种水文地质条件要素；不同地段的地下水位、流量、水质的动态是寨底地下河监测的主要对象；采用天然水点、钻孔建站分别有16个（表4-1）和29个（表4-2）。

表4-1　天然水点监测站一览表

序号	编号	位置	类型	保护设施结构	监测内容				
1	G07	邓塘	溶潭	监测房	水位水温				
2	G11	豪猪岩	天窗	监测房	水位水温				
3	G13	大税	泉	监测房	水位水温	流量		雨量	
4	G15	小铜木湾	溶潭	监测房	水位水温				
5	G16	钓岩	地下河出口	监测房	水位水温	流量			
6	G17	黄土塘	天窗	监测房	水位水温				
7	G19	钓岩	溶潭	监测房	水位水温				
8	G26	塘子厄	天窗	监测房	水位水温		水质		
9	G27	琵琶塘	岩溶泉	监测房	水位水温	流量		雨量	
10	G30	水牛厄	岩溶泉	监测房	水位水温	流量			
11	G32	东究	地下河出口	监测房	水位水温	流量	水质	雨量	
12	G37	响水岩	天窗	监测房	水位水温		水质	雨量	
13	G41	空连山	天窗	监测房	水位水温				
14	G42	空连山	天窗	监测房	水位水温				
15	G47	寨底	地下河出口	监测房	水位水温	流量	水质	雨量	气压
16	G53	甘野	泉	监测房	水位水温	流量		雨量	

表4-2　钻孔监测站一览表

序号	编号	位置	保护设施结构	监测内容	序号	编号	位置	保护设施结构	监测内容
1	zk1	海洋谷地	观测房	水位、水温	16	zk16	豪猪岩	管口保护装置	水位、水温
2	zk2	海洋谷地	观测房	水位、水温	17	zk17	豪猪岩	管口保护装置	水位、水温
3	zk3	海洋谷地	观测房	水位、水温	18	zk18	豪猪岩	管口保护装置	水位、水温
4	zk4	海洋谷地	观测房	水位、水温	19	zk19	豪猪岩	管口保护装置	水位、水温
5	zk5	寨底	管口保护装置	水位、水温	20	zk20	豪猪岩	管口保护装置	水位、水温
6	zk6	寨底	管口保护装置	水位、水温	21	zk21	豪猪岩	管口保护装置	水位、水温
7	zk7	寨底	管口保护装置	水位、水温	22	zk22	大税	管口保护装置	水位、水温
8	zk8	大坪	管口保护装置	水位、水温	23	zk23	大税	管口保护装置	水位、水温
9	zk9	大坪	管口保护装置	水位、水温	24	zk24	大税	管口保护装置	水位、水温
10	zk10	东究	管口保护装置	水位、水温	25	zk30	大江村	管口保护装置	水位、水温
11	zk11	东究	管口保护装置	水位、水温	26	zk31	豪猪岩	管口保护装置	水位、水温
12	zk12	豪猪岩	管口保护装置	水位、水温、气压	27	zk32	国清村委	管口保护装置	水位、水温
13	zk13	豪猪岩	管口保护装置	水位、水温	28	zk33	小浮村北	管口保护装置	水位、水温
14	zk14	甘野	管口保护装置	水位、水温	29	zk34	小浮村西	管口保护装置	水位、水温
15	zk15	甘野	管口保护装置	水位、水温					

其中，雨量站6个，分别位于甘野、琵琶塘、响水岩、寨底、大税、东究；甘野和大税雨量站控制高程大于450m的补给区；琵琶塘、东究和响水岩雨量站控制高程250～

450m 的径流区，寨底雨量站控制高程小于 200m 的排泄区的降水变化；为研究发育不同高程的岩溶水子系统的三水转换提供科学监测数据。

气压监测布置两处。G47 气压监测点用于地下水位换算；zk12 孔内气压监测，用于研究地下空间内气压变化特征。监测站分布如图 4-3 所示。

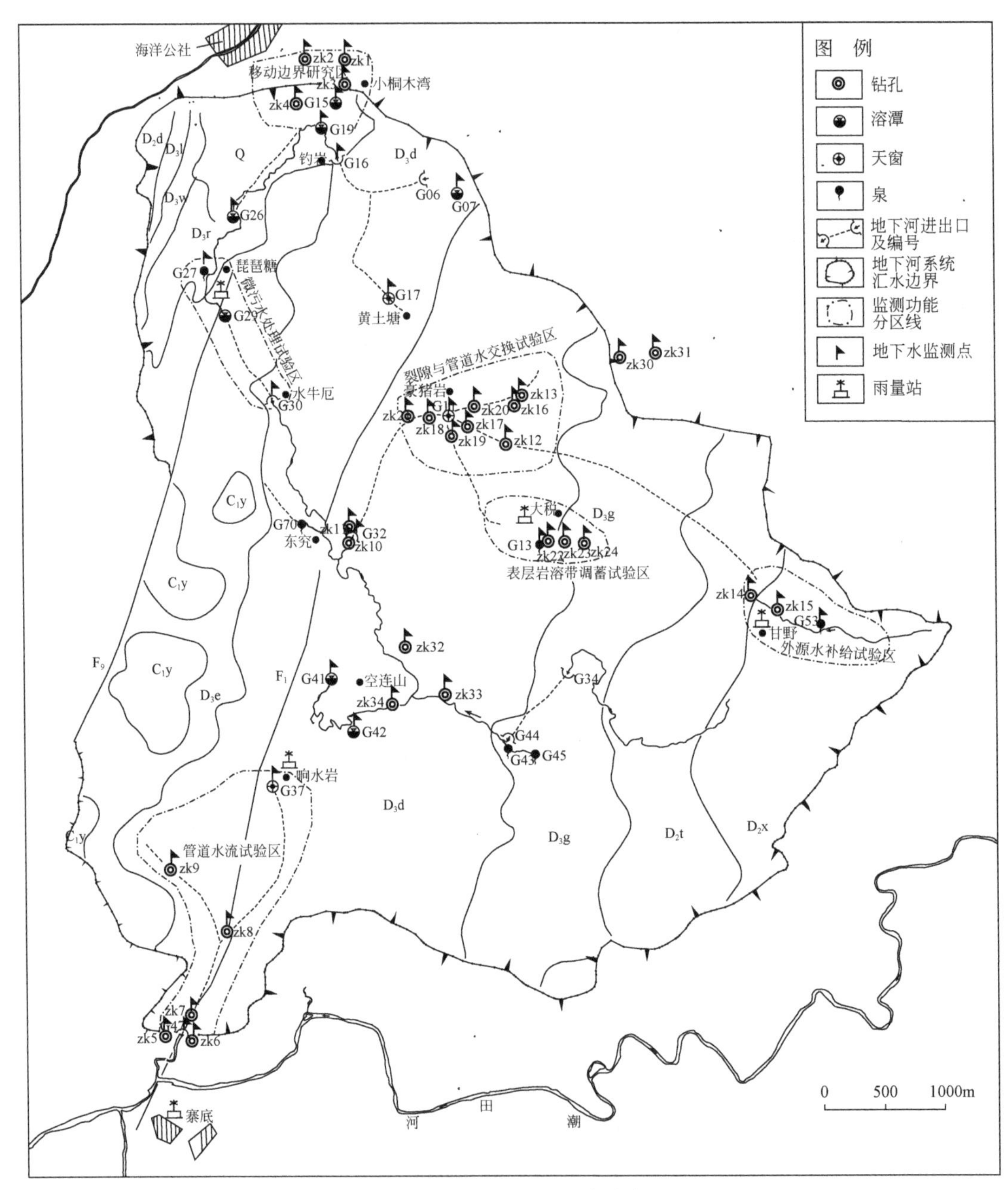

图 4-3　寨底地下河监测点分布图

4.2.1.2　监测站组合功能

天然水点监测点和人工钻孔监测点分布在不同区域监测不同水文地质要素，组合构成6个专业试验场所。

1. 表层岩溶水监测区

该区位于大税洼地，主要包括zk22、zk23和zk24监测孔，以及表层带岩溶泉G013；其中3个监测孔的孔深均为60m，揭露岩溶裂隙水，具有稳定水位。利用G013表层泉、zk22、zk23、zk24三个钻孔和附近山坡地表产流，开展三水转化与水循环机理研究，包括降水量、地表产流量、垂直入渗量等之间关系，以及表层岩溶系统对水资源的调蓄能力。

2. 移动边界监测区

海洋谷地为漓江与湘江两个水系的地下水分水岭分布区，受南北两侧袭夺和补给量季节变化的作用，地下水分水岭在不同季节产生移动，通过zk1、zk2、zk3、zk4及G15、G19水位监测，达到研究分水岭边界移动规律。其中zk2、zk4揭露了大型地下河管道，zk1、zk3则以揭露裂隙为主。

3. 外援水补给及二类边界监测区

在甘野洼地建立水位观测孔zk14、zk15，用于研究碎屑岩区向岩溶区的侧向补给特征，其中zk14位于碎屑岩区、zk15位于碎屑岩与灰岩接触地带。相对岩溶区而言，该区域也是岩溶区的二类边界。

4. 裂隙介质与管道介质水流交换机理监测区

该监测区位于东究地下河子系统中部豪猪岩洼地，包含有8个监测点：位于豪猪岩洼地东侧半山坡公路边水位埋深大于85m的监测孔zk12、zk13和zk16，豪猪岩洼地内监测孔zk17、zk19、zk20、zk21，以及天窗G11。其中zk12、zk17、zk19揭露地下河大型管道，zk13、zk16、zk20、zk21以揭露岩溶裂隙为主。上述监测点主要控制东究地下河中部水位动态，同时用于开展岩溶裂隙与岩溶管道的水流交换研究。

5. 地下河管道水头损失规律监测区

该区域位于地下河系统响水岩天窗至地下河出口地段，监测点包括天窗G37，大坪洼地zk8、zk9监测孔、寨底地下河出口G47及其附近的zk5、zk6、zk7监测孔。其中zk7、zk8监测孔，均揭露了大型岩溶管道及卵石泥砂等，均位于地下河主管道上；zk5、zk6监测孔分别位于地下河出口的两侧，主要用于控制出口两侧的岩溶发育情况及其判断是否存在地下水从两侧径流出区外。大坪谷地中zk9以揭露裂隙为主，但出水量大，与附近管道相连。通过监测不同季节的水位动态达到研究地下河管道中水头损失与水位和流量的变化关系。

6. 微污染水处理试验站

该区位于琵琶塘G29至水牛厄G30地段，在琵琶塘洼地G29消水洞区域建立微污染水3级处理池，从岩溶泉G27排出的地下水在G29处通过微污染处理后再次消于地下，在下游G30监测水质变化，达到研究岩溶地下河管道对水质的净化规律。

7. 其他监测点

其他监测点则控制不同地段的水位变化，如空连山 G42 等，为建立地下水数学模型的局部水位控制点。

4.2.2　鱼泉、大小井及万华岩地下河监测网

4.2.2.1　鱼泉地下河监测网

鱼泉地下河系统内的地下水埋深大，未见地下河天窗发育，主要采取水文地质钻探的方式开展地下水监测。监测点包括 5 个监测孔和地下河总出口，共 6 个。JC01、JC05 位于西侧子房沟峡谷谷底，JC02 位于子房沟峡谷左岸的王家坝岩溶洼地，3 个监测孔主要监测西南岩溶裂隙水的水位、水温。JC03 监测孔位于东部野水沟深切峡谷河岸边，距离鱼泉地下河出口约 520m，主要监测野水沟至鱼泉地下河总出口段的岩溶管道水位、水温。JC04 监测孔，位于鱼泉地下河系统的中部的“印象武隆”深切峡谷内，主要监测中上游段岩溶裂隙水的水位、水温。地下水水质、雨量和气压监测均布置在鱼泉地下河出口。监测站分布见表 4-3、图 4-4。

表 4-3　鱼泉监测点一览表

编号	标高/m	孔深/m	孔深层位	监测内容				
JC01	755	100	T_1j^3、T_1j^4	水位、水温				
JC02	815	175	T_1j^3、T_1j^4	水位、水温				
JC03	660	100	T_1j^2、T_1j^3	水位、水温				
JC04	1115	125	T_1f	水位、水温				
JC05	800	200	T_1j^3、T_1j^4	水位、水温				
S151	620		T_1j^4	水位、水温	流量	水质	雨量	气压

JC01、JC02、JC04、JC05 监测孔采用孔口保护装置基本结构。JC03 地下水具有承压特征，枯水期水头高出孔口 2.0m，暴雨期水位更高，该点采用斜管结构形式，将保护装置引到左岸，高出沟底约 15.0m。

4.2.2.2　万华岩地下河监测网

万华岩地下河系统内，建水位监测站 3 处、水质监测点 1 处，雨量站 1 处，以及气压监测 1 处（表 4-4、图 4-5）。

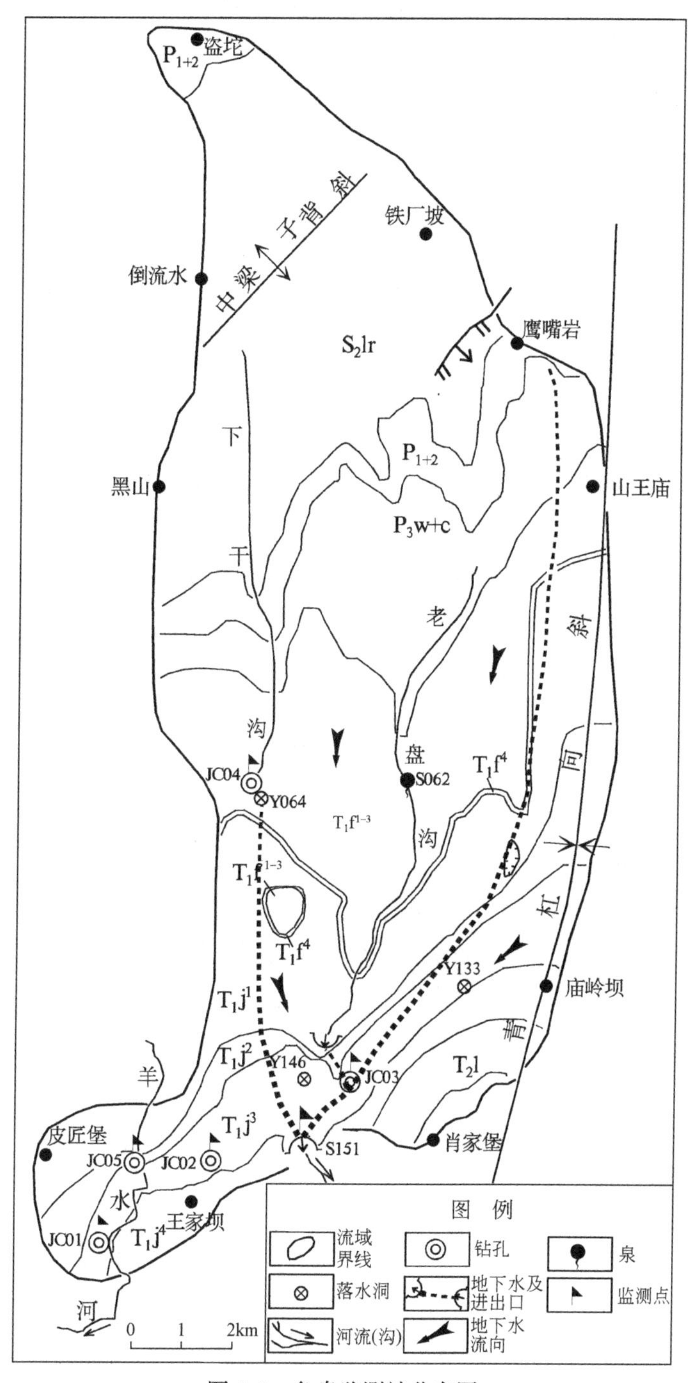

图4-4 鱼泉监测站分布图

表 4-4　监测站建设一览表

编号	位置	类型	监测内容				
Cz50	万华岩	地下河	水位、水温	流量	水质	雨量	气压
Cz02-1	西支洞	地下河	水位、水温				气压
Cz02-2	东支洞	地下河	水位、水温	流量			
Cz25	塘下山	天窗	水位、水温				
Cz37	礼家洞	溪沟	水位、水温	流量			

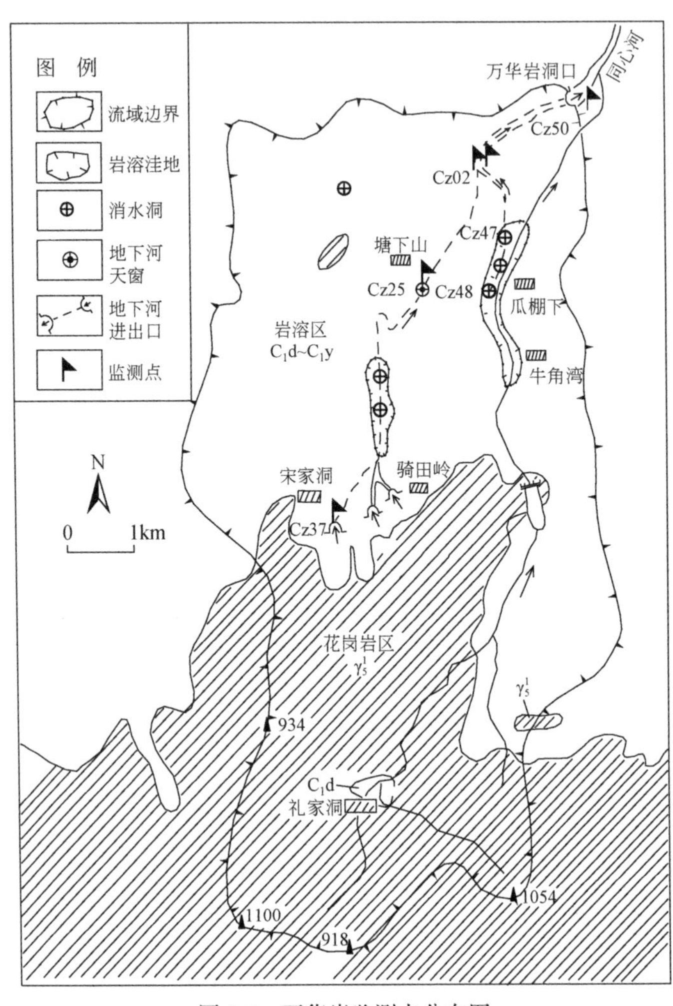

图 4-5　万华岩监测点分布图

1. 外援水监测站

外援水监测点 Cz37 位于南部宋家洞花岗岩与灰岩接触带的地表溪沟，主要监测花岗岩区汇集的基岩裂隙水、地表水流量动态，用于计算花岗岩区向岩溶区的补给强度。

2. 地下水监测

万华岩地下河地下水监测点包括Cz25、CZ02以及出口CZ50三个监测点。

Cz25监测点为一个地下河天窗，位于地下河系统中下游，塘下山村南侧300m处；天窗张口宽2.5m，长6.0m，深大于7m，底部可见水面面积约6m^2。洪水期地下水位高出地表，天窗附近水田被淹。

Cz02监测点位于地下河洞内两条支道汇合处；安装两个压力水位计分别监测东、西支道的地下水位、水温，并监测东支道的流量，西支道不具备流量监测条件；同时在洞内石壁上放置气压计，监测洞内大气压力动态。

Cz50监测站位于万华岩地下河出口，同时监测地下河出口的水位、流量、水质动态以及大气压力动态等。考虑与洞口旅游景区的协调性，将位于洞口山坡上的监测房设计成具有艺术造型钢砼结构房。监测房内部大小和结构与一般监测房相同，占地面积1.5m×2.0m，高2.2m，在监测房建设完工后，采用混凝土喷塑成一块巨石形状，使其与当地局部景观融为一体。监测房与堰坝旁水中监测仪器通过45m长的导线穿过地下导线管连接。

4.2.2.3　大小井地下河监测网

大小井地下河监测站点共布置了5个水文地质监测孔、12个天然水点监测站、3个河流断面监测；重点布置在中下游地下河管道密集发育区，其分布见表4-5和图4-6。

表4-5　大小井监测站一览表

编号	位置	类型	高程/m	监测内容				
JC1	大小井	地下河出口	448.50	水位、水温		水质		
JC2	大小井		440.50	水位、水温	流量		雨量	气压
JC3	芦水村	溶潭	790.00	水位、水温				
JC4	牛角	竖井	790.00	水位、水温				
JC5	航龙	竖井	814.26	水位、水温				
JC6	地坝	竖井	831.61	水位、水温				
JC7	简耐	天窗	896.90	水位、水温				
JC8	上坝	天窗	950.00	水位、水温			雨量	
JC9	上坝	天窗	917.23	水位、水温				
JC10	羡塘镇绸绢	地下河出口	872.11	水位、水温	流量			
JC11	羡塘镇老场坝	天窗	886.75	水位、水温				
JC12	羡塘镇公蛾村	地下河出口	899.00	水位、水温	流量		雨量	气压
JC13	摆金长兴村	溶潭	1099.08	水位、水温			雨量	
JC14	河边村	河流	795.00	水位、水温	流量			
JC15	巨木村	河流	800.00	水位、水温	流量			
JC16	航龙	河流	804.00	水位、水温	流量			
zk01	塘边	监测孔	821.65	水位、水温				

续表

编号	位置	类型	高程/m	监测内容				
zk02	羡塘乡落浩村	监测孔	876.00	水位、水温				
zk03	叫子山	监测孔	835.56	水位、水温			雨量	
zk04	雅水镇洛平村	监测孔	1061.00	水位、水温				

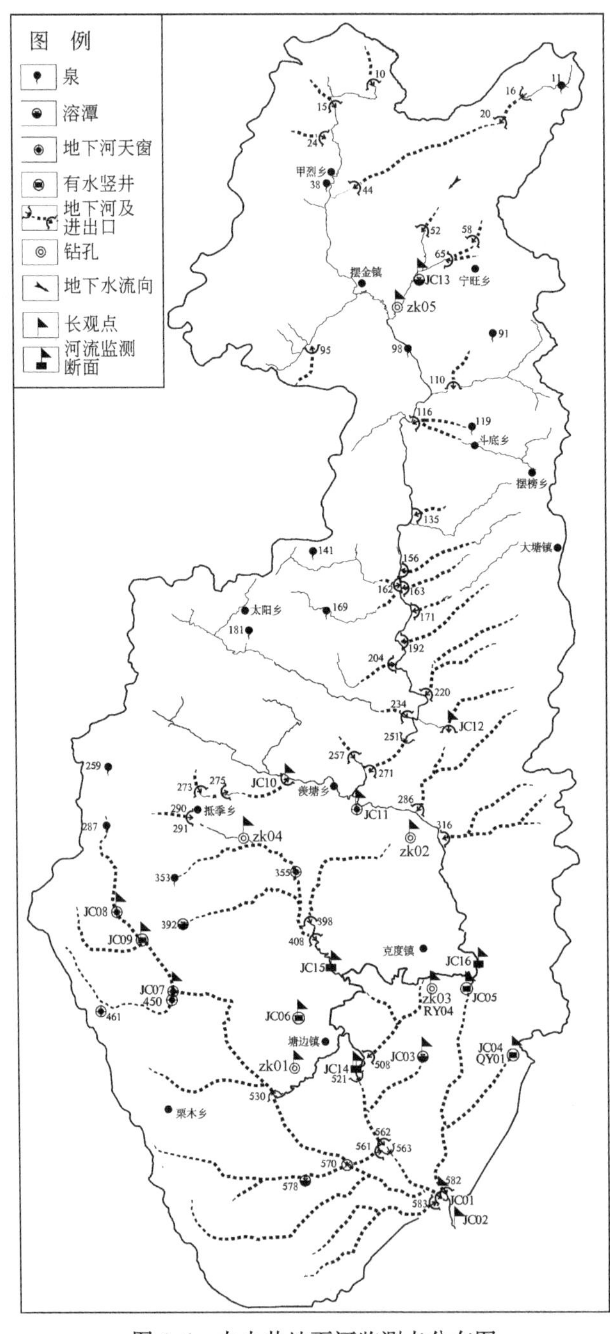

图 4-6　大小井地下河监测点分布图

根据大小井地下河出口河道枯季流速条件，水质（JC01）和流量（JC02）分开监测。大小井地下河系统有3个出口，水质和流量监测均选在3股水流汇合后下游河段。三股水流交汇下游一长段河道，尽管宽度小，但河水深，流速缓慢，很难测出流速，考虑枯水期仍可以测出断面河水的流速，选取的测流断面位于交汇点下游约600m处，该断面与出口有一定距离。水质监测对流速要求不是很高，只要求所处位置水流在昼夜之间能交换即可，同时充分考虑大小井旅游管理部门、当地村委会及村民意见并结合水质和流量监测要求，水质监测站位于地下河出口交汇下游约200m右岸。

在大小井地下河系统内，布置了5个雨量站，分别位于大小井出口、叫子山、简耐、羡塘、摆金等，控制上、中、下游以及出口段的大气降水动态。整个地下河系统布置两个气压监测点，分别位于地下河出口JC02、中部JC12。地下河典型监测点及监测模式见图版7～14。

4.2.3　地下河出口流量监测与计算

地下河出口流量监测涉及修建堰坝等，这些地方往往施工条件差且条件差异大，因此，没有一种固定模式同时适合所有地下河出口。对于寨底、万华岩、鱼泉、大小井4条地下河的出口流量监测，大体可分为断面法与堰流法组合监测、单一断面法监测两种模式。

4.2.3.1　断面法和堰流法组合监测模式

这种流量监测模式可细分为两种类型，寨底地下河出口流量监测代表一种类型，鱼泉和万华岩地下河出口流量监测代表一种类型。

1. 寨底地下河出口流量监测

寨底地下河有两个出口，流量监测点位于出口下游150m处，监测段通过修整成直线矩形河道，并修建堰坝（图4-7），采用压力水位计监测河水位动态，分高水位期大流量和低水位期小流量两种流量计算方式。

低水位小流量计算，当地下河出口流量小，且全部水流通过堰口向下游排泄时，直接采用矩形堰流公式计算流量 Q_1：

$$Q_1 = mb\sqrt{2g}\, h^{\frac{3}{2}} \tag{4-1}$$

$$m = 0.402 + 0.504\,\frac{h}{p}$$

式中，b 为堰宽（m）；h 为堰上水深（m）；p 为堰顶板至堰顶面距离（m）；Q_1 为流量（m^3/s），g 为重力加速度（m/s^2），m 为系数（无量纲）。

高水位大流量计算，当水位超过堰坝时，水流同时通过堰口和翻坝形式向下游排泄，结合监测的河道中的水深 h，采用断面法计算流量 Q_2：

$$Q_2 = V \times S \tag{4-2}$$

$$S = b \times h$$

$$V = \frac{\sum_{i=1}^{n}\sum_{j=1}^{m} V_{ij}}{n \times m}$$

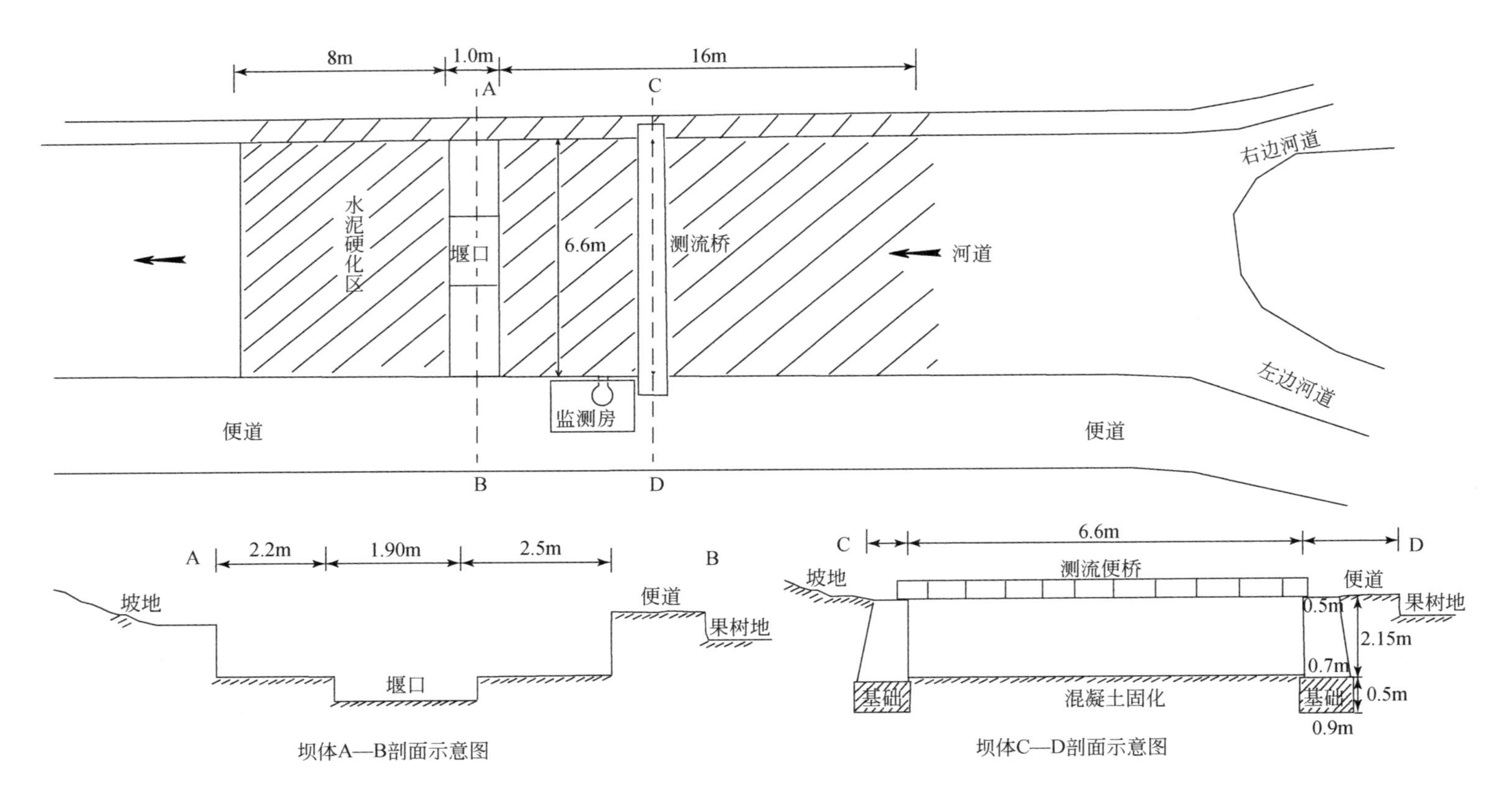

图 4-7　寨底地下河出口流量监测结构示意图

式中，Q_2 为流量（m^3/s）；S 为过水断面面积（m^2）；b 为河道宽（m）；h 为河道水深（m）；V 为过水断面平均流速（m/s）；V_{ij} 为河道测流断面第 i 测线第 j 测点的流速（m/s）；n、m 为河道水平宽度平均分为 n 个测流点，每个水平测流点在垂直方向布置 m 个测流点（图4-8）。

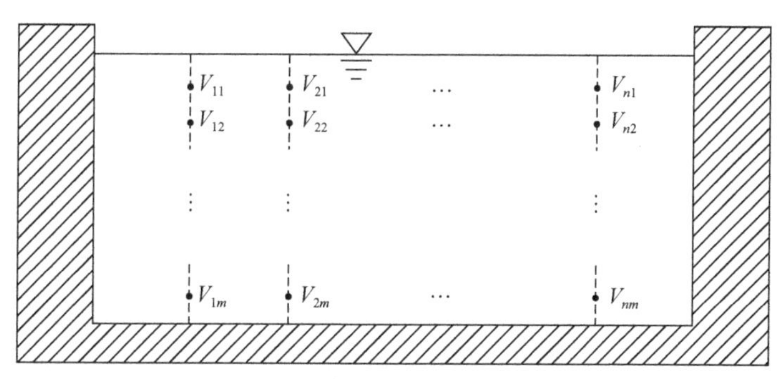

图4-8　断面流速测量点示意图

平均流速 V 的确定和任意水位条件的流量 Q 计算：河道宽6.6m，最大水深可达3.8m，通过专用的便桥，可测出洪水期不同点不同水深的流速，通过一次特大洪水的消退期，对河道不同水深如1.0m、1.2m、1.5m、1.8m、2.1m、2.4m、2.7m、3.0m、3.3m、3.6m、3.8m等进行断面各测点流速测量，可得到对应的平均流速 V，结合水位测量得到的水深 h 计算得出流量 Q。对于其他水深的流量，如水深 h 等于2.8m，则利用水深2.7m和3.0m的流量通过线性插值计算。

寨底地下河出口流量 Q 监测模式及计算公式可归纳为

$$Q = \begin{cases} Q_1, & \text{当} h < 1.0\text{m} \\ Q_2, & \text{当} h \geqslant 1.0\text{m} \end{cases} \tag{4-3}$$

2. 鱼泉和万华岩地下河总出口流量监测

鱼泉地下河出口下游70m处修建有拦水坝和引水渠，形成一个带有排泄渠的小水库（图4-9），当强降水并超出引水渠排水能力时，洪水通过BE段翻坝向下游排泄；因此，需要监测和计算渠道中流量和翻坝流量两部分。把BE段坝面整平并加装钢板，形成一个宽顶堰，监测房内的Manta-2水质仪监测获得的水库区水位用于计算通过坝面宽顶堰的流量 Q_1；使用Diver水位计监测渠道的水深、测量渠道不同水深流速，采用断面法计算渠道中的流量 Q_2。鱼泉地下河出口流量 Q 则由 Q_1 和 Q_2 两部分组成，即

$$Q = Q_1 + Q_2 \tag{4-4}$$

万华岩地下河出口连接一条2.0m宽渠道和一个人工湖（图4-10）。进入人工湖的流量 Q_1 采用矩形堰监测和计算，整个过水断面宽12m，中间堰口宽6m。渠道监测断面在洞口盖板涵洞下游，该处渠道宽2.3m，渠道深1.5m，通过断面法结合不同水深的流速计算得出渠道流量 Q_2。因此，万华岩地下河出口流量 Q 也等于堰口流量 Q_1 和渠道流量 Q_2 之和，除具体尺寸、流速不同外，流量计算公式和基本原理与鱼泉地下河出口基本相同。这里不需要两台监测仪器，水质仪放置在涵洞入口处，通过这个点的水位可同时推导出堰口的水深和渠道监测点的水深。

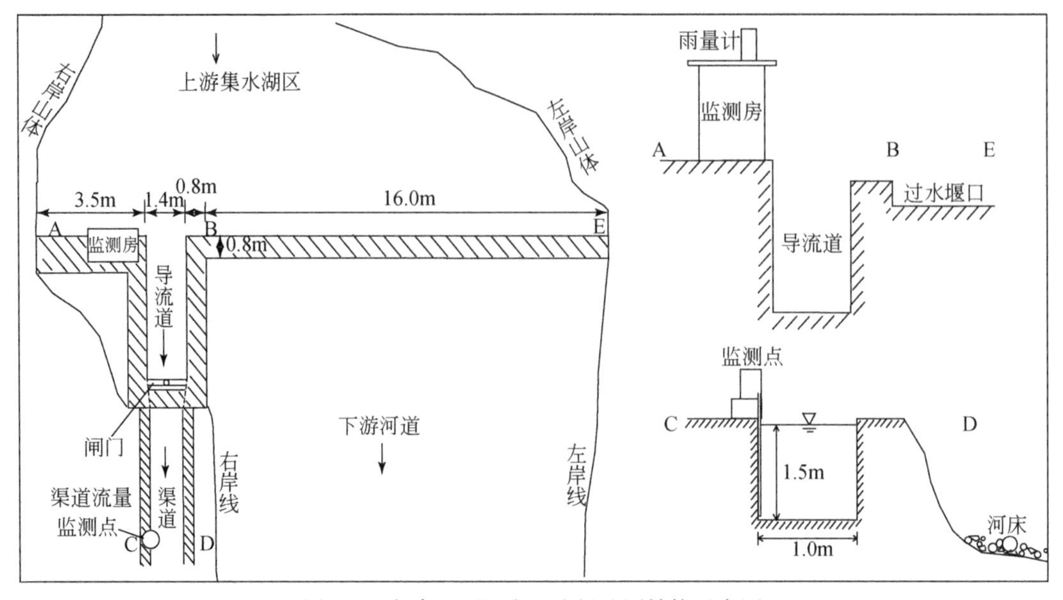

图 4-9　鱼泉地下河出口流量监测结构示意图

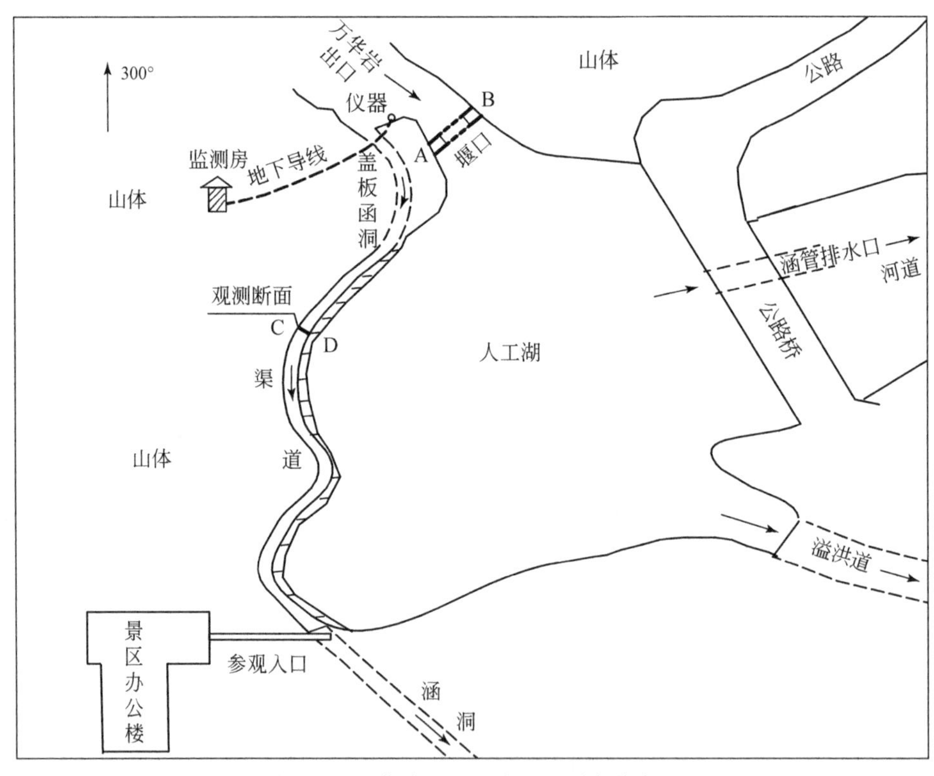

图 4-10　万华岩地下河出口监测点分布图

4.2.3.2　断面法流量监测模式

大小井地下河流量监测断面位于三股水流交汇点下游约600m处，通过2014年3月枯水期实地踏勘，该段河床相对平整，枯季有明显流速。整个测流断面宽53m，测流道剖面结构如图4-11所示。

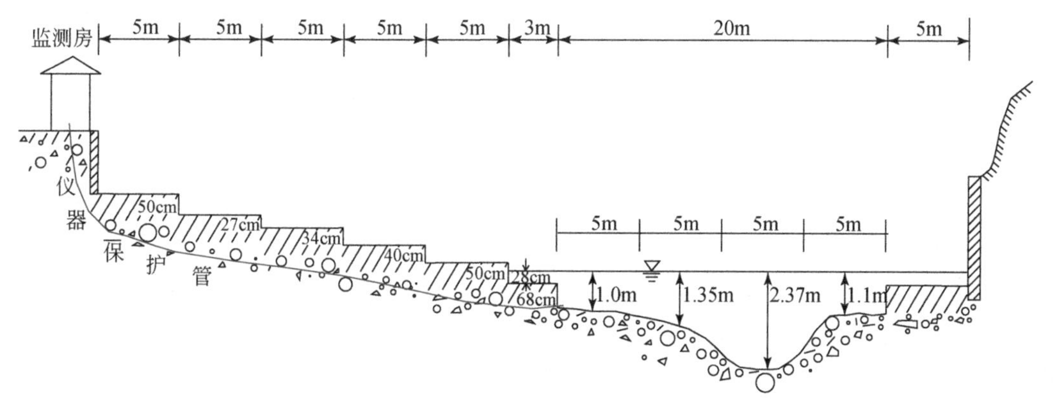

图4-11　大小井测流断面图

常年有水流部分宽20m，通过分段测量得到该段天然河床地面高程；洪水期淹没的河床，分段利用混凝土整平，该部分西侧宽28m，东侧宽5m。水位计安置在长年水流区域，利用监测得到的水位则可计算得到不同地段的过水断面面积，再结合流速测量，计算得出每个段的流量，并累加得到整个河道断面的流量，以及通过插值计算得到任意水位的流量。具体计算过程与寨底地下河出口洪水期流量测量相同。

便于与上述两种测流模式比较，这种模式只有断面法监测流量 Q_2，没有堰流量 Q_1，大小井地下河出口流量 Q 对应的计算公式为

$$Q = Q_2 \tag{4-5}$$

4.3　监测仪器常见问题及维护

4.3.1　压力式水位计常见问题及维护

1. Mini-Diver压力式水位计

Mini-Diver为荷兰生产的水位/水温两参数记录仪，是最小的自动水位计之一。长度90mm，直径22mm，主要用于孔、井中监测。Mini-Diver外壳由不锈钢材质密封，内部安装有压力传感器、温度传感器、数据存储器以及电池；可存储24000组监测数据。

Mini-Diver压力式水位计有多种规格，根据Diver所能承受的水柱高度（水压）分为10m、20m、50m、100m等量程，测量精度为全量程0.05%（表4-6）。一套水位自动监测系统包括数据传输模块、转接线、光缆线、Mini-Diver 4部分。Mini-Diver读取的水体压力

等参数保存在 Mini-Diver 内置的存储器中，同时这些参数通过光缆线、转接线、数据传输模块、天线等发送到室内监测数据管理系统。

表 4-6　Mini-Diver 主要参数表

产品型号	水体测量			温度测量		
	量程/m	精度/cm	分辨率/cm	量程/℃	精度/℃	分辨率/℃
DI501	0～10	0.5	0.2	-20～80	±0.1	0.01
DI502	0～20	1.0	0.4			
DI505	0～50	2.5	1.0			
DI510	0～100	5.0	2.0			

2. Solist 压力式水位计

Solist 为加拿大生产的一款常用的自动化监测压力式水位计，具有水压、水温以及电导率等 2 参数或 3 参数两种款式。内置数据记录仪可存储 40000 万组数据。全部组件封装在 22mm×159mm 的不锈钢机身内，重量 129g。水位传感器精度为±0.05%；温度传感器精度为±0.05℃，分辨率为 0.003℃。

除探头不同外，Solinst 压力式水位计监测结构与 Mini-Diver 压力式水位计完全相同，光缆线、转接线、数据传输模块等两种水位计通用。

3. 水位计常见问题及维护

1）光缆线与洞（管）壁粘连

包气带岩溶裂隙或岩溶管道中地下水流往往携带许多钙质泥质物，这些物质慢慢附着到光缆线及管（洞）壁上，并使光缆线与管（洞）壁粘在一起，光缆线上的附着物增多及胶结强度增大，可使光缆线和水位计不能提出地面。在寨底地下河系统 zk7 孔，2012 年首次碰到该类型问题，开始认为水位计被泥砂埋住或被裂隙卡住，在几乎考虑重新安装另一套仪器时，使用自制冲锤顺光缆线上下提拉冲击，顺利把水位计提出地面；并发现一段约 2.6m 长光缆线与洞壁粘在一起。

通过每年定期一次或两次提拉光缆线出地面，清除附着在光缆线上的胶结物可预防粘连。或在监测孔中安置 φ50mmPVC 塑料管，水位计和光缆线放在 PVC 塑料管内，PVC 管壁平滑，一般不易胶结。

2）光缆线滑动

受水位计和光缆线重量作用，同时光缆线不能像一般绳子可打死结进行有效绑定（否则易使内部光纤折断），光缆线容易产生向下滑动，导致通过监测水压数据计算得出的水位不正确。

在实际监测工作中，光缆线滑落出现有突然下落和缓慢下落两种情形；前者可以通过室内监测数据动态进行判断，当没有降水或同区域的监测点没有水位变化而某个监测点水位出现突然上升时，可初步判断该监测点有突然下落可能；后者情形则很难通过室内动态数据进行判断。当然，通过野外现场检查确认是否滑落是最可靠的方法；首次安装时，在光缆线某个位置（如钻孔管口）使用油漆设置一个标志点，通过定期检查标志点的位移情况来判断水位计是否滑落和滑落的距离，并及时重新固定和根据下滑距离校正室内监测数据。

在监测仪器保护装置内，把光缆线绕在有制动功能的绕线盘上，通过制动绕线盘来防止光缆线滑动。

3）水位计放置合理深度

水位动态变化大是岩溶地下河系统一个重要水文地质特征。安装仪器时，水位计放置深度需要考虑枯水期的最低水位、峰水期的最高水位，同时需考虑水位计量程。通过实际例子说明两种不合理放置深度情形：

鱼泉地下河系统上游 JC4 监测孔，2013 年 2 月枯水季节水压监测值为 950 ~ 975cm，与 Mini-Bora 气压计所监测到的当地大气压力值相近；实地检查，水位计已经在地下水位以上 2. 6m，说明水位计放置深度过浅，枯季时悬空。

寨底地下河系统 zk9 钻孔，首次安装的水位计量程为 20m；2012 年 5 ~ 6 月水压监测动态如图 4-12 所示，当水体中压力大于 2150cm H_2O[①]时，监测值恒等于 2150cm，动态曲线呈现为平头波峰形态，说明水体深度已经超过了水位计量程范围。

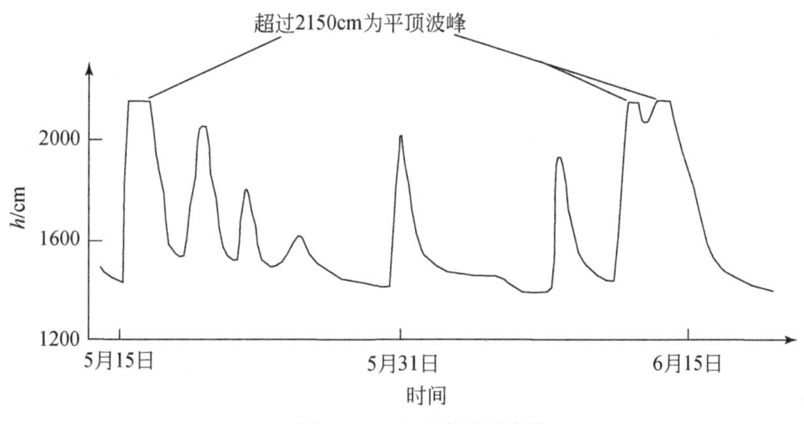

图 4-12 zk9 平顶型波峰

因此，当发现监测值与气压值相近或出现平顶波峰时，要及时调整水位计放置深度或更换更大量程水位计。

4）测压孔堵塞

测压压力膜在水位计的头部，外面是一个带小孔（测压孔）的保护盖，水体压力通过测压孔传导到压力膜上。地下河系统内，部分监测点的地下水中含泥砂量大，容易在测压孔中淤积，严重时形成堵塞，使监测的压力数据不准确。通过每年定期提出水位计到地面进行清洗解决测压孔堵塞问题。

5）防洪保护装置

岩溶地下河系统中，局部地下水承压和非承压转换迅速，枯水期水位埋深大，暴雨期

① 1cm H_2O = 98. 0665Pa

承压水位高出地面。寨底地下河系统 zk10 孔和武隆鱼泉地下河 JC2 孔具有这种水文地质特征，暴雨期水位高过地面 1 ~5m。当监测点（孔）位于这些区域，必须使监测保护装置高过最大水位，如把保护装置引到较高的山坡地带（图 4-13）。

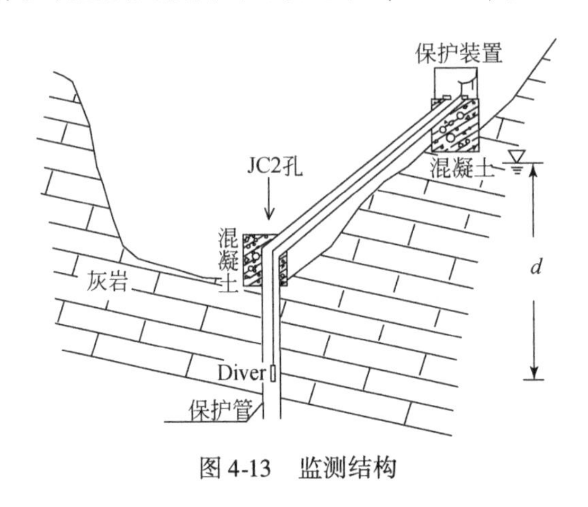

图 4-13　监测结构

6）数据传输模块潮湿短路

南方岩溶区春夏季节雨水多，空气潮湿；密封垫、导线孔密封圈等密封不好，潮湿空气进入数据传输模块内，在集成电路板上凝结成水珠导致短路，使数据传输模块不能正常发送数据。每年在秋、冬干燥季节打开数据传输模块，风干或清除里面的潮湿空气及水珠；同时安装盖子时要确保密封垫、导线孔密封圈等平整；在数据转传输模块里尽可能多放置防潮包。

7）光缆线与水位计接口松动

岩溶地下河动态监测中，光缆线与水位计螺旋接口产生松动导致光缆线至数据传输模块等部件不能正常工作；部分接口松动严重，导致地下水渗入接口内，使光缆线接口以及水位计生锈完全损坏。引起松动问题主要有两种原因：

（1）岩溶地下河系统内部结构复杂，水力梯度大，受暴雨期强补给，形成典型的岩溶地下水快速流（紊流），这些水流往往具有很大冲击和扰动力，水体中的水位计受快速水流的频繁冲击和扰动并与管（洞）壁产生碰撞，导致接口松动。

（2）岩溶地下水的水温在不同季节之间以及昼夜之间有一定的温差，在热胀冷缩作用下，也可使接口松动。

当水位计与光缆线拧紧后，接缝处采用防水胶布平整地包扎几层并每年更换胶布 1 ~2 次，该简易方法对预防松动和进水效果明显。

4.3.2　水质仪和雨量计常见问题及维护

1. 水质传感器探头定期校正

Manta 多参数水质仪为美国生产的一种野外水质监测仪器，配有存储器，可基于 GPRS 网络的无线通信在线监测，具有现场参数设置、传感器探头校准和数据下载等功能。地下河监测中主要使用的探头及监测参数见表4-7，碰到的问题也主要出在传感器探头上。

表4-7　Manta 2-3.0主要传感器参数

序号	传感器	监测范围	监测精度	分辨率
1	温度	-5～50℃	±0.10℃	0.01℃
2	电导率	0～5mS/cm	±0.001mS/cm	0.0001mS/cm
3	pH	0～14units	±0.2units	0.01
4	水体深度	0～50m	±0.1m	0.01m
5	氨氮	0～100mg/L-N	>±5%或±2mg/L	0.1mg/L-N
6	硝酸盐	0～100mg/L-N	>±5%或±2mg/L	0.1mg/L
7	氯化物	0.5～18000mg/L	>±5%或±2mg/L	0.1mg/L

地下河的水体中含有大量悬浮物质，钙镁等众多化学离子，随着时间的推移，各传感器探头、仪器外壳等表面会出现沉积物，这将导致探头灵敏性产生变化。通过定期清洗仪器可减少监测偏差，并根据仪器探头的校准周期要求，对仪器探头定期校验，通过清洗和校正保证仪器处于良好运行状态和监测数据的可靠性。

2. 雨量计常见问题及维护

雨量计由气象部门提供，为一种技术上很成熟和广泛应用的自动化监测仪器；雨量计能监测气温和降水量，并能实现在线自动传输监测数据。

地下河监测中，不具备像气象部门每个雨量计都有专门技术人员每天去检查的条件；在野外，灰尘、树叶等杂物较容易堆积在雨量筒内并阻塞过水口，这将直接影响雨量翻斗计量的准确性，如果堵塞严重，雨量筒内的雨水则不能流入翻斗中，而是通过日晒蒸发掉，使仪器起不到雨量监测作用。因此，日常清洗保持雨量筒清洁则很重要，根据实际工作经验，每年2～3次检查清洗基本可使雨量计正常工作。

第5章 地下空间气压微动态特征

5.1 空气压力与地下河动态监测关系

5.1.1 水位监测与气压关系

压力式水位计 Mini-Diver 进行地下水动态监测如图 5-1 所示。放置在监测孔中的水位计实际监测到的为 O_1 点水下压力 p_1，这里面包含了水面 O 点的大气压力 p，O 的水位与 O_3 的孔口高程、光缆线长度、监测水压等之间的关系式如下。

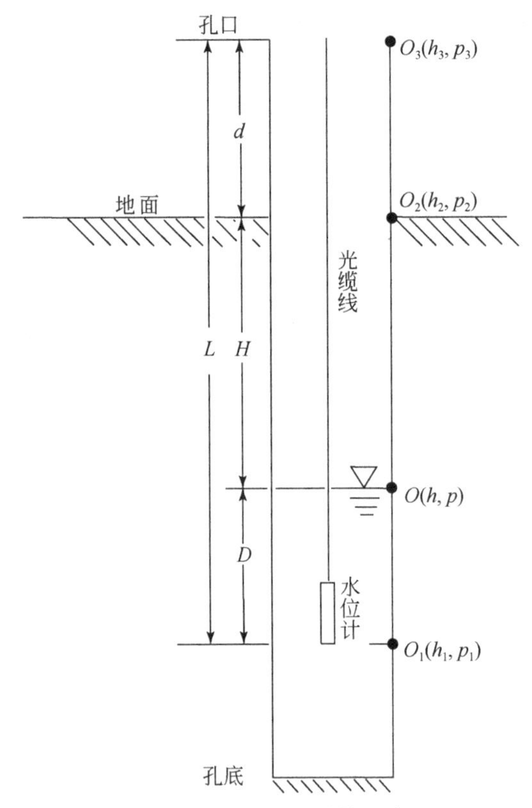

图 5-1 水位计监测结构示意图

$$
\begin{aligned}
D &= p_1 - p \\
H &= L - d - (p_1 - p) \\
h &= h_3 - L + (p_1 - p)
\end{aligned}
\tag{5-1}
$$

式中，L 为光缆线长（m）；d 为孔口到地面距离（m）；H 为水位埋深（m）；D 为探头到水面距离（m）；h、h_1、h_2、h_3 分别对应为 O、O_1、O_2、O_3 点的标高（m）；p、p_1、p_2、p_3 分别对应为 O、O_1、O_2、O_3 的大气（或水下）压力，以水柱高度表示，单位（m）。

式（5-1）中，孔口高程 h_3 和光缆线长度 L 为已知，且是固定的，因此，水位 h 及其埋深 H 由水下压力 p_1 和水面大气压力 p 控制。实际工作中，不可能做到每个水位监测点均布置一个气压计，专门监测对应每一个水点的水面 O 点的大气压力；通常是以地面某个点的大气压力控制一定范围，即在这个范围内不管任何地点任何高程的地面大气压力均等于监测点的大气压力数值：

$$p \approx p_2$$

$$h \approx h_3 - L + (p_1 - p_2) \tag{5-2}$$

从大区域上说，采用一个气压监测点控制一个区域的做法，即式（5-2）计算所产生的地下水位误差应该是比较小的。但在一个局部区域，当需要进行高精度监测和控制地下水位动态时，比如说下面阐述的关于寨底地下河实例，东究地下河中部的豪猪岩洼地的裂隙水流与管道水流交换试验场，需要开展人为注水试验，这种注水所产生的水位动态是很微小的，如果不考虑不同高程特别是地下空间的气压变化则达不到试验研究目的。因此，地下空间的大气压力变化以及对地下水监测产生的误差则是一个值得研究和考虑的问题。

5.1.2　地下空间环境与气压关系

1. 地下河为一种典型地下空间

进入 21 世纪，随着城市化进程的加快，城市用地急剧扩大，而我国现有的土地资源又非常有限，很难适应城市发展对土地的需要；充分开发利用地下空间已经成为提高城市容量、缓解城市交通、改善城市环境的重要措施。

地下河为一种独特的天然的地下空间，它们有完全充水、半充水或季节性充水等多种类型，有埋深几十米的浅层地下河，也有埋深上百米或数百米的深部地下河，随着地上空间越来越紧迫，地下河将是地下空间开发利用首选对象之一。当前，地下河在旅游、农业以及军事等领域已经得到比较广泛的应用。在开发和利用地下空间过程中，其地下空间的环境则是一个重要问题。

2. 旅游洞穴环境及洞内气压

洞穴旅游是我国旅游业中的一大特色，自 20 世纪 80 年代初以来，全国数百个洞穴已向公众开放，取得了良好的经济和社会效益。随着洞穴资源长期的开发，洞穴环境得到旅游管理部门和研究人员的重视，充分认识到研究及保护旅游洞穴环境是未来洞穴旅游业持续、稳定发展的基础（杨汉奎等，1998；朱文孝等，2000）。

洞穴环境包含众多内容，如洞穴内的温度、气压、湿度；洞穴内基岩、沉积物；洞穴水流、洞穴生物及洞穴空气中的化学成分等。当前的文献主要关注洞穴内空气 CO_2 浓度（蔡炳贵等，2009；张萍等，2017）、空气温度和湿度（班凤梅和蔡炳贵，2011）、洞内生物和沉积物（白晓等，2014；韦跃龙等，2016）等，这些研究对相应的洞穴合理开发和保护起到了重要作用。

众所周知，大气压力变化对人体会产生影响，许多学者开展了该方面的研究。国内早期文献如刘普和（1954）开展了高气压与低气压对人体的影响研究，近期文献如郭铁明等（2016）试验得出人体平均心率随气压降低而上升；童力等（2014）试验得出人体心率的压力敏感区为6.11～101.3kPa；王美楠等（2014）试验得出人体新陈代谢率在1～0.8atm（$1\text{atm}\approx1\times10^5\text{Pa}$）大气压力范围内随大气压力降低呈线性增加。这些研究主要针对地表以上大气压或厂矿封闭的工作室（仓）内气压及其微小变化对人体的影响，不涉及类似洞穴的地下空间的气压问题。

旅游洞穴内气压为洞穴环境的一个重要指标，对旅游洞穴有效开发、管理以及游客身体健康（舒适度感应）有重要影响。与洞穴环境其他因子比较，洞内气压监测和研究相对较少，少有文献论述洞内气压变化规律问题。开展万华岩洞内气压和地下河水位监测，除探讨式（5-1）和式（5-2）的差异外，同时还起到研究地下空间环境问题作用。

5.2　寨底地下河地下空间气压气温动态特征

5.2.1　监测区域自然条件

东究地下河子系统位于寨底地下河中上游，东侧甘野一带为碎屑岩分布区（D_2x^2），该区汇集的地表径流通过G54汇入地下河管道，中间岩溶区发育有多个小型洼地，降水期有短时间的集中径流垂直补给地下河，豪猪岩洼地以西，地下水转西南方向径流（图5-2）。

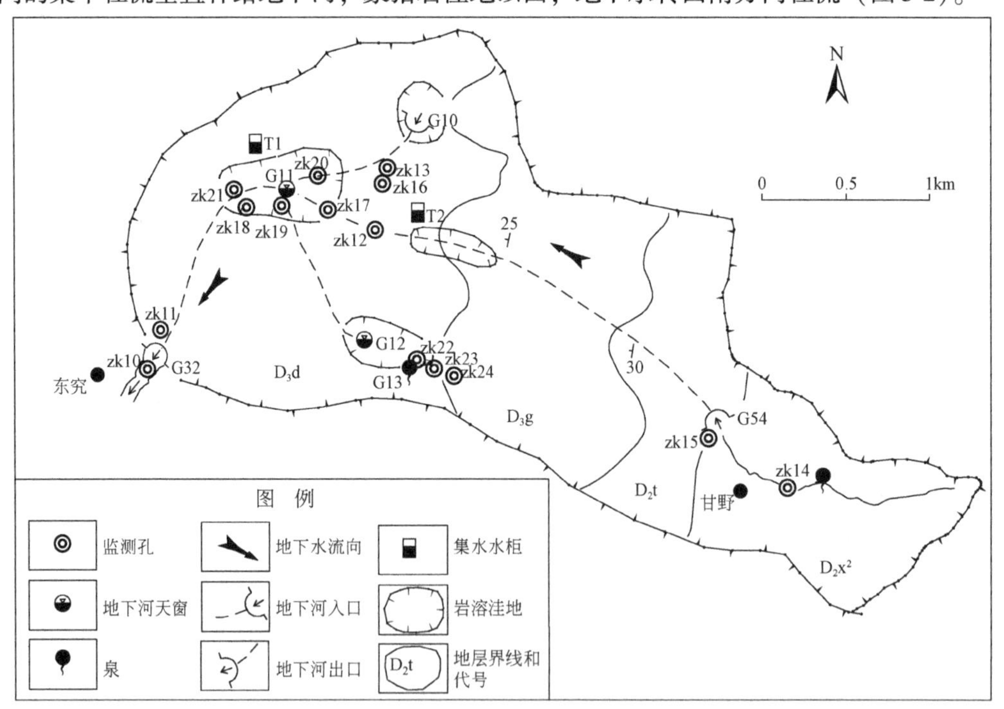

图5-2　东究地下河子系统水文地质简图

豪猪岩洼地区域为岩溶裂隙水与管道水流交换试验场，布置了多个监测孔，部分监测孔位于地下河管道上，部分位于岩溶裂隙区。由于该区域没有地表溪流，专门修建了两个用于注水试验的集水水柜；通过依次在某个孔注水后，在其他孔监测水位的变化情况，从而得到不同监测孔及不同含水介质之间的水流交换规律。

在多个揭露地下河监测孔中，zk12 孔揭露的地下河埋深最大，zk12 孔深 150.3m，地下河埋深 107.65m；G11 为人工开挖出的天窗，地下河埋深 17～22m；G11 至 zk12 的地下河结构如图 5-3 所示。

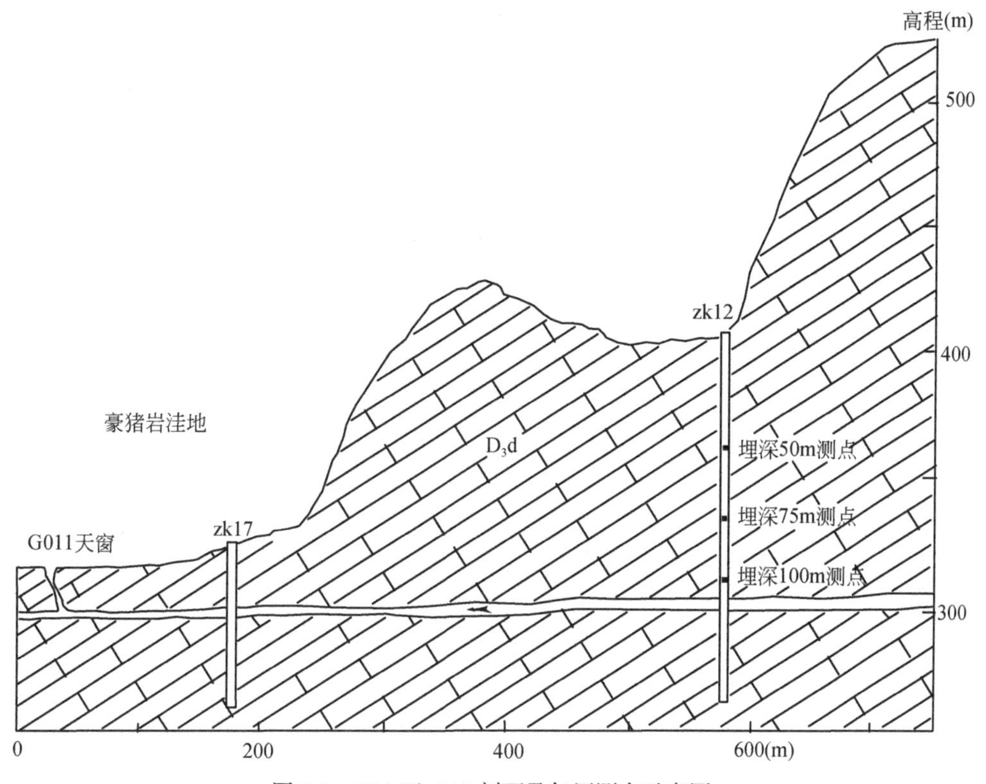

图 5-3　G11 至 zk12 剖面及气压测点示意图

在 zk12 监测孔内，分别在埋深 100m、75m、50m 进行了洞内气压、气温监测。地面大气压力监测点位于寨底地下河出口 G47 监测房的窗口，整个地下河流域地面空气压力由该点控制，因此，也是岩溶裂隙水与管道水流交换试验场的地面气压值。通过比较和分析，建立起不同深度的地下空间气压与地面气压、地下水水温及其地下水位动态的关系。

5.2.2　地下气压变化特征

寨底地下河出口（G47）的气压自 2009 年来长期连续监测；地下河内（zk12）的气压监测期为 2010 年 12 月 25 日～2013 年 8 月 17 日，其中 2012 年 8 月 17 日～2013 年

1 月 20 日监测中断；zk12、G47 同期气压动态曲线如图 5-4 所示，气温动态曲线如图 5-5 所示。根据 zk12 监测孔内气压监测探头放置的深度，可细分为 3 个监测时间段，2010 年 12 月 25 日 ~2011 年 6 月 28 日，监测探头放置深度为 100m；2011 年 6 月 29 日 ~2012 年 8 月 16 日，探头放置深度为 76m；2013 年 1 月 18 日 ~2013 年 7 月 22 日探头放置深度为 50m。

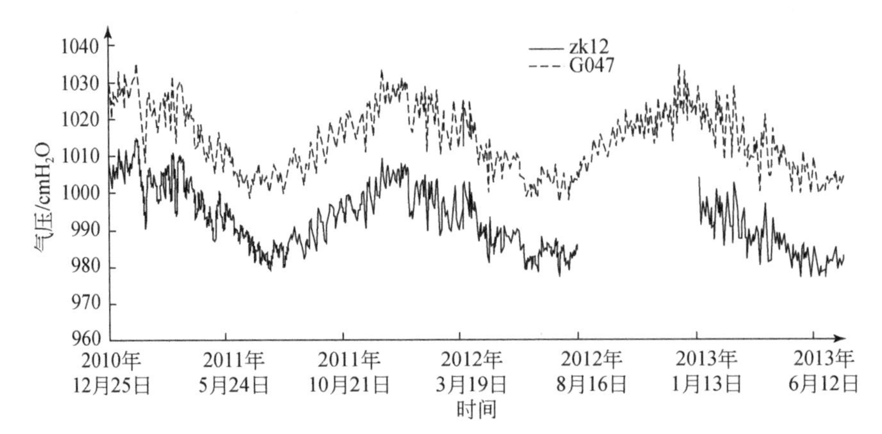

图 5-4　zk12 孔内空气压力与大气压力动态关系图

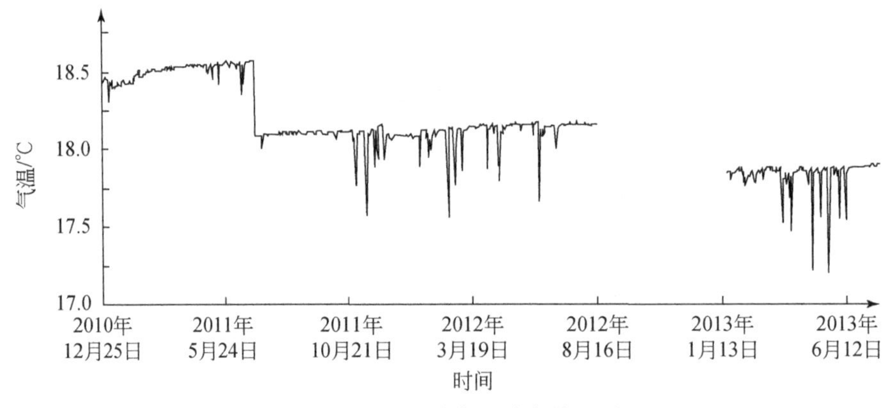

图 5-5　zk12 孔内气温动态关系图

zk12 洞内气压与 G47 大气气压基本上同步变化，地面气压比洞内大，整条动态曲线位于洞内气压的上方，两条动态曲线呈近平行线形态。地面气压在冬季 12 月至次年 2 月为峰值期，气压值为 1020 ~ 1030cm，在夏季 7 ~ 8 月，气压为谷值期，气压值为 990 ~ 1000cm；洞内气压随地面大气压力变化而变化，两者呈同步正相关关系。

在 2010 年 12 月 25 日 ~2013 年 7 月 22 日整个监测期，洞内最小气压为 977. 0cm，最大气压 1014. 4cm，平均气压 992. 3cm，同期的地面大气压力与洞内压力比较，最小压差为 13. 40cm，最大压差为 27. 00cm，平均压差为 21. 16cm（表 5-1）。

表5-1 zk12洞内气压特征值

序号	监测期	监测深度	特征值	zk12洞内	G49地面	平均气压
1	2010年12月25日至2011年6月28日	100m	最小值 p	983.0	997.8	13.40
			最大值 P	1014.4	1035.6	21.50
			平均值	999.5	1018.1	18.54
			极差（$P-p$）	31.4	37.8	8.10
2	2011年6月29日至2012年8月16日	75m	最小值 p	977.2	997.0	17.40
			最大值 P	1009.6	1033.4	24.40
			平均值	991.5	1012.7	21.25
			极差（$P-p$）	32.4	36.4	7.00
3	2013年1月18日至2013年7月22日	50m	最小值 p	977.0	999.2	19.20
			最大值 P	1004.0	1029.5	27.00
			平均值	987.0	1010.6	23.59
			极差（$P-p$）	27.0	30.3	7.80
4	2010年12月25日至2013年7月22日	3个监测深度综合	最小值 p	977.0	997.0	13.40
			最大值 P	1014.4	1035.6	27.00
			平均值	992.3	1014.1	21.16
			极差（$P-p$）	37.4	38.6	13.60

对不同监测时段比较，探头放置100m深度的洞内气压与地面气压之间的平均压差最小，为18.54cm；放置76m深度的平均压差次之，为21.25cm；而探头放置50m深度的平均压差最大，为23.59cm。

不同埋深洞内气压与地面气压随深度呈线性变化（图5-6），埋深50m至地下河深度（埋深107.65m），zk12监测孔内的气压随深度增大，压差呈线性变小，关系式为

$$y = -0.10x - 28.74 \tag{5-3}$$

式中，x 为埋深（m）；y 为压差（cm）。

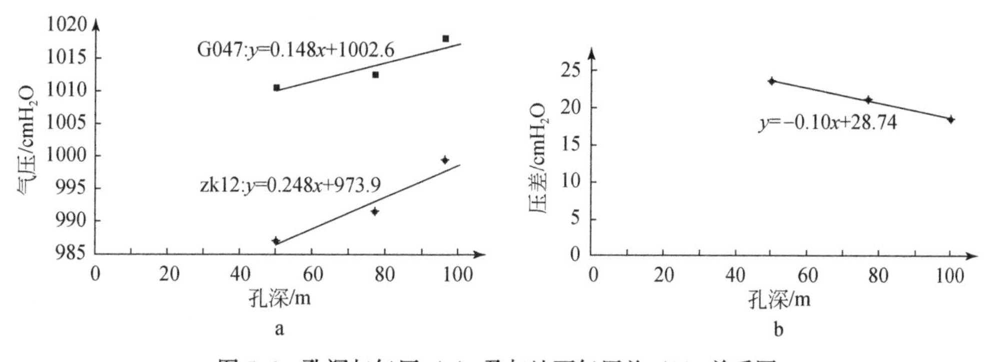

图5-6 孔深与气压（a）及与地面气压差（b）关系图

埋深50m处的气压最小，埋深76m处的气压次之，地下河管道埋深处的气压最大，并最接近地面大气压力。形成这种洞内气压变化规律的因素有很多，如豪猪岩洼地中的天

窗 G11 的大气压力快速传到 zk12 监测点位置而产生影响，或地下水快速流动从上游 G54 带入更多的气流产生影响等，而在埋深 50m 处，岩溶发育相对差，地表大气压力通过垂直方向影响则相对弱。当然，还有其他复杂的原因，这里不深入讨论。

5.2.3　地下气温变化特征

监测期内，zk12 洞内平均气温为 18.14℃，最低和最高气温分别为 17.20℃、18.57℃，最大温度差 1.37℃；每年 1～2 月为低气温时段，而高温时间段则为每年 10～11 月，与当地夏季 6～8 月为高温天气时段不同步。通过比较 zk17 监测点水温动态（图 5-7），我们建立 zk12 洞内气温与地下水温之间的关系。

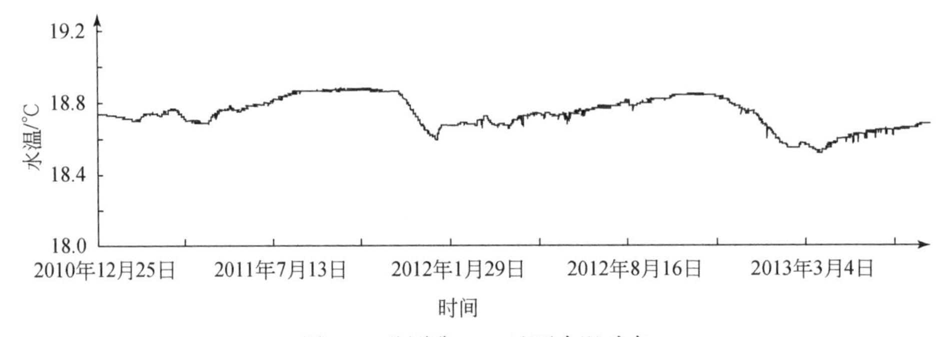

图 5-7　监测孔 zk17 地下水温动态

监测期内，zk17 监测点地下水平均水温为 18.74℃，zk12 洞内平均气温 18.14℃，后者比前者低 0.60℃。垂直方向上，监测深度为 100m 时，地下水水温与洞内气温平均温差为 0.23℃，监测深度上升到 75m 时，平均温差上升到 0.67℃，到监测深度 50m 时，平均温差最大，为 0.77℃（表 5-2、图 5-8），表明与地下水位距离越大，平均温差越大，因此，zk12 内空气温度明显受地下水水温影响。

表 5-2　洞内温度和洞外温度特征值

序号	监测期	测量深度	特征	zk12 气温/℃	zk17 水温/℃	平均温差/℃
1	2010 年 12 月 25 日至 2011 年 6 月 28 日	100m	最小值	18.31	18.68	
			最大值	18.57	18.79	
			平均值	18.51	18.73	0.23
			极差	0.26	0.11	
2	2011 年 6 月 29 日至 2012 年 8 月 16 日	75m	最小值	17.56	18.59	
			最大值	18.17	18.88	
			平均值	18.10	18.77	0.67
			极差	0.61	0.29	

续表

序号	监测期	测量深度	特征	zk12 气温/℃	zk17 水温/℃	平均温差/℃
3	2013年1月18日至2013年7月22日	50m	最小值	17.20	18.52	
			最大值	17.90	18.68	
			平均值	17.84	18.61	0.77
			极差	0.70	0.16	
4	2010年12月25日至2013年7月22日	3个监测时段综合	最小值	17.20	18.52	
			最大值	18.57	18.88	
			平均值	18.14	18.74	0.60
			极差	1.37	0.36	

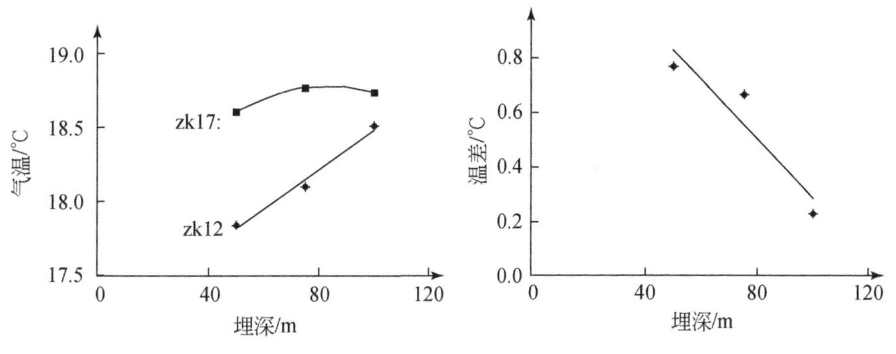

图5-8　zk12气温与zk17水温对比图

zk12洞内气温动态曲线（图5-5）中，有多个反向的波峰，与zk17地下水位动态（图5-9）对比发现，洞内气温的反波峰与地下水动态的正波峰一一对应，即洞内气温受降水后强补给影响，其所产生的洞内气温影响最大为0.55℃。

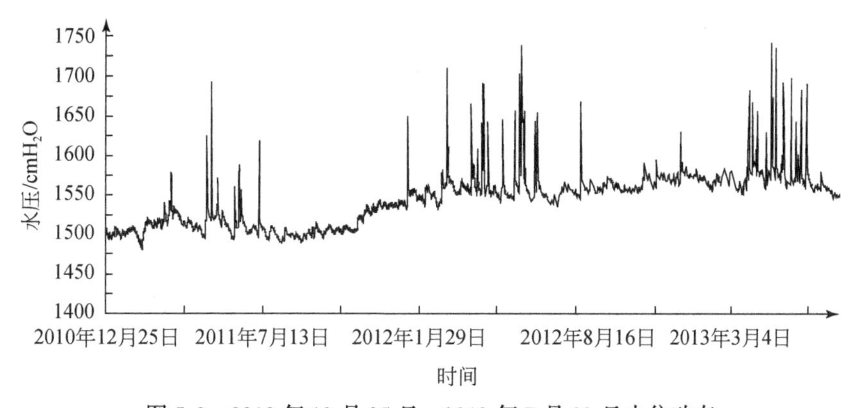

图5-9　2010年12月25日~2013年7月22日水位动态

比较图5-4和图5-5，地下空间内的气压呈典型的正态型周期性变化，而地下空间内的气温动态有周期性变化，但曲线形态不具对称正态型，因此，直观上可以推断，地下空间内的气压变化与地下空间内的气温没有明显的相关性。

5.3　万华岩旅游洞穴内气压动态特征

5.3.1　气压动态监测

万华岩由主洞（Cz50 至 Cz02）、西支洞（Cz02 至 Cz37）和东支洞（Cz02 至 Cz48），以及连接它们的负地形，如落水洞、岩溶洼地等组成的洞穴系统。地下水总体从南往北径流，两条地下河支流在 Cz02 汇集后，往北东方向径流并在万华岩出口 Cz50 排出地表。洞内气压动态研究区主要为东、西两条支洞汇合点 Cz02 至地下河出口 Cz50 区域。气压监测点主要包括 Cz50 和 Cz02（具体位置见图 4-5）。

监测点 Cz50 位于万华岩洞口，安置 1 个气压计，气压计位于洞口南侧山脚，高程 240m。

监测点 Cz02 位于洞穴内，距离洞口 2600m，其中洞穴旅游段终点距离 Cz02 约有 460m，因此，Cz02 的气压、气温不受人为干扰。该点为东、西两条支洞的交汇点，高程约 260m，对应的山体地表高程为 350m，洞穴埋深 90m。Cz02 地段洞穴高 8 ~ 15m、宽 12 ~ 18m，人可以直接从万花岩洞口行进到该处；东支洞，人可继续向南东方向前行；西支洞为一个出水口，出水口高 3.5m，宽约 2m，洞内长期充水，人不能行进。西支洞流量相对较大，东支洞枯季流量小或接近断流。两条支洞水体中各放置 1 个水位计，监测两股水流的水位、水温；在岩石洞壁木箱内安置 1 个气压计，监测洞内气压和气温，木箱放置高程 264m。

采用荷兰生产的气压计 Mini-Bora、压力式水位计 Mini-Diver 分别进行气压和水压监测。气压监测精度为 0.1cm 水柱高度，转换以帕单位精度则为 1.0Pa；温度监测精度 0.01℃。监测时间段 2014 年 11 月 20 日 ~2015 年 7 月 20 日，历经冬季、春季、夏季。监测频率每天 6 次，从 0:00 开始，每 4h 1 次（表 5-3）。

表 5-3　监测点布置情况一览表

<table>
<tr><th>序号</th><th colspan="2">监测点编号</th><th>高程/m</th><th>监测内容</th><th>仪器</th><th>监测频率</th><th>位置说明</th></tr>
<tr><td>1</td><td colspan="2">Cz50</td><td>240</td><td>气压、气温</td><td>Mini-Bora</td><td>1 次/4h</td><td>洞口</td></tr>
<tr><td>2</td><td rowspan="3">cz02</td><td>cz02</td><td>264</td><td>气压、气温</td><td>Mini-Bora</td><td>1 次/4h</td><td>洞内</td></tr>
<tr><td>3</td><td>cz02-1</td><td>260</td><td>水位、水温</td><td>Mini-Diver</td><td>1 次/4h</td><td>西支洞</td></tr>
<tr><td>4</td><td>cz02-2</td><td>260</td><td>水位、水温</td><td>Mini-Diver</td><td>1 次/4h</td><td>东支洞</td></tr>
</table>

5.3.2　洞内气压变化特征

1. 洞内气压季节性变化特征

洞内 Cz02 的气压监测结果如图 5-10 所示。监测期内，洞内气压随不同时间产生不同程度的波动上升或波动下降趋势，其中 2 月中下旬至 3 月上旬，以及 4 月中旬相对振荡较大。洞内气压具有明显的季节性变化趋势；洞内气压 11 月逐步升高，12 月至次年 1 月为峰值区，其中 2014 年 12 月 23 日 8:00 气压最大，为 99658Pa；自 2 月开始，洞内气压逐步缓慢减低，到监测末期 6 ~7 月达到最低，其中 2015 年 6 月 18 日 16:00 气压最小，气压为 96129Pa。2014 年 12 月 ~2015 年 7 月洞内最大最小气压差为 3529Pa（表 5-4）。

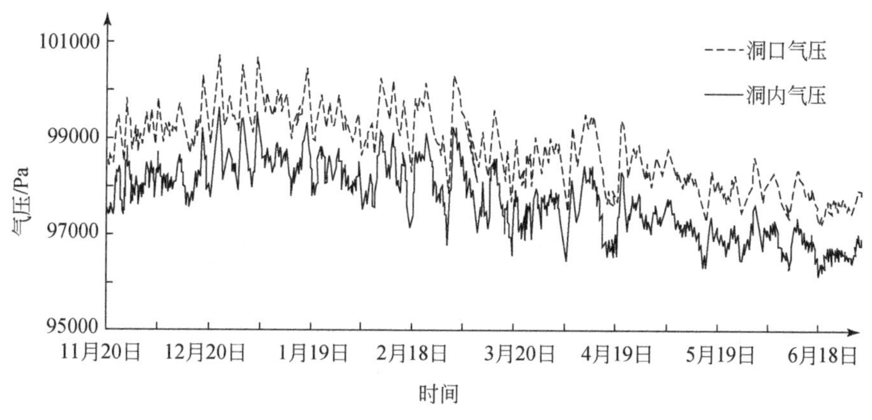

图 5-10　洞内洞口气压动态图

表 5-4　监测点气压主要特征值　（单位：Pa）

监测点	最小值	最大值	平均值	最大最小气压差
洞口 Cz01 气压	97178	100776	98811.8	3598
洞内 Cz02 气压	96129	99658	97744.8	3529
洞口洞内气压差	921	1206	1066	

2. 洞内气压日变化特征

通过对监测期洞内气压日动态统计分类，日动态曲线可划分为 3 种形态：

（1）日动态曲线上扬形态，以 1 月 20 日动态曲线为代表，0:00 气压 98011Pa 最小，其后气压逐步上升到 12:00，16:00 气压转为小幅下降，但过 16:00 后，气压再次转为上升，日内气压整体呈上升形态，20:00 气压达到最大值 98736Pa，日压差为 725Pa（图 5-11a）。

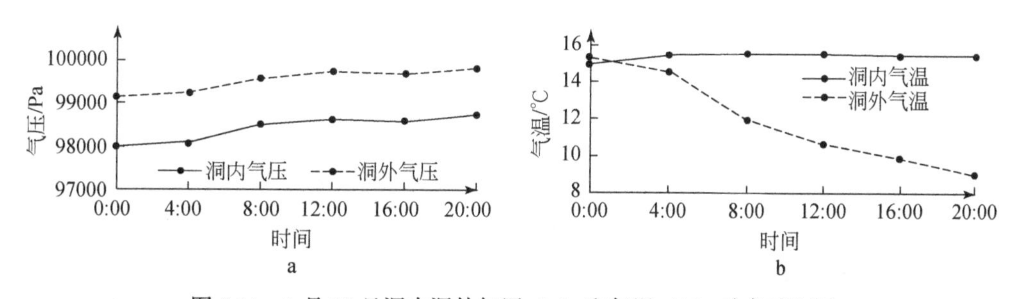

图 5-11　1 月 20 日洞内洞外气压（a）和气温（b）动态对比图

（2）日动态曲线下降形态，这种动态形态以3月20日为代表，0:00气压最大，为97952Pa，20:00气压最小，为97089Pa，曲线整体呈下降形态，日压差为902Pa（图5-12a），该值也是日内最大压差。

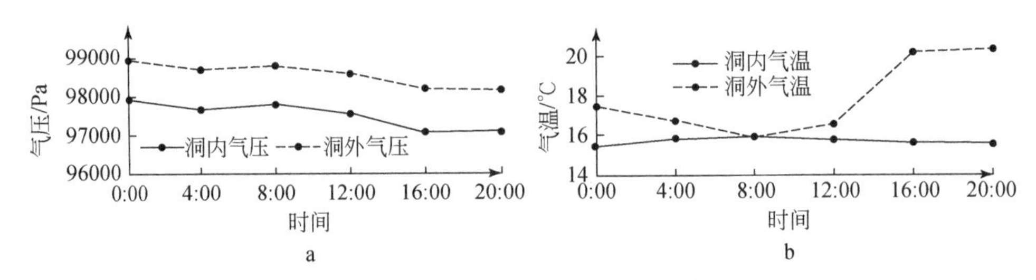

图5-12　3月20日洞内洞外气压（a）和气温（b）动态对比图

（3）日动态恒压曲线形态，即0:00气压与20:00气压的压差小或相同，如6月20日气压动态，0:00气压为96619Pa，20:00气压为96678Pa，0:00与20:00气压差仅为59Pa，曲线整体呈水平形态（图5-13a）。

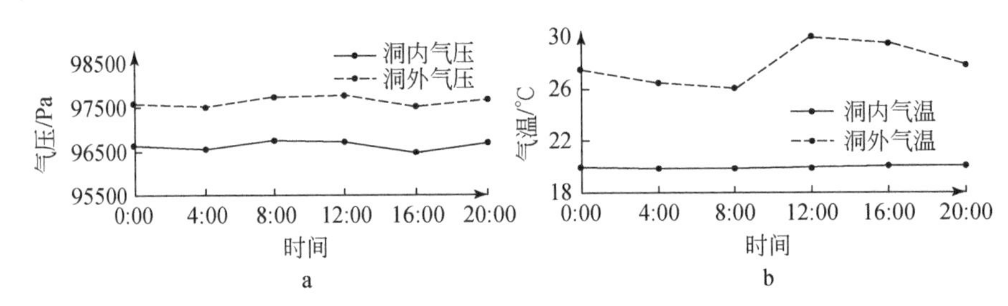

图5-13　6月21日洞内洞外气压（a）和气温（b）动态对比图

上述3种日气压动态变化在各个月份均有分布。

3. 洞内气压与洞口气压变化关系

洞内气压主要受洞外气压控制，与洞口气压基本呈同步变化关系（图5-10）。监测期洞内气压均比洞口气压小，最小气压差为921Pa，最大气压差1205Pa，平均气压差1066Pa（表5-4）。压差动态曲线与洞内外气压动态曲线形态基本相同，也具有季节性变化特点；12月至次年1月压差最大，洞内洞外压差以1150～1200Pa范围为主；5～6月压差最小，压差则以980～1020Pa范围为主（图5-14）。

4. 洞内气压与洞内气温、水温关联性

1）洞内气温与水温关联性

洞内最低气温14.37℃，最高气温20.37℃，主要受地下水温度控制，分两个时段：

第一段为11月至次年2月，该时段气温缓慢下降，整体曲线形态接近西支洞水温；尽管由于明显受外部气温影响的东支洞水温波动大，但这种动态并没有影响或控制洞内气温。主要原因是：该时段为枯水期，东支洞地下水流量小甚至接近断流，而西支洞仍保持较大流量，因此，东支洞地下水对洞内气温影响小，西支洞地下水对洞内气温起主导作用。

第二段为3月至监测期末，洞内气温曲线形态则与东支洞地下水温度形态更接近，这个

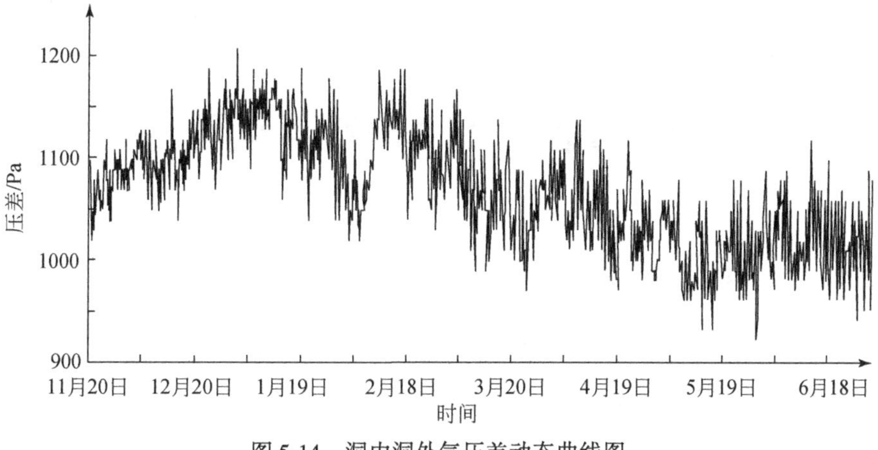

图5-14　洞内洞外气压差动态曲线图

阶段，随着降水量和地表径流增大，同时补给点Cz45、Cz47至监测点Cz02距离短，该部分地下水补给源到达Cz02后仍保持较高温度，同时随大流量的地下水流动也带入较高温度的洞外空气进入洞内，使得洞内气温主要受东支洞地下水水温控制。特别是5月20日以后，洞内气温已经比西支洞地下水温度要高，表示气温的红线已经在西支洞水温的上方（图5-15）。

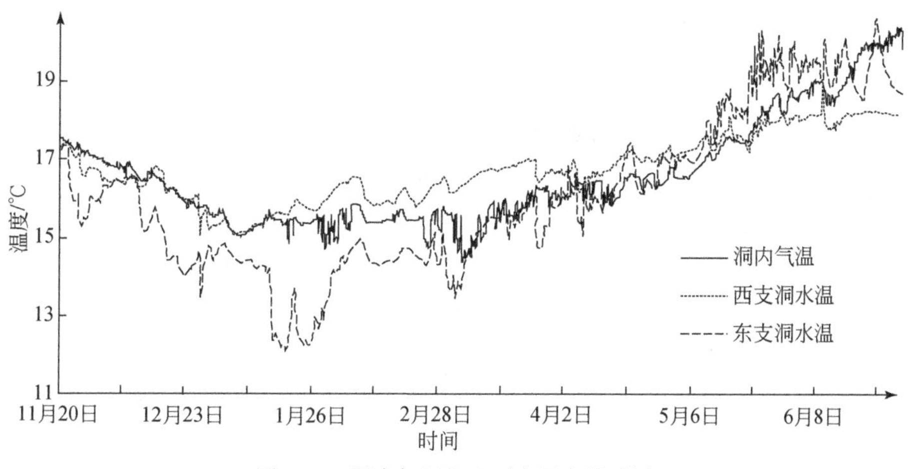

图5-15　洞内气温与地下水温度关系图

2）洞内气压与洞内气温关联性

在图5-15中，洞内气温动态曲线整体为反抛物线型态，其洞内气温谷值区在1月下旬至3月上旬。而图5-10中洞内气压尽管为正抛物线形态，但其峰值区主要在12月至次年1月，与图5-15的气温谷值区在时间上不完全吻合；这反映出，洞内气温及其水温对洞内气压影响不明显，洞内气压主要由洞外气压控制；进一步可得出万花岩洞穴气流与外界连通好，洞内外气流交换通畅。

图5-11～图5-13的洞内气压与洞内气温日动态曲线对比，洞内气温日动态整体变化很小，在图上表现为水平直线，但对应的洞内气压就存在上升、下降以及接近恒压的3种变化形态，这比较清楚地表明洞内气压受洞内气温变化的影响不明显。

第6章　地下河水化学动态特征

6.1　寨底地下河水化学动态特征

6.1.1　寨底地下河出口水化学动态

寨底地下河出口G47开展了长期水质自动监测，监测仪为Manta-2多参数水质仪。以2012年11月~2014年11月两个水文年的监测数据进行统计分析。

1. 地下水水温动态特征

G47水温变化范围17.44~21.33℃，最大温差3.89℃，平均水温19.52℃。地下水水温12月至次年3月为低温时段，7~9月为高温时段，而4~6月和10~11月则相应为地下水水温缓慢上升和下降时段（图6-1），这种规律与寨底区域季节性气温变化基本一致。

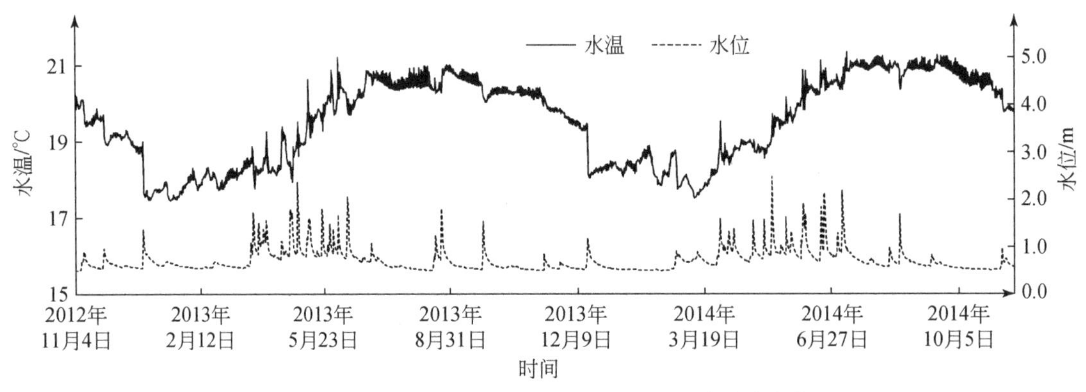

图6-1　2012年11月~2014年11月G47温度动态变化图

地下水水温与总出口水位动态存在两种关系：

（1）正相关关系，即水温随水位上升而增高；主要包括低温时段后期和4~6月水温上升期。这个阶段，大气温度逐步回升，大气降水所形成的地下水补给源的水温随气温影响也逐步回升，而此时地下水水温处于较低温时段，较高温度的地下水补给源进入地下河系统后，使整体地下水的水温上升。这种现象在两个监测年度中的3~6月表现明显，2014年3~6月更明显，在多次强降水及高水位作用下，水温缓慢上升。

（2）逆相关关系，即水温随水位上升而衰减；包括高水温时段、水温衰减时段以及低水温时段。这些时段，大气降水形成相对更低水温的地下水补给源进入地下河系统后，使地下水水温度降低。2012年1月~2013年1月有3场强降水，对应3个水位波峰，地下水水温连续跌坎式下降，2013年8月和2014年8月前后的强降水也使地下水水温产生明显下降。

根据地下水水温与水位动态上升和下降快速反应的变化特征，说明寨底地下河具有典型的地下水快速补给和快速排泄特点。

2. pH 动态特征

寨底地下河出口 G47 的 pH 变化范围为7.37~7.88，平均值为7.65；1~3月为pH峰值时段，8~10月为低值区。pH与地下水补给量或水位动态总体呈逆相关关系，当地下水补给量大、水位上升，pH下降，反之，当地下水补给量小、水位下降，pH上升（图6-2）。寨底地区雨水的pH低，呈弱酸性，大气降水快速进入岩溶地下河，并快速在地下河出口排泄，地下水与碳酸盐岩发生溶蚀反应的时间不充分，充分反应大气降雨影响特征。

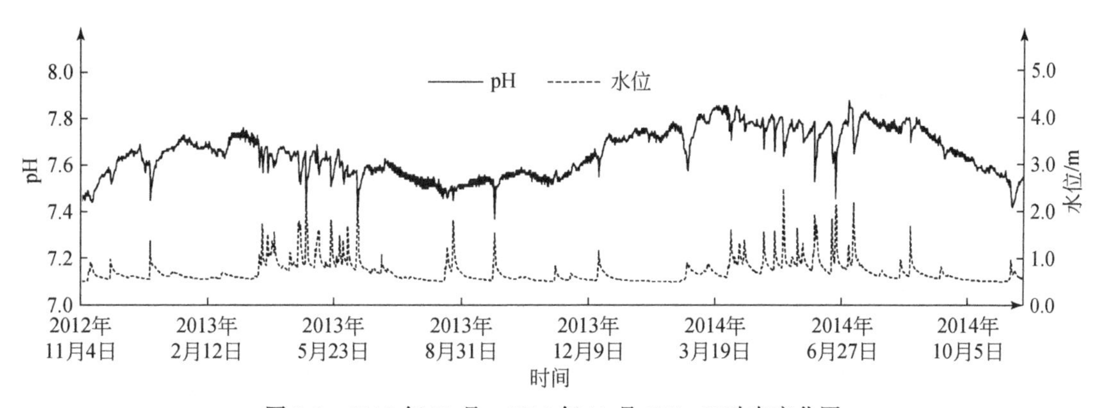

图6-2　2012年11月~2014年11月 G47 pH 动态变化图

监测期内，每次降水后，pH均产生不同程度下降。2014年5月11日的水位2.48m为最高洪水位，该次降水使pH从降水前7.81下降到7.64，减小了0.17；pH下降最大出现在2014年6月19~21日强降水过程，该次峰值水位2.08m，pH从7.78下降到7.46，减小了0.32。

3. 总溶解固体、电导率动态特征

电导率（SpCond）是物质传送电流的能力，与电阻率值相对应，以μS/cm或mS/cm表示；地下水的电导率等于地下水中各种离子电导率之和。总溶解固体（TDS）用来衡量水中所有离子的总含量，通常以ppm（$1ppm=1\times10^{-6}$）表示。寨底地下河系统地下水的TDS与电导率呈线性关性（图6-3）。

TDS变化范围为218.3~302.5mg/L，变幅84.2mg/L，平均值265.44mg/L。SpCond变化范围为341.10~472.70μS/cm，变幅131.60μS/cm，平均值为414.78μS/cm。

TDS、SpCond有一定的季节性变化特征，但总体受降水影响。在2013年4~6月和2014年4~7月上旬连续强降水时段，TDS、SpCond整体震荡下行；在少雨枯季包括其他少雨时间段，TDS、SpCond表现为缓慢增大，如2013年1月中旬至3月上旬（枯季）、7月至8月上旬和9月上中旬、2014年8月下旬至11月（图6-4、图6-5）。

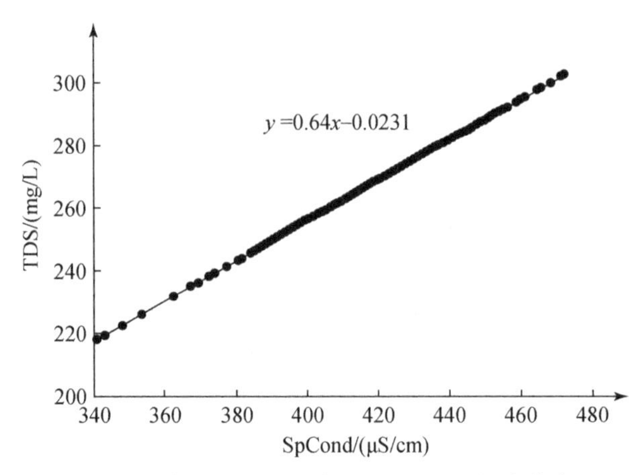

图 6-3　寨底地下河系统 TDS-SpCond 相关曲线

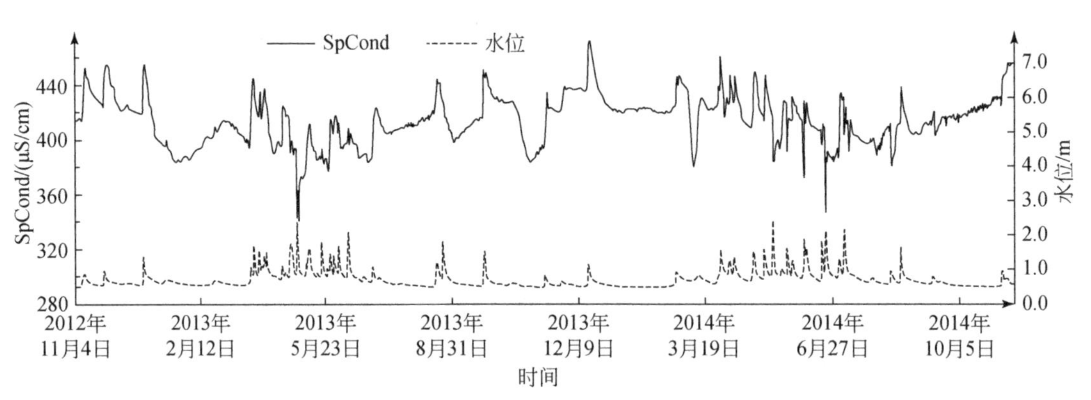

图 6-4　2012 年 11 月 ~2014 年 11 月 G47 电导率动态变化图

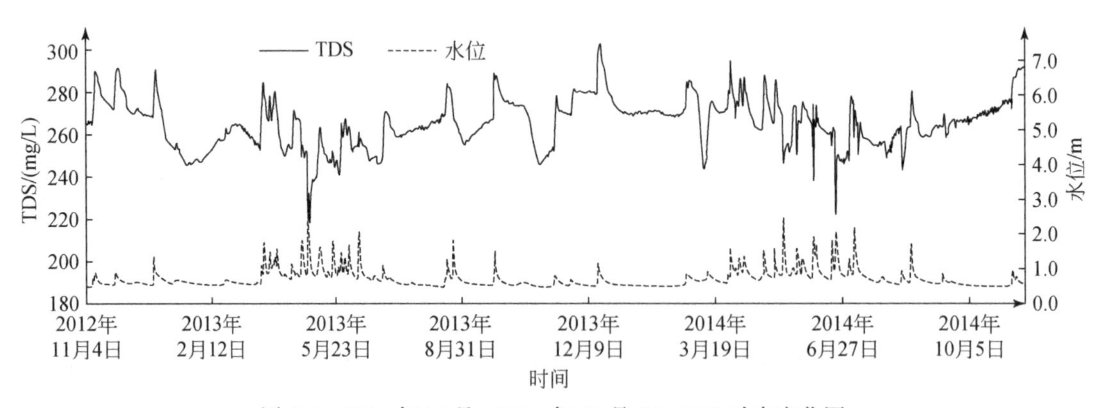

图 6-5　2012 年 11 月 ~2014 年 11 月 G47 TDS 动态变化图

寨底地下河出口地下水的水温、pH、TDS、SpCond 的最大、最小值及其与降水后的水位主要关系汇总见表 6-1。

表 6-1　寨底 G47 水温、pH、SpCond、TDS 特征值

特征值	水温/℃	pH	SpCond/(μS/cm)	TDS/(mg/L)	水位/m
最小值	17.44	7.37	341.10	218.30	0.49
最大值	21.33	7.88	472.70	302.50	2.48
平均值	19.52	7.65	414.78	265.44	0.71
极差	3.89	0.51	131.60	84.20	1.99
谷值时段	12～3 月	8～10 月	无明显谷值区	无明显谷值区	
峰值时段	7～9 月	1～3 月	无明显峰值区	无明显峰值区	
与水位正相关时段	3～6 月		有，时段不固定	有，时段不固定	
与水位逆相关时段	1～2 月，7～12 月	1～12 月	有，时段不固定	有，时段不固定	
与水位不相关时段			有，时段不固定	有，时段不固定	

对于单一场降水，TDS、SpCond 与水位或流量的关系比较复杂：

(1) 正相关关系，即 TDS、SpCond 随水位上升而增大、随水位下降而衰减。这种情形多出现在较长时间没有降水后；在图 6-4 和图 6-5 中，2012 年 12 月～2013 年 1 月上旬、2013 年 8 月～2013 年 12 月等，每次降水产生的孤立的水位波峰均对应产生一个 TDS、SpCond 正波峰，形成一一对应。放大后监测频率 1 次/15min 的详细动态曲线更能说明这种正相关关系，2012 年 12 月 27 日～2013 年 1 月 4 日动态如图 6-6a，水位上升了 0.86m，TDS 和 SpCond 分别增大了 26.2mg/L、40.2μS/cm（表 6-2）；2013 年 12 月 14 日～2013 年 12 月 22 日动态如图 6-6b，水位上升了 0.67m，TDS 和 SpCond 则分别增大了 19.1mg/L、29.8μS/cm（表 6-2）。

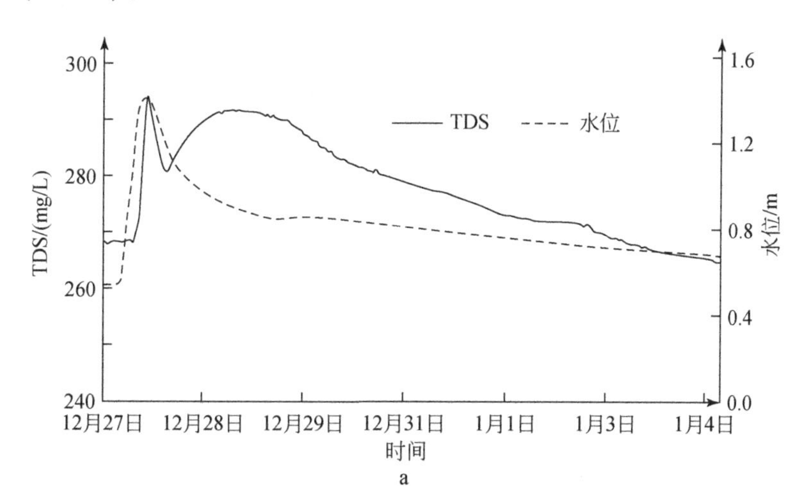

a

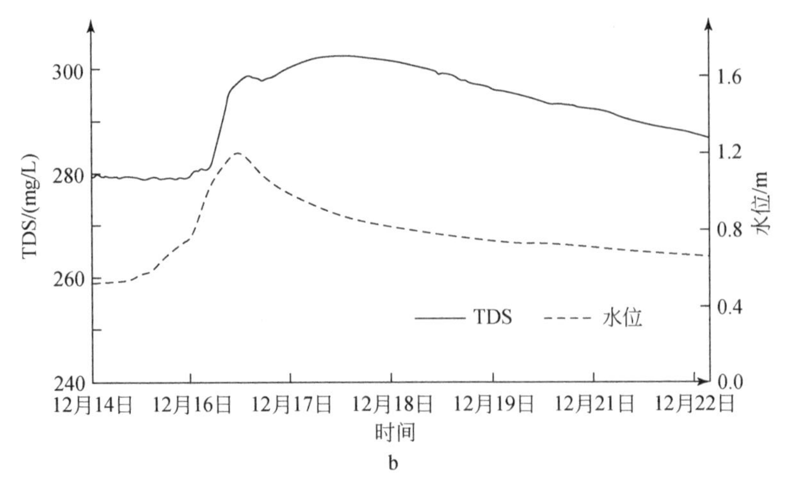

b

图 6-6　TDS 与水位正相关关系

表 6-2　典型时段水位与 TDS、SpCond 关系计算表

时段	低水位期			高水位期			中高水位期		
	水位/m	TDS/(mg/L)	SpCond/(μS/cm)	水位/m	TDS/(mg/L)	SpCond/(μS/cm)	水位/m	TDS/(mg/L)	SpCond/(μS/cm)
2012 年 12 月 27 日～2013 年 1 月 4 日	0.54	268.0	419.1	1.40	294.2	459.3	0.86	26.2	40.2
2013 年 12 月 14 日～2013 年 12 月 22 日	0.52	279.4	436.7	1.19	298.5	466.5	0.67	19.1	29.8
2013 年 4 月 28 日～2013 年 5 月 7 日	0.93	251.2	392.4	2.41	211.3	330.1	1.48	−39.9	−62.3
2014 年 6 月 20 日～2014 年 6 月 28 日	0.90	260.8	407.0	2.31	222.5	347.8	1.41	−38.3	−59.2

（2）逆相关关系，当水位上升时，TDS、SpCond 减小，而水位下降时增大。在 2013 年和 2014 年两个年度雨季强降水期，这种逆相关关系情形皆有出现；2013 年 4 月 28 日～2013 年 5 月 7 日动态如图 6-7a，水位上升了 1.48m，TDS 和 SpCond 分别减小了 39.9mg/L、62.3μS/cm（表 6-2）；2014 年 6 月 20 日至 2014 年 6 月 28 日动态如图 6-7b，水位上升了 1.41m，TDS 和 SpCond 则分别减小了 38.3mg/L、59.2μS/cm（表 6-2）。

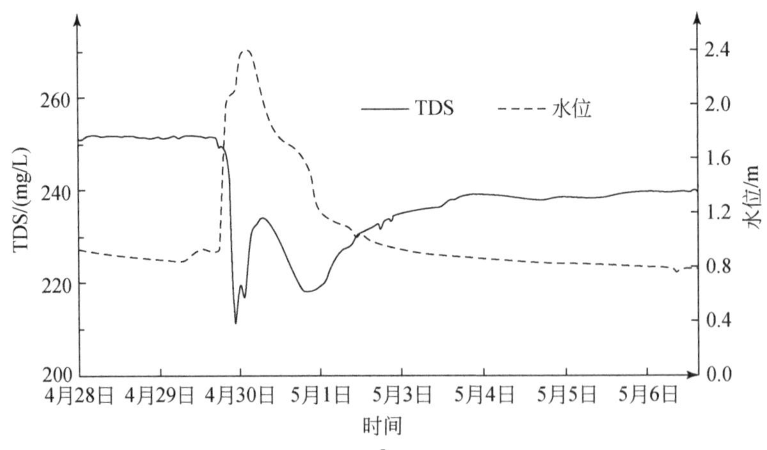

a

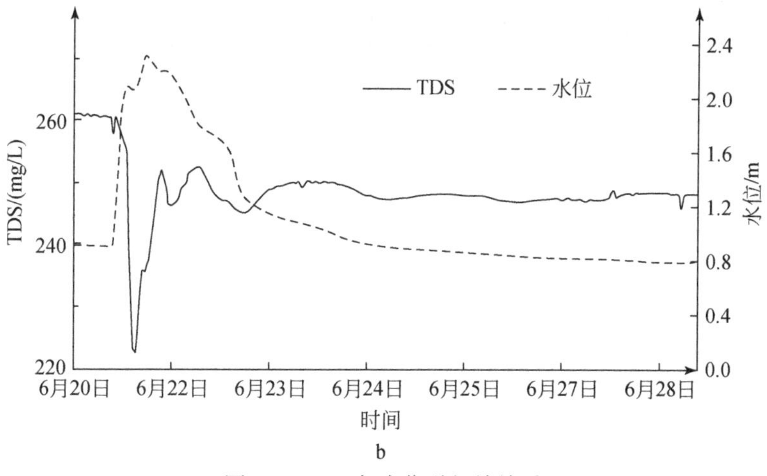

b

图6-7　TDS与水位逆相关关系

（3）混合型关联性特征。其他监测时段，由于受多个不同强度降水及其降水时间间隔差异影响，地下水的TDS、SpCond变化与水位变化不存在单一的正相关或逆相关关系，表现为正、反混合出现特征。

6.1.2　水化学类型及其分布

2012年3月～2013年2月对寨底地下河系统进行了为期一年的长期动态取样检测，每个月取样一次，取样点覆盖整个寨底地下河系统。其中2012年7月丰水期36个水样、10月平水期32个水样和2013年2月枯水期34个水样的主要化学组分特征值见表6-3。

表6-3　丰、平、枯水季节水化学组分统计表

时间		pH	K^++Na^+	Ca^{2+}	Mg^{2+}	NH_4^+	Cl^-	SO_4^{2-}	HCO_3^-	F^-	NO_3^-	NO_2^-
7月（丰）	最小值	6.22	0.26	1.79	0.59	0.03	1.02	1.92	8.66	0.04	0.18	0.00
	最大值	8.30	8.99	113.50	17.46	3.99	12.71	17.19	329.26	0.23	66.70	2.59
	平均值	7.61	1.88	71.57	3.84	0.59	2.81	7.08	214.33	0.07	7.57	0.31
10月（平）	最小值	6.21	0.40	1.86	0.66	0.03	1.08	2.28	9.44	0.03	1.22	0.00
	最大值	7.74	9.94	127.41	20.15	1.09	11.44	19.39	388.56	0.15	54.34	0.56
	平均值	7.24	2.49	74.68	4.45	0.18	3.16	8.42	234.25	0.06	8.01	0.10
2月（枯）	最小值	7.26	0.32	2.19	0.59	<0.02	1.08	2.53	16.45	0.02	0.00	0.00
	最大值	7.78	10.48	123.90	15.60	<0.02	10.11	19.07	349.49	0.10	39.61	0.18
	平均值	7.44	1.95	84.41	3.87	<0.02	2.71	9.65	253.75	0.04	7.82	0.03

注：表中除pH以外，其他组分单位均为mg/L

岩溶区水化学类型在丰、平、枯水期地下水主要化学组分及其百分含量没有明显变化，以Ca^{2+}、HCO_3^-为主，地下水均属于HCO_3-Ca型。碎屑岩区的基岩裂隙水，阴离子除HCO_3^-外，SO_4^{2-}和Cl^-百分含量也较高，其水化学类型划分为$HCO_3\cdot SO_4$-Ca或$HCO_3\cdot Cl$-Ca（表6-4、图6-8）。

表 6-4　主要水化学组分百分含量及水化学类型

分布地层		占总阴离子/%		占总阳离子/%		水化学类型
		HCO_3^-	SO_4^{2-}/Cl^-	Ca^{2+}	Mg^{2+}	
碎屑岩	信都组（D_2x）	81.43～91.6	16.4～37.6、8.4～21.57	50.88～88.59	5.98～11.6	$HCO_3 \cdot SO_4$-Ca、$HCO_3 \cdot Cl$-Ca
岩溶区	塘家湾组（D_2t） 桂林组（D_3g） 东村组（D_3d） 额头村组（D_3e） 尧云岭组（C_1y） 英塘组（C_1yt）	89.82～98.52		91.38～99.15		HCO_3-Ca

图 6-8　寨底地下河水化学类型分区图

寨底地下河系统内，岩性是影响水化学组分含量的主要控制因素。在局部含白云质灰岩地区，Mg^{2+}的百分含量比例明显增加，为10～13.2%，而在纯灰岩地区，阳离子以Ca^{2+}为主，Mg^{2+}的百分比含量则小于5%。在东部碎屑岩区，富含硫酸盐岩等，其地下水中的SO_4^{2-}、Cl^-、F^-等含量则比岩溶区高。

寨底地下河系统局部地区，人类活动也是影响水化学组分含量的一个重要因素。北部海洋谷地人口稠密，耕地面积大，长期大量使用化肥及人畜垃圾排放，导致SO_2^{4-}和NO_3^-的浓度较高，由北向南随着人类活动逐渐减弱，SO_4^{2-}和NO_3^-的浓度也逐渐降低。豪猪岩地区为封闭型洼地，当地的人畜粪便在降水后垂直渗入地下河，导致G11天窗及洼地内钻孔中地下水的NO_3^-含量偏高。

比较7月、10月、2月各项组分平均值，有3种变化特征。第一种为抛物线变化，丰水期和枯水期小，7月丰水期最大，这种变化类型包括K^++Na^+、Mg^{2+}、Cl^-以及NO_3^-；第二种为上升型变化，丰、平、枯水期依次增大，这种变化类型包括Ca^{2+}、HCO_3^-、SO_4^{2-}；第三种为下降型变化，表现为丰、平、枯水期依次减小，这种变化类型包括NH_4^+、NO_2^-、F^-（图6-9、图6-10）。

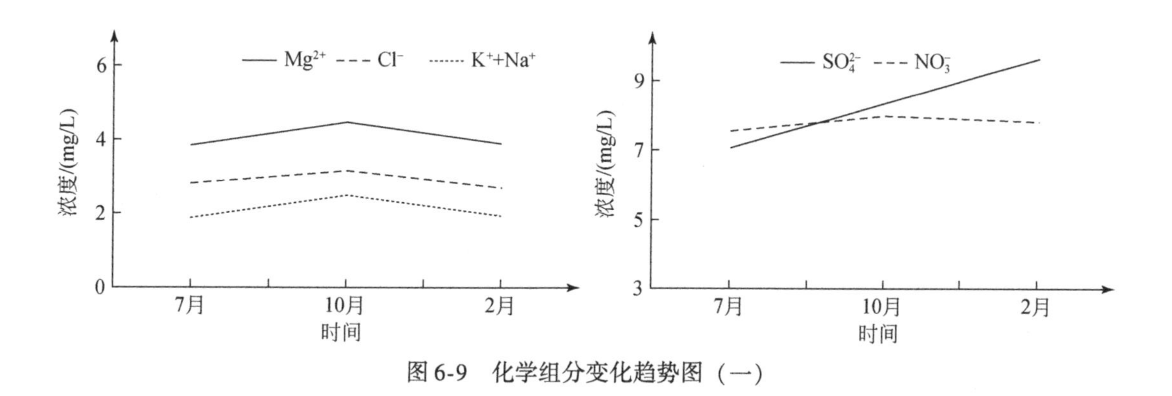

图6-9　化学组分变化趋势图（一）

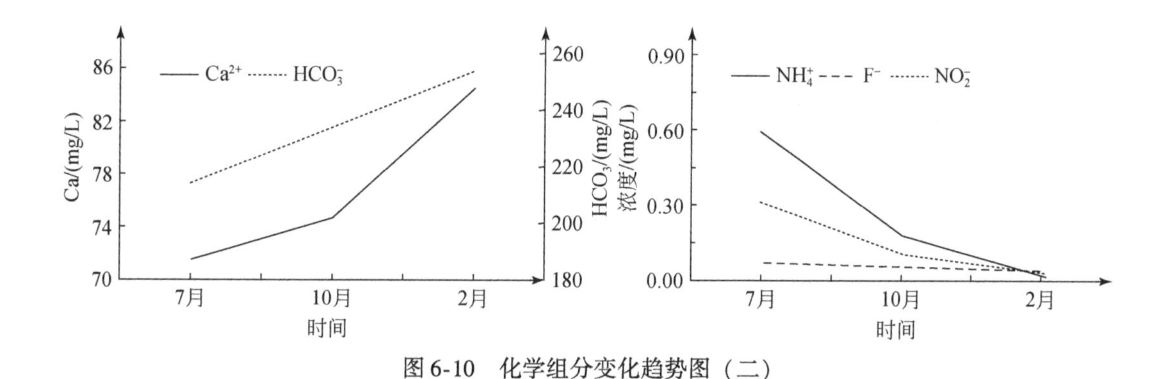

图6-10　化学组分变化趋势图（二）

6.1.3　R 型因子多元统计分析

因子分析法是一种降维处理的多元统计分析方法，即用较少的几个主因子来代替原来较多的样品或变量，而且使这些主因子既能尽量多地反映原来较多样品或变量所反映的信息，同时它们之间又是彼此独立的。根据研究对象的不同，因子分析分为 Q 型和 R 型。R 型因子分析的基本思想是根据相关性大小把变量分组，使同组内变量之间相关性较高，但不同组的变量相关性较低。每组变量代表一个基本结构，即因子，它们能够反映已经观测到的相关性。在地球化学领域研究中，R 型因子分析能够剔除水化学组分中独立和重复的成分，把许多彼此间具有错综复杂联系的变量归纳为少数几个公共因子。每一个主因子意味着各水化学组分之间的一种基本结合方式，它往往指示水化学特征的某种成因，可以用来解释存在于水化学组分之间的错综复杂的关系。

设有 n 个样品和 m 个变量，将这 m 个变量的线性组合表示成由公共因子 F_1，F_2，…，F_p（$p<m$）以及各自的专一因子 ε_1，ε_2，…，ε_m 的线性组合：

$$\begin{cases} x_1 = a_{11}F_1 + a_{12}F_2 + \cdots a_{1p}F_p + a_1\varepsilon_1 \\ x_2 = a_{21}F_1 + a_{22}F_2 + \cdots a_{2p}F_p + a_2\varepsilon_2 \\ \cdots\cdots \\ x_m = a_{m1}F_1 + a_{m2}F_2 + \cdots a_{mp}F_p + a_m\varepsilon_m \end{cases} \tag{6-1}$$

式中，ε_i 为特殊因子；a_{ij}为因子载荷，i 为样品数量，j 为变量数量；p 为因子数量。

寨底地下河系统地下水化学成分（王喆等，2014）间的相关系数见表 6-5。从中可以看出 Ca^{2+}、HCO_3^- 与总硬度、TDS 显著相关。总硬度、TDS 主要受 Ca^{2+}、HCO_3^- 影响。

表 6-5　寨底地下河系统地下水化学成分 Pearson 相关系数

项目		pH	K^++Na^+	Ca^{2+}	Mg^{2+}	Cl^-	SO_4^{2-}	HCO_3^-	F^-	NO_3^-	总硬度	TDS
7 月共 39 个样品	pH	1.00										
	K^++Na^+	0.20	1.00									
	Ca^{2+}	0.29	−0.04	1.00								
	Mg^{2+}	0.37	−0.01	−0.10	1.00							
	Cl^-	0.15	0.60	−0.22	−0.09	1.00						
	SO_4^{2-}	0.15	0.12	0.54	−0.09	0.08	1.00					
	HCO_3^-	0.33	−0.06	0.97	0.04	−0.29	0.39	1.00				
	F^-	0.01	0.30	−0.02	−0.14	0.09	0.18	−0.07	1.00			
	NO_3^-	0.10	0.19	−0.02	0.14	0.37	0.66	−0.16	0.12	1.00		
	总硬度	0.36	−0.04	0.98	0.08	−0.23	0.53	0.98	−0.04	0.00	1.00	
	TDS	0.38	0.01	0.98	0.05	−0.16	0.59	0.96	−0.02	0.10	0.99	1.00

续表

项目		pH	K^++Na^+	Ca^{2+}	Mg^{2+}	Cl^-	SO_4^{2-}	HCO_3^-	F^-	NO_3^-	总硬度	TDS
10 月共 34 个样品	pH	1.00										
	K^++Na^+	0.12	1.00									
	Ca^{2+}	0.12	-0.14	1.00								
	Mg^{2+}	0.34	-0.24	-0.02	1.00							
	Cl^-	0.06	0.56	0.00	-0.16	1.00						
	SO_4^{2-}	0.04	0.28	0.62	-0.09	0.23	1.00					
	HCO_3^-	0.16	-0.18	0.97	0.13	-0.11	0.53	1.00				
	F^-	0.21	0.08	-0.05	0.07	0.22	-0.04	-0.04	1.00			
	NO_3^-	0.18	0.12	0.22	0.13	0.49	0.45	0.08	0.04	1.00		
	总硬度	0.18	-0.18	0.98	0.15	-0.03	0.60	0.98	-0.03	0.24	1.00	
	TDS	0.18	-0.09	0.99	0.11	0.05	0.65	0.97	-0.02	0.30	0.99	1.00
2 月共 36 个样品	pH	1.00										
	K^++Na^+	-0.34	1.00									
	Ca^{2+}	-0.13	-0.22	1.00								
	Mg^{2+}	0.19	-0.27	-0.13	1.00							
	Cl^-	-0.29	0.43	-0.06	-0.22	1.00						
	SO_4^{2-}	-0.29	0.00	0.80	-0.33	0.20	1.00					
	HCO_3^-	-0.08	-0.27	0.98	0.04	-0.17	0.69	1.00				
	F^-	0.22	0.56	-0.21	-0.07	0.03	-0.07	-0.20	1.00			
	NO_3^-	-0.09	-0.06	0.33	0.11	0.48	0.61	0.23	-0.13	1.00		
	总硬度	-0.10	-0.27	0.99	0.03	-0.10	0.75	0.99	-0.22	0.36	1.00	
	TDS	-0.13	-0.21	0.99	-0.01	-0.02	0.80	0.98	-0.20	0.41	0.99	1.00

利用SPSS软件对研究区的水样数据进行主成分分析，计算出研究区地下水化学成分的特征值和方差累计贡献率（表6-6）。并由该表确定研究区影响地下水水质的4个主成分。其中，7月、10月、2月4个主成分累计贡献率分别为83.57%、82.20%、86.70%。

表6-6　水化学成分相关矩阵的特征值及方差累计贡献率

组分	7月			10月			2月		
	特征值	方差贡献率/%	累计贡献率/%	特征值	方差贡献率/%	累计贡献率/%	特征值	方差贡献率/%	累计贡献率/%
pH	4.45	40.48	40.48	4.51	41.04	41.04	4.94	44.87	44.87
K^++Na^+	2.19	19.89	60.37	2.09	19.00	60.04	2.17	19.68	64.55
Ca^{2+}	1.39	12.60	72.97	1.47	13.39	73.43	1.31	11.92	76.48
Mg^{2+}	1.17	10.60	83.57	0.96	8.76	82.20	1.12	10.22	86.70

续表

组分	7月			10月			2月		
	特征值	方差贡献率/%	累计贡献率/%	特征值	方差贡献率/%	累计贡献率/%	特征值	方差贡献率/%	累计贡献率/%
Cl^-	0.89	8.05	91.62	0.80	7.25	89.44	0.81	7.41	94.10
SO_4^{2-}	0.50	4.55	96.17	0.52	4.76	94.20	0.41	3.70	97.80
HCO_3^-	0.29	2.67	98.84	0.46	4.16	98.36	0.18	1.63	99.43
F^-	0.12	1.13	99.98	0.18	1.61	99.97	0.06	0.55	99.98
NO_3^-	0.00	0.02	100.00	0.00	0.03	100.00	0.00	0.02	100.00
总硬度	0.00	0.00	100.00	0.00	0.00	100.00	0.00	0.00	100.00
TDS	0.00	0.00	100.00	0.00	0.00	100.00	0.00	0.00	100.00

选取方差贡献率最大且特征值大于1的4个因子为主因子，对这4个主因子进行评价，4个主因子所代表的信息量占整个样本信息量的82.2%～86.7%，受自然地质背景、季节性降水条件、人文生态环境等影响，不同期的4类影响因子有少量差别（表6-7）。

表6-7　寨底地下河系统不同季节影响因子对比

因子	7月（丰水期）	10月（平水期）	2月（枯水期）
因子1	Ca^{2+}、HCO_3^-、总硬度、TDS，贡献率为40.48%	Ca^{2+}、HCO_3^-、总硬度、TDS、SO_4^{2-}，贡献率为41.01%	Ca^{2+}、HCO_3^-、总硬度、TDS、SO_4^{2-}，贡献率为44.87%
因子2	K^++Na^+、Cl^-，贡献率为19.89%	K^++Na^+、Cl^-、NO_3^-，贡献率为19.0%	Cl^-、NO_3^-，贡献率为19.68%
因子3	SO_4^{2-}、NO_3^-，贡献率为19.89%	pH、Mg^{2+}，贡献率为13.39%	pH、Mg^{2+}，贡献率为13.39%
因子4	pH和Mg^{2+}，贡献率为10.60%	F^-，贡献率为8.76%	K^++Na^+、F^-，贡献率为8.76%

统计分析可得以下结论。

（1）本区域的大面积纯碳酸盐岩分布及其岩溶作用是形成地下河水化学成分的主要影响因素，表现为地下河水化学组分中Ca^{2+}、HCO_3^-、总硬度和TDS组合，在7月、10月、2月三期中均属于第1类影响因子。Mg^{2+}在三期统计分析中，均处于第4或第3类因子，反映出本研究区地层以纯石灰岩地层为主，尽管从区域地质资料描述有白云岩或白云质灰岩分布，但白云岩或白云质灰岩分布应该为非常局部的或分布面积非常小，这与岩石取样化学分析结果基本吻合，所有岩石样品均为纯灰岩。

（2）研究区内碎屑岩地层也有一定面积分布，其相对富含硫酸盐矿物及其溶滤作用也是形成地下河中化学组分最重要的来源之一，集中表现在平、枯水季节SO_4^{2-}上升到第1类影响因子。

（3）地下河中NO_3^-组分反映了人类活动（如农药和化肥的使用、农村生活污水）对地下水水化学成分的影响。

6.1.4　硝酸盐微污染特征及其来源分析

1. NO_3^- 离子分布特征

寨底地下河系统硝酸盐（王松和裴建国，2011；卢海平等，2012）浓度变化大，2012年7月丰水期硝酸盐的浓度从未检出到66.7mg/L，平均值6.89mg/L。豪猪岩 zk19 浓度最大，为66.7mg/L，其次黄土塘天窗为22.28mg/L，在区域上也表现出以该两点为中心的峰值。豪猪岩地区为封闭型溶蚀洼地，在 zk19 旁发育有消水洞，豪猪岩村生活污水和人畜粪便均流至此处进入地下，使 zk19 检出硝酸盐浓度最高（图6-11）。

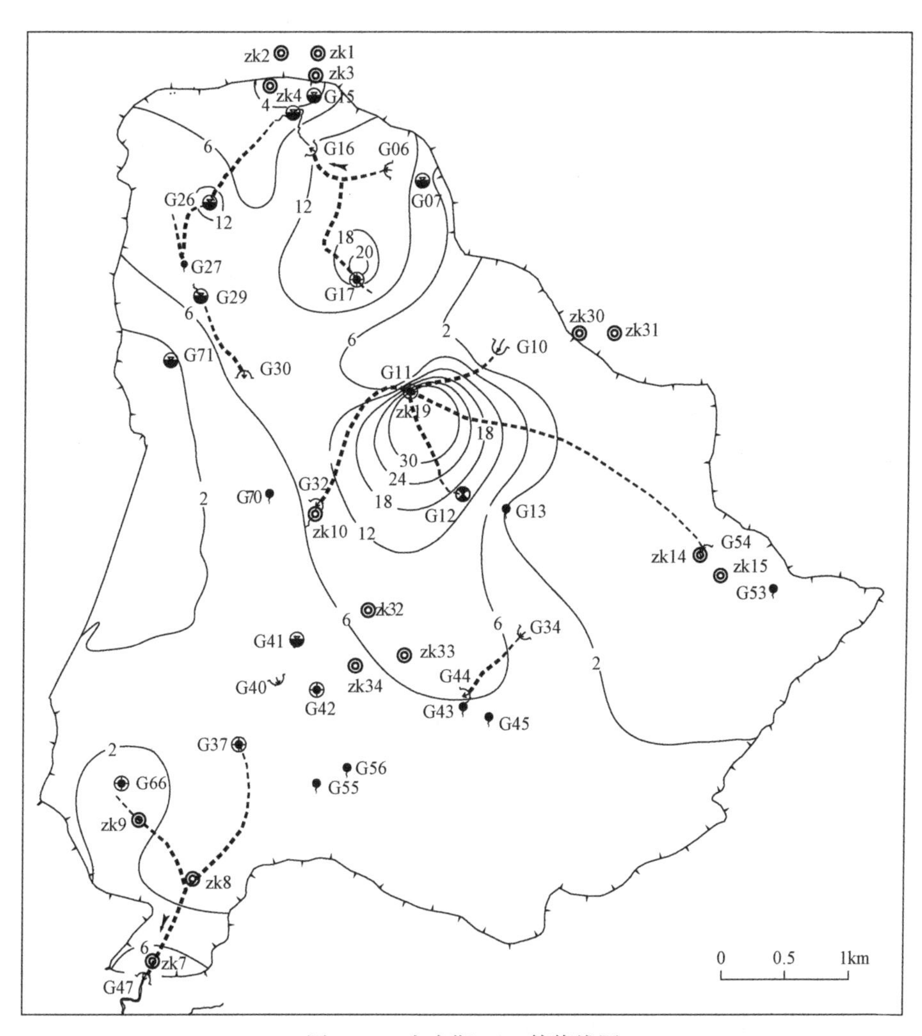

图6-11　丰水期 NO_3^- 等值线图

平、枯水期最高浓度点依然为豪猪岩洼地 zk19 监测孔，分别为31.06mg/L、39.61mg/L，比丰水期低1倍左右，其中2013年3月枯水期分布如图6-12所示。从平均值看，枯水期比丰水期、平水期稍大，为7.95mg/L，丰水期与平水期的均值浓度比较接近，分别为6.89mg/L、6.78mg/L。

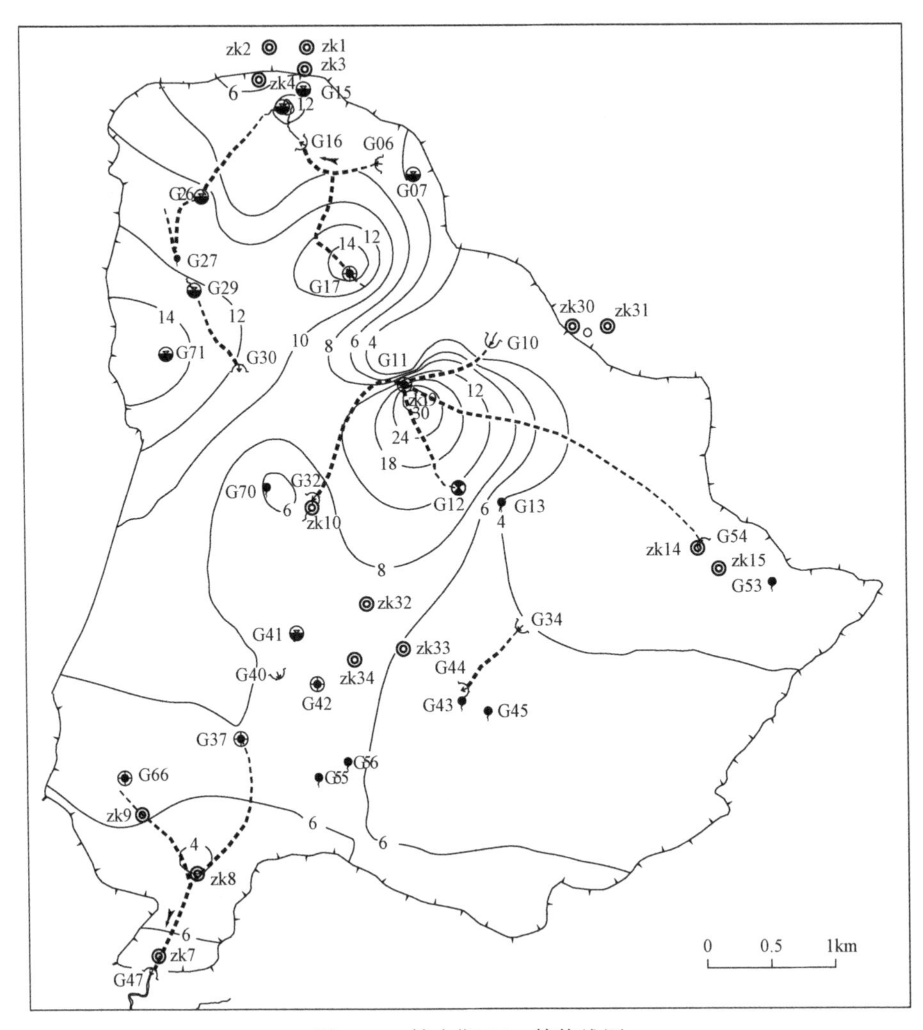

图6-12　枯水期 NO_3^- 等值线图

zk19位于豪猪岩封闭型洼地底部，洼地内居住有10余户村民，从G11天窗抽水解决生活、生产用水；村民生活污水、垃圾人畜粪便滤液等均顺地形向洼地中心低洼处zk19一带进入地下，导致zk19常年 NO_3^- 浓度值稍高，其中雨水季节4~8月的浓度值最大，比9~12月及次年1~3月平、枯水季节高40mg/L（图6-13）。

2. 硝酸盐来源分析

寨底主要有硝酸盐微污染，通过分析10个典型水点三氮和水样中硝酸盐氮氧同位素识别硝酸盐污染来源。7月7个水样 NO_3^- 的范围是3.92~13.12mg/L，9月8个水样 NO_3^- 的范围是1.63~22.96mg/L，11月9个水样 NO_3^- 的范围是5.33~16.14mg/L。$\delta^{15}N$ 值的变化范围是4.58‰~18.09‰，$\delta^{18}O$ 范围是9.25‰~21.68‰（表6-8）。

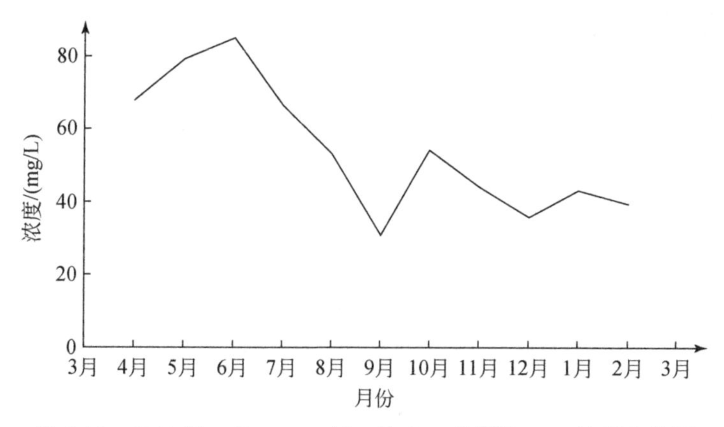

图6-13　2012年4月～2013年2月zk19监测孔NO_3^-浓度变化图

表6-8　寨底地下河N-O同位素测试值

时间	采样点	NH_4^+/(mg/L)	NO_3^-/(mg/L)	NO_2^-/(mg/L)	$\delta^{15}N$/‰	$\delta^{18}O$/‰
7月	G15	1.79	<0.05	<0.002	12.18	11.67
	G16	<0.02	12.64	0.75	4.75	
	G26	<0.02	13.12	<0.002		11.69
	G27	<0.02	9.45	0.54	7.85	16.07
	G29				8.28	14.56
	G30	0.03	8.36	1.09	13.37	20.6
	G32	0.03	8.13	0.003	10.7	18.24
	G47	0.06	7.64	0.012	12.26	21.57
	G70	<0.02	3.92	<0.002	10.2	20.46
	G71	1.22	<0.05	<0.002	9.44	21.68
9月	G15	0.04	22.96	<0.002	8.17	15.62
	G16	<0.02	11.91	<0.002	6.96	14.56
	G26	0.04	1.63	<0.002	18.09	16.13
	G27	0.05	4.15	<0.002		
	G29					19.3
	G30	<0.02	10.45	1.17	11.08	18.19
	G32	0.03	6.01	<0.002	10.94	17.54
	G47	<0.02	6.5	<0.002		12.71
	G70	<0.02	5.62	<0.002	4.92	17.85
	G71					19.89

续表

时间	采样点	NH_4^+/(mg/L)	NO_3^-/(mg/L)	NO_2^-/(mg/L)	$\delta^{15}N$/‰	$\delta^{18}O$/‰
11 月	G15	0.05	10.46	1.48		16.79
	G16	<0.02	8.19	<0.002	4.79	16.29
	G26	0.03	12.67	<0.002	11.75	16.14
	G27	<0.02	13.08	0.003	10.21	15.02
	G29				15.65	19.3
	G30	<0.02	13.19	<0.002	13.85	15.23
	G32	0.03	6.18	<0.002	10.56	18.76
	G47	<0.02	7.24	<0.002	8.98	18.2
	G70	<0.02	5.33	<0.002	4.58	18.01
	G71	0.03	16.14	0.012	8.44	9.25

不考虑氮迁移、反硝化等过程中氮同位素的分馏，即认为试验检测出的 $\delta^{15}N$ 值完全代表寨底地下河地下水中硝酸盐来源的 $\delta^{15}N$ 值。将所测得的同位素数据投影于 NO_3^- 中氮氧同位素关系图上，它们在分布图上组成点分布比较集中在以动物粪便与污水、化肥和土壤有机氮污染的范围内（图 6-14），说明该研究区地下水中 NO_3^- 的来源从总体上来说不是单源的，而是多源的。

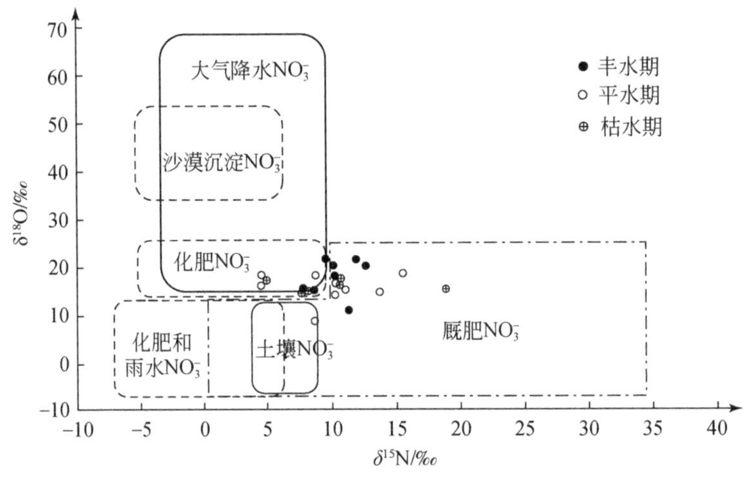

图 6-14　N 源的 $\delta^{15}N$ 和 $\delta^{18}O$ 的典型值

在图 6-14 中，部分氮氧同位素点位于大气降水的底部区域。雨水中铵是主要的氮形态之一，挥发和洗脱过程一般使得 $\delta^{15}N$ 值偏负，而雨水中硝酸根含量低，寨底地下河区域雨水中 NO_3^- 的平均含量为 0.3mg/L，氮同位素组成一般为 2‰左右，所以可以排除雨水中氮素是研究区的地下河中硝酸根的来源。由此可以确定，研究区内硝酸盐的主要来源为动物粪便与污水、无机化肥以及土壤有机氮。

3. CMB 法硝酸盐源定量化解析

CMB 模型的基本原理是基于稳定同位素的质量守恒，即

$$\delta_M = f_A \delta_A + f_B \delta_B$$
$$f_A + f_B = 1 \tag{6-2}$$

式中，f_A、f_B 为两种资源 A、B 的比例（未知量）；δ_A、δ_B 分别为 A、B 中同位素比值（已知量）；δ_M 表示混合物（消费者）的同位素值（已知量）。两个未知量两个方程，方程组有唯一解。

对上面的方程组进一步扩展至三种或者更多资源：

$$\delta_M = f_A \delta_A + f_B \delta_B + f_C \delta_C$$
$$f_A + f_B + f_C = 1 \tag{6-3}$$

利用CMB模型识别出3个月份各采样点硝酸盐的贡献率（表6-9）。

表6-9　寨底地下河硝酸盐来源的贡献率　（单位:%）

取样点	7月			9月			11月		
	化肥 NO_3^-	动物粪便或污水	土壤有机氮	化肥 NO_3^-	动物粪便或污水	土壤有机氮	化肥 NO_3^-	动物粪便或污水	土壤有机氮
G15	26	50	24	55	30	15			
G16				52	2	28	66	8	26
G26				27	73	0	48	52	0
G27	57	29	14				33	35	32
G29	50	28	22				45	55	0
G30	57	43	0	57	43	0	38	62	0
G32	58	42	0	55	45	0	61	39	0
G47	64	36	0				64	36	0
G70	67	33	0	73	12	15	75	10	15
G71	74	26	0				23	20	57
平均值	56.6	35.9	7.5	53.2	34.2	9.7	50.3	35.2	14.4

从解析结果来看，小桐木湾G15溶潭7月硝酸盐主要来源于动物粪便或污水，占50%，来源于化肥、土壤有机氮的各占1/4，这与G15（桐木湾溶潭）地下水位较浅，且地势相对低洼，丰水期雨水将动物粪便、有机肥冲刷至溶潭中的水文地质条件基本一致；9月地下水中硝酸盐解析来源于动物粪便的比例下降到了30%，而来源于化肥的比例上升到了55%。塘子厄G26溶潭，在9月、11月来源于动物粪便的比例分别为73%、52%，这是由于塘子厄溶潭中养殖了数百只鸭，该溶潭已沦为养殖场，在采样时可以明显看到水样发臭、发黑。

根据硝酸盐来源的贡献率，化肥贡献率最大，大于50.3%，其次为动物粪便或污水，平均贡献率在35.0%左右，土壤有机氮贡献率最小，小于15.0%。在各月份中，动物粪便或污水的贡献率相对稳定，3个月份的贡献率差别较小；化肥和土壤有机氮的贡献率有的季节变化特征，化肥的贡献率7月大，11月小，反映了7月农忙期、11月农闲时使用化肥的变化；土壤有机氮的贡献率一方面则随着化肥的贡献率减小而增大，另一方面，丰水期反映了管道快速水流特征，平、枯水期逐步显现孔隙裂隙水流的影响，使贡献率增加。

6.2　万华岩地下河水化学动态特征

6.2.1　万华岩地下河出口水化学动态

2012 年 11 月在万华岩地下河出口安装了一台 Manta-2 水质自动监测仪，利用 2012 年 11 月～2014 年 11 月两个年度的监测数据分析万华岩地下河出口水质动态变化规律。

1. 地下水温度动态

万华岩地下河总出口水温变化范围为 15.03～20.33℃，最大温度差 5.30℃，平均值为 17.41℃（表 6-10）。两个年度的地下水水温动态曲线表明，地下水温度具有明显的季节性变化规律，其中 6～9 月水温最高，为峰值时段，水温大于 18.2℃；12 月至次年 2 月水温最低，为谷值时段，水温小于 16.0℃。3～5 月和 10～11 月分别为水温上升期和下降期，水温在 16.0～18.5℃范围（图 6-15）。

表 6-10　万华岩地下河出口地下水主要特征值

特征值	水温/℃	pH	SpCond/(μS/cm)	TDS/(mg/L)	水位/m
最小值	15.03	7.22	208.40	133.40	0.11
最大值	20.23	8.34	416.10	266.30	2.16
平均值	17.41	7.73	313.41	200.26	0.46
极差	5.20	0.79	207.70	132.90	2.05

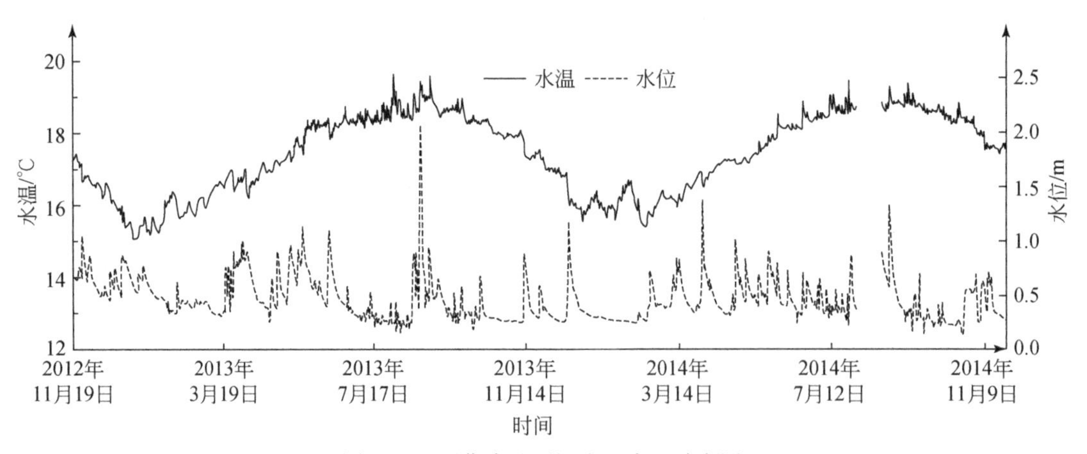

图 6-15　万华岩地下河出口水温动态图

与寨底地下河系统总出口地下水水温动态相比，万华岩地下河出口水温受水位（降水量）影响效应较小，即与水位流量负相关关系不明显。

在随着气温总体升高、降低的过程中，有较小的变化，反映出万华岩地下河系统水流交换速度较寨底地下河系统慢，这主要是两地下河系统含水岩组特征和岩溶发育程度不同导致。

2. pH 动态特征

万华岩地下河出口 pH 变化范围 7.22 ~ 8.11，平均值 7.73，最大最小值差 0.89。除受短强降水影响外，pH 在年内整体表现为近似水平直线型态，随季节性变化不明显（图 6-16）。

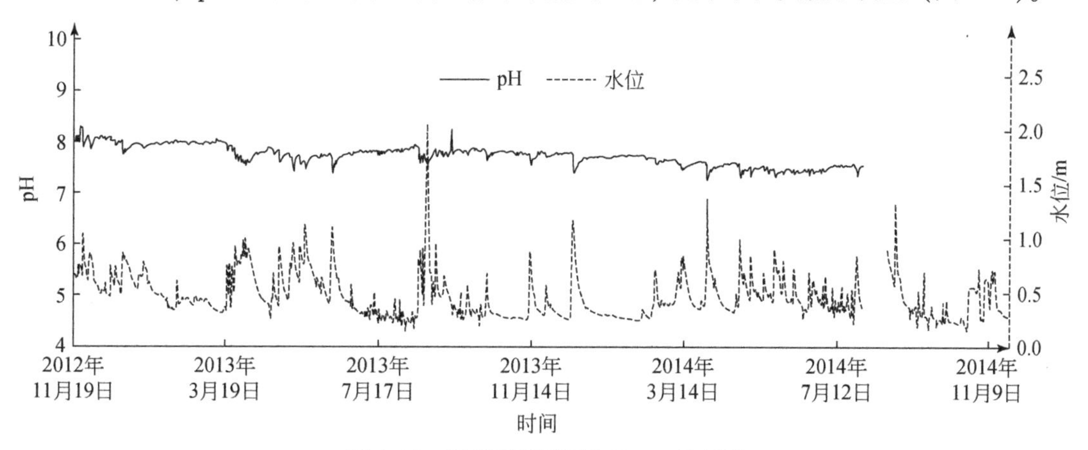

图 6-16　万华岩地下河出口 pH 动态图

pH 与强降水为负相关关系，降水后 pH 总体变小；如 2013 年 3 月和 12 月两个降水过程。2013 年 3 月 24 日 ~ 4 月 20 日为一个连续降水过程，水位动态曲线形成一个跨 26 天的正波峰，水位从 0.37m 最高上升到 1.03m，上升了 0.66m，对应 pH 的动态则形成一个反波峰，从开始的 7.98，下降到 7.54，pH 下降了 0.44；2013 年 12 月 14 日短期暴雨过程，水位从 0.28m 上升到 1.21m，上升了 0.93m，pH 则从 7.81 下降到 7.41，下降了 0.40。

3. TDS 和 SpCond 动态

万华岩地下河地下水的 TDS 与 SpCond 的线性关系式与寨底地下河出口比较，一次项系数相同，均为 0.64，常数项有微小差异，寨底地下河出口关系式常数项为-0.0231，这里的常数为-0.0289（图 6-17）。

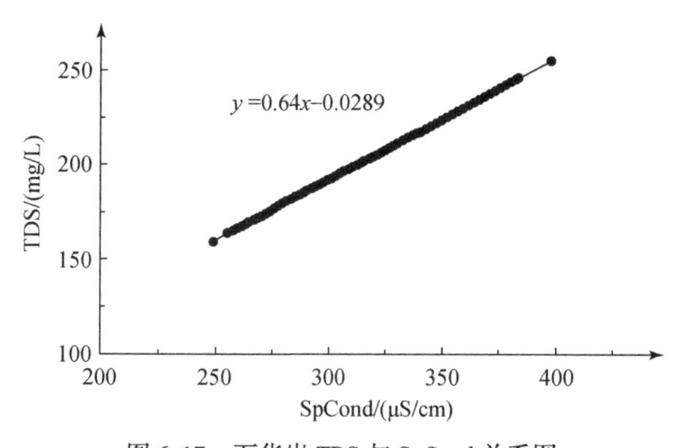

图 6-17　万华岩 TDS 与 SpCond 关系图

TDS 变化范围为 133.4 ~ 266.3mg/L，变幅 132.9mg/L，平均值 200.26mg/L。SpCond 变化范围为 208.4 ~ 416.1μS/cm，变幅 207.7μS/cm，平均值 313.41μS/cm。

TDS、SpCond 与强降水期的地下河出口水位（流量）呈正相关，如前述的 2013 年 3 月和 12 月两个降水过程，TDS、SpCond 随水位上升而增大，水位衰减而减小，波峰起伏基本相同。但在枯水季节，TDS、SpCond 对应水位衰减过程则表现为不相关特征为主（图 6-18）。

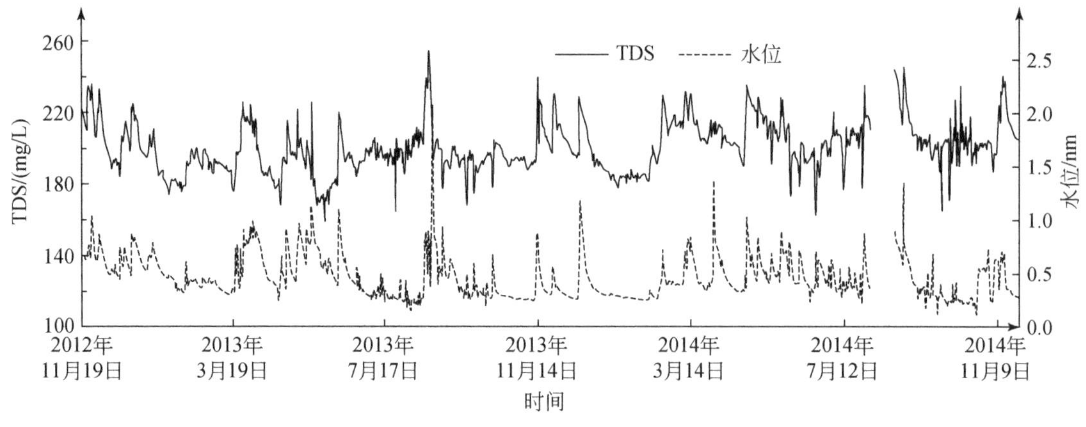

图 6-18　万华岩地下河出口 TDS 动态图

6.2.2　水化学类型及季节性变化

2012 年 4 月丰水期和 9 月平水期对万华岩地下河分别取样 27 个和 41 个，在室内进行水化学分析和测试，测试结果统计见表 6-11。

表 6-11　丰水期和平水期地下水化学指标统计值

时段	指标	极小值	极大值	均值	标准差	偏度	峰度
丰水期（27 个水样）	pH	6.92	7.68	7.31	0.17	0.03	0.20
	K^+/(mg/L)	0.08	3.41	0.88	0.88	1.82	2.98
	Na^+/(mg/L)	0.10	47.49	3.50	9.68	4.15	17.92
	Ca^{2+}/(mg/L)	3.42	130.09	67.17	25.46	−0.55	2.00
	Mg^{2+}/(mg/L)	0.34	20.59	4.92	4.74	2.14	4.45
	Cl^-/(mg/L)	1.80	19.18	3.27	3.29	4.68	23.14
	SO_4^{2-}/(mg/L)	4.54	214.26	23.37	39.85	4.59	22.21
	HCO_3^-/(mg/L)	10.55	309.51	197.35	76.14	−1.03	1.06
	F^-/(mg/L)	0.07	0.28	0.14	0.06	1.62	1.89
	NO_3^-/(mg/L)	7.14	41.75	15.93	8.80	1.31	1.28
	总硬度（$CaCO_3$）	10.71	409.67	188.01	76.14	0.05	2.88

续表

时段	指标	极小值	极大值	均值	标准差	偏度	峰度
平水期（41个水样）	pH	7.15	7.80	7.39	0.14	0.78	0.58
	K^+/(mg/L)	0.09	6.89	1.20	1.23	2.77	10.68
	Na^+/(mg/L)	0.28	172.25	9.01	33.11	4.47	19.38
	Ca^{2+}/(mg/L)	14.78	166.10	81.25	30.92	−0.17	0.49
	Mg^{2+}/(mg/L)	0.42	29.16	6.50	6.20	2.09	4.40
	Cl^-/(mg/L)	5.54	85.21	9.34	12.62	5.76	34.76
	SO_4^{2-}/(mg/L)	12.50	290.62	37.14	57.60	4.13	16.49
	HCO_3^-/(mg/L)	12.58	421.59	217.38	85.74	−0.52	0.17
	F^-/(mg/L)	0.49	1.55	0.62	0.19	3.67	15.11
	NO_3^-/(mg/L)	4.13	146.84	22.12	24.19	3.75	17.71
	总硬度（$CaCO_3$）	38.68	534.88	229.70	87.88	0.46	2.73

丰水期的地下水水化学类型，除雷保坳Cz13和礼家洞局部地区为$HCO_3 \cdot SO_4$-Ca外，全区以HCO_3-Ca水化学类型为主。

平水期，$HCO_3 \cdot SO_4$-Ca水化学类型分布面积有所增大，分布在大竹园、礼家洞、平仓岭和牛角湾等区域地区。其余的水样的水化学类型为HCO_3-Ca型。其中万华岩外围地区东北侧燕子河至大树下地区水化学类型为HCO_3-Ca·Mg（表6-12、图6-19）。

表6-12　丰、平水期水化学类型划分表

时段	水化学类型	分布位置	Ca^{2+}/%	Mg^{2+}/%	HCO_3^-/%	SO_4^{2-}/%
丰水期	$HCO_3 \cdot SO_4$-Ca	雷保坳Cz13和礼家洞村	63.21～54.29		50.37～53.89	44.26～29.60
	HCO_3-Ca	大范围分布	84.13～94.56		84.55～94.65	
平水期	HCO_3-Ca·Mg	分布在万华岩外北东侧燕子河至大树下地区	52.78～83.73	27.80～44.03	75.93～85.85	
	$HCO_3 \cdot SO_4$-Ca	Cz22、Cz27、Cz40、Cz44和Cz45，在大竹园、礼家洞、平仓岭和牛角湾地区	79.42～88.16		30.65～65.50	26.55～45.09
	HCO_3-Ca		41.52～94.12		70.3～89.58	

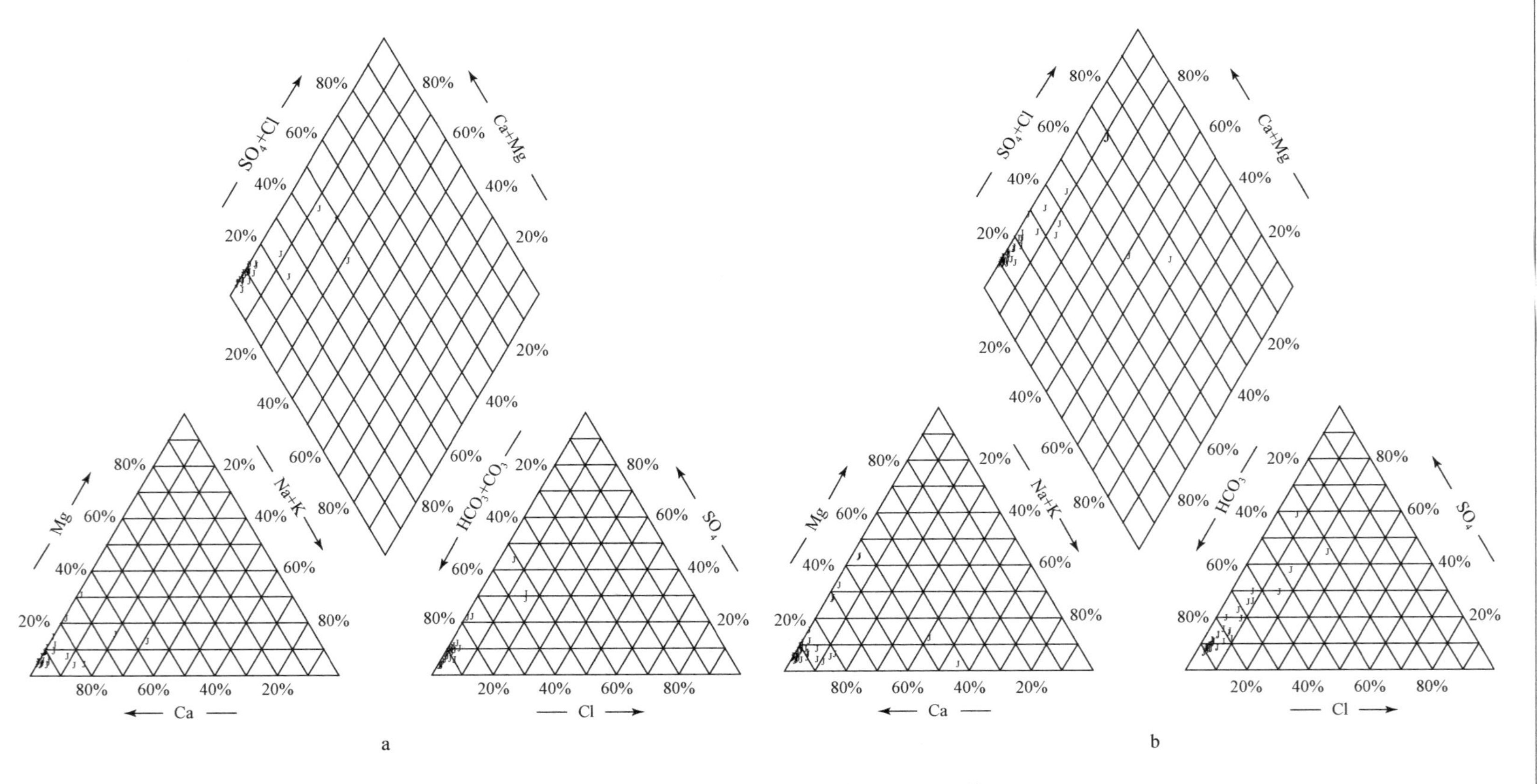

图6-19　研究区丰水期（a）和平水期（b）三线图

6.2.3　多元统计因子分析和聚类分析

1. 因子分析

对丰水期 27 个水样的 11 个指标变量进行相关分析和因子分析得到地下水化学组分之间的相关系数矩阵，其相关系数矩阵的特征值和累计方差贡献率（表 6-13），方差极大旋转法因子载荷矩阵（表 6-14）。4 个主因子累计方差贡献率达到 86.287%，分别为：

第一主因子 F_1 以 Na^+、Cl^-、SO_4^{2-} 和 NO_3^- 为主，贡献率 49.55%，因子荷载最大。

第二主因子 F_2 方差贡献率 16.0%，以 Ca^{2+}、HCO_3^- 和总硬度为主，因子荷载大于 0.9。

第三主因子 F_3 方差贡献率为 11.261%，其中 K^+ 的因子荷载均较大，为 0.943。

第四主因子 F_4 方差贡献率为 9.48%，主要由 F^- 构成，这与秀凤有色金属矿密切相关。

表 6-13　丰水期地下水化学成分相关矩阵的特征值和方差贡献率

成分	初始特征值		
	合计	方差贡献率/%	累计方差贡献率/%
1	5.450	49.549	49.549
2	1.760	16.000	65.549
3	1.239	11.261	76.810
4	1.042	9.477	86.287
5	0.813	7.395	93.682
6	0.402	3.656	97.338
7	0.241	2.189	99.527
8	0.035	0.318	99.845
9	0.015	0.139	99.984
10	0.002	0.016	100.000
11	0.000	0.000	100.000

表 6-14　丰水期地下水各指标的旋转因子载荷矩阵

成分因子	F_1	F_2	F_3	F_4
pH	0.500	0.041	-0.127	-0.330
K^+	-0.026	-0.088	0.943	0.052
Na^+	0.905	0.274	0.042	0.218
Ca^{2+}	0.289	0.930	0.045	-0.039

续表

成分因子	F_1	F_2	F_3	F_4
Mg^{2+}	0. 551	0. 564	-0. 150	-0. 047
Cl^-	0. 917	0. 268	0. 176	-0. 141
SO_4^{2-}	0. 921	0. 339	0. 023	0. 095
HCO_3^-	0. 070	0. 988	-0. 053	-0. 005
F^-	0. 029	-0. 032	-0. 026	0. 955
NO_3^-	0. 601	0. 151	0. 562	-0. 375
总硬度（$CaCO_3$）	0. 383	0. 922	-0. 001	-0. 044
特征值	5. 450	1. 760	1. 239	1. 042
方差贡献率/%	49. 549	16. 000	11. 261	9. 477
累计方差贡献率/%	49. 549	65. 549	76. 810	86. 287

对平水期41个水样进行相关分析，同样建立化学组分之间的相关系数矩阵、得到累计方差贡献率（表6-15）、载荷矩阵（表6-16）。主因子数量与丰水期不同，平水期3个，它们的累计方差贡献率为79. 120%，其中第一、第二主因子与丰水期基本相同，分别为：

第一主因子 F_1 方差贡献率45. 64%，包括 Na^+、Cl^-、SO_4^{2-} 和 NO_3^-，与丰水期相同。

第二主因子 F_2 方差贡献率21. 85%，包含 Ca^{2+}、HCO_3^- 和总硬度，也与丰水期相同。

第三主因子 F_3 方差贡献率为11. 634%，主要由 K^+、F^-、总硬度构成。

表6-15　平水期地下水化学成分相关矩阵的特征值和方差贡献率

成分	初始特征值		
	合计	方差贡献率/%	累计方差贡献率/%
1	5. 020	45. 640	45. 640
2	2. 403	21. 846	67. 486
3	1. 280	11. 634	79. 120
4	0. 904	8. 219	87. 340
5	0. 808	7. 344	94. 683
6	0. 401	3. 644	98. 327
7	0. 121	1. 103	99. 430
8	0. 049	0. 442	99. 872
9	0. 013	0. 118	99. 990
10	0. 001	0. 010	100. 000
11	0. 000	0. 000	100. 000

表 6-16　平水期地下水各指标的旋转因子载荷矩阵

成分因子	F_1	F_2	F_3
pH	0.141	-0.593	-0.488
K^+	0.038	0.003	0.805
Na^+	0.962	0.075	0.166
Ca^{2+}	0.292	0.886	-0.006
Mg^{2+}	0.519	0.38	-0.297
Cl^-	0.934	0.241	-0.069
SO_4^{2-}	0.93	0.087	0.245
HCO_3^-	0.207	0.919	-0.094
F^-	0.431	-0.477	0.59
NO_3^-	0.675	0.399	-0.098
总硬度（$CaCO_3$）	0.407	0.889	-0.091
特征值	5.02	2.403	1.28
方差贡献率/%	45.64	21.846	11.634
累计方差贡献率/%	45.64	67.486	79.12

2. 聚类分析

聚类分析（cluster analysis）是研究分类问题的一种多元统计方法。首先认为所研究的样品或指标（变量）之间存在着程度不同的相似性（亲疏关系）。再根据一批样品的多个观测指标具体找出一些能够度量样品或指标之间相似程度的统计量，以这些统计量为划分类型的依据，把一些相似程度较大的样品（或指标）聚合为一类，把另一些彼此之间相似程度较大的样品（或指标）聚合为另一类；关系密切的聚合到一个小的分类单位，关系疏远的聚合到一个大的分类单位，把不同类型一一划分出来，形成一个由小到大的分类系统。在水文地质学的研究中，涉及分类的问题很多，如地下水水质类型划分与评价、含水层富水性（带）划分等。

利用聚类分析法对大量地下水样品进行分析，分析地下水样品的相似性，能有效地将不同类别的样品分离出来，有助于研究地下水水化学特征的分布规律。本次采用 Q 型聚类分析对研究区地下水样品进行分类，首先选择标准化方法（即每一变量值与其平均值之差除以该变量的标准差）作为数据无量纲化方法，然后选用欧式平方距离计算样品间的距离，选择离差平方和作为分层聚类的方法，最终用聚类谱系图直观地表现出来。

通过对研究区丰水期 27 个、平丰水期 41 个地下水化学样品进行 Q 型聚类分析，使具有相似特征的水化学样品聚在一起，得到了丰水期聚类分析谱系图（图 6-20）、平水期聚类分析谱系图（图 6-21）。

从丰水期、枯水期聚类分析谱系图可知，分类结果基本相同。当类间距离<15 时，分类效果较好，可划分为Ⅰ和Ⅱ类。Ⅰ类在整个研究区内均有分布，在各项离子浓度方面都处在一个较为正常的范围内，Ⅱ类水仅 Cz13 一点，分布在雷保坳地区，其 Na^+、Ca^{2+}、Mg^{2+}、Cl^-、SO_4^{2-} 的浓度均较高，与其他区域的水点具有明显差异，为本区典型水点。

1）丰水期Ⅰ类细分类结果

丰水期Ⅰ类水按照类间聚类的差异可划分为$Ⅰ_1$、$Ⅰ_2$、$Ⅰ_3$ 和$Ⅰ_4$ 四类：

$Ⅰ_1$ 类水分布在研究区的南北两端（叮当岭、礼家洞和平仓岭一带），其 Ca^{2+}、Mg^{2+}、HCO_3^- 和总硬度含量很低，属于花岗岩区外援水或地表水特征。

$Ⅰ_2$ 类水分布在牛角湾和张家湾，F^-、SO_4^{2-}、Na^+的浓度偏高，这与秀凤有色金属矿有密切的关系，矿区开采产生了尾矿，直接对水体中的水化学组分产生了影响。

$Ⅰ_3$ 类水分布在赤竹坪和栏牛岭一带，K^+和 NO_3^- 的含量较高。

$Ⅰ_4$ 类水分布在整个流域内岩溶区，分布面积广，水化学类型为 HCO_3-Ca 型，代表一般典型的岩溶水特征。

2）平水期Ⅰ类细分类结果

平水期Ⅰ类水按照类间聚类的差异也可划分为四类，与丰水期分类结果有差异：

$Ⅰ_1$ 类水分布在秀凤有色金属矿处（Cz43），Na^+、SO_4^{2-}、F^-的浓度较高。

$Ⅰ_2$ 类水分布较为分散，在赤竹坪、大竹园、礼家洞、牛角湾等地均有分布，其主要特征是各化学指标值相对较低。

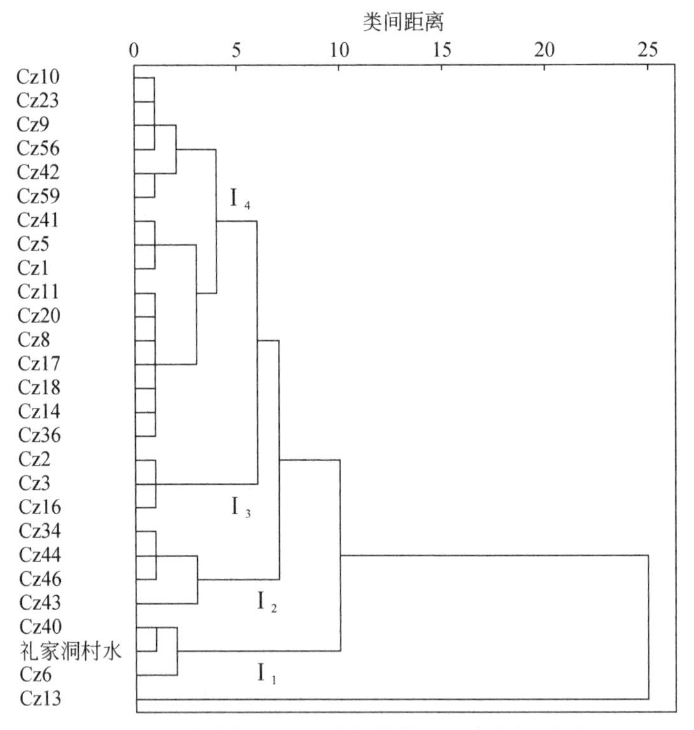

图 6-20　丰水期地下水水化学样品聚类分析谱系图

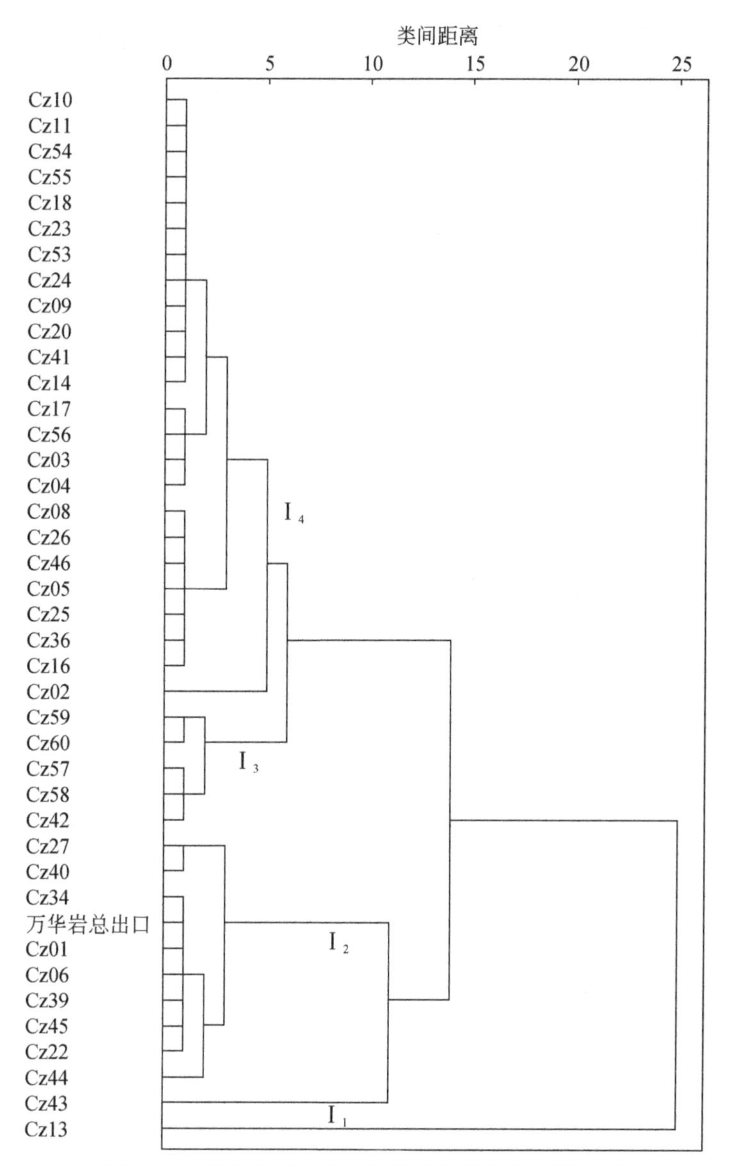

图6-21　平水期地下水水化学样品聚类分析谱系图

Ⅰ$_3$类主要分布在研究区的东侧（燕子河至大树下一带），其中Mg^{2+}的浓度相对较高。

Ⅰ$_4$类水水点数量最多，分布也最广，其Ca^{2+}、HCO_3^-和总硬度值较高，其他离子浓度较为正常，是典型岩溶水的特征。

6.3　鱼泉地下河水化学动态特征

1. 季节性变化特征

1）地下水水温动态特征

地下水水温变化范围12.82～17.06℃，年变化幅度4.24℃，年平均水温15.34℃

(表6-17)。12月至次年3月枯水期，由于流量小，积满整个库容需要1天或几天，地下水水温在库区淤积过程中易受低气温变化影响，水温偏低，一般在12.82～14.5℃；4～6月和10～11月平水期，水温高于枯水期，一般在14.3～16.0℃；7～9月，水温最高，一般大于15.80℃（图6-22）。

表6-17　鱼泉地下河出口地下水水质主要特征值

特征值	水温/℃	pH	SpCond/(μS/cm)	TDS/(mg/L)	水位/m
最小值	12.82	7.52	242.40	155.10	0.17
最大值	17.06	8.88	408.00	261.10	3.26
平均值	15.34	7.88	304.48	194.85	1.37
极差	4.24	1.36	165.60	106.00	3.10

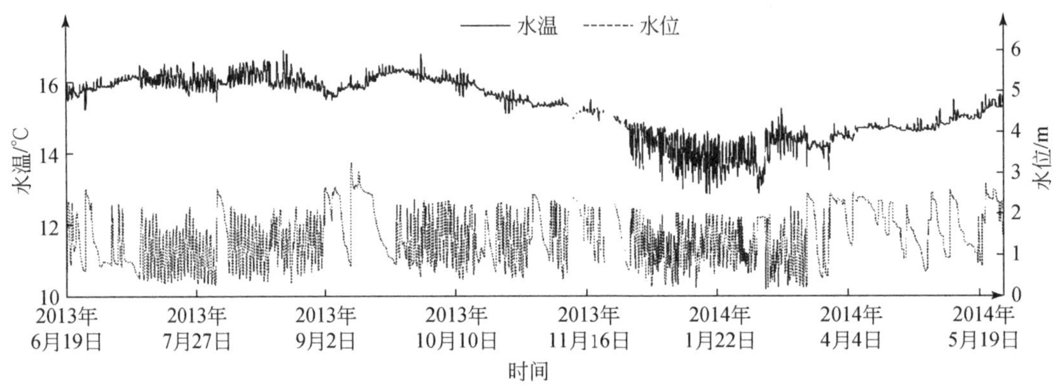

图6-22　鱼泉地下水温动态图

2）地下水pH动态特征

地下水pH最低7.52，最高8.88，年变幅1.36；pH年平均值为7.88。在监测期间，7～9月，pH最低，一般小于7.8；6～11月，pH中等，变化区间为7.7～8.0；12月至次年5月pH为高值时段，多数大于8.0，其中4～5月剧烈波动（图6-23）。

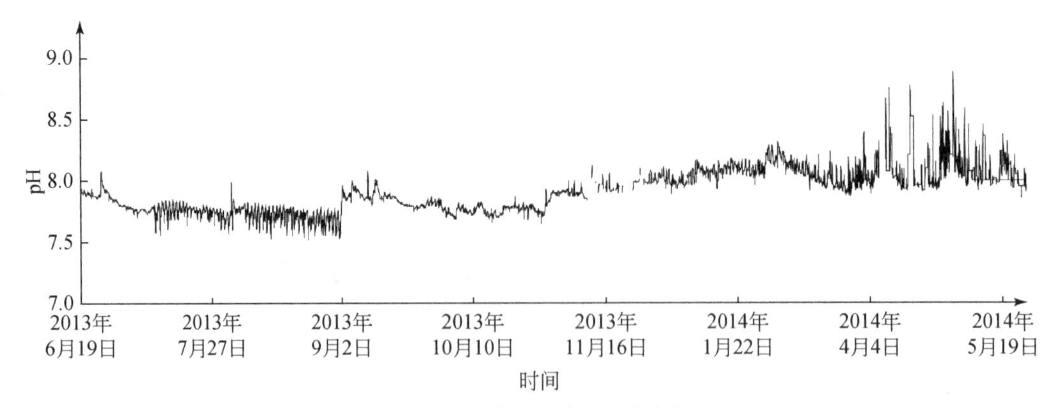

图6-23　鱼泉地下水pH动态图

3）TDS、SpCond 动态特征

鱼泉地下河出口地下水的 TDS 与 SpCond 关系式为

$$y = 0.64x - 0.0295 \tag{6-4}$$

TDS 变化范围 151.1～261.1mg/L，平均值为 194.85 mg/L；SpCond 变化范围 242.4～408.0μS/cm，平均值为 194.85μS/cm。在 2013 年 6 月～2014 年 6 月监测期内，TDS、SpCond 动态曲线出现多个波峰形态，不具典型的枯、平、丰水期动态特征；其中在6月下旬至7月中旬、9月下旬至10月中旬，以及整个4月为3个低值区，而在7月下旬至整个8月、11月至次年3月，以及5月下旬至6月监测期末为3个峰值区（图6-24）。

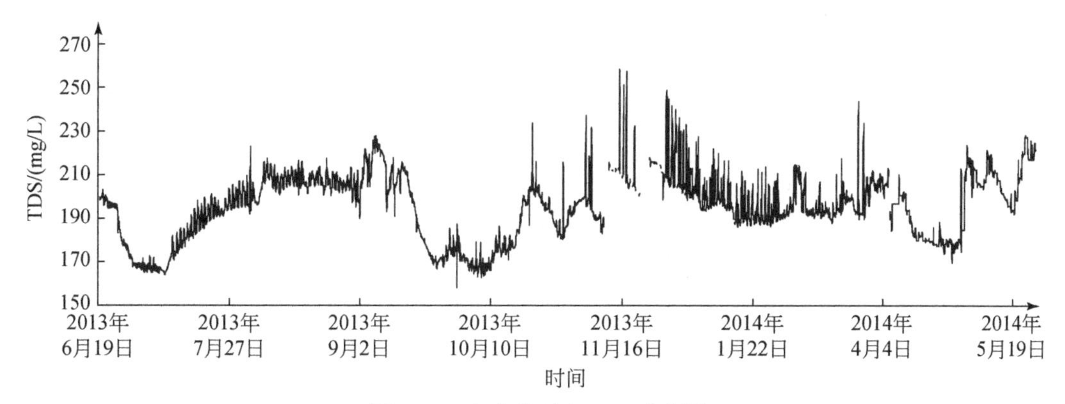

图6-24　鱼泉地下水 TDS 动态图

2. 日变化特征

鱼泉地下河出口为一个用于发电的微型水库，库容为日调节型，水位动态表现为日周期变化，以 2013 年 7 月 15～17 日 3 天的动态为例（图6-25），通常水库管理员 8:00 开闸放水发电，水位逐渐下降，到 16:00 为 0.45m 左右，此时为死库容并关闸蓄水，水位逐渐回升，因此，每日水位形成一个周期性波峰，16:00 水位最低，8:00 水位最高。水温、pH 以及 TDS 也随日水位变化而变化，其中 pH 与日水位动态为逆相关关系，低水位时，pH 为峰值，高水位期，变为谷值区（图6-25a）；TDS 与日水位动态则表现为正相关关系，两者的峰值、谷值区基本同步吻合（图6-25b）。鱼泉地下河出口这种独特的水位及其水质动态，致使水温（图6-22）、pH（图6-23）以及 TDS 动态（图6-24）不是一条连续平滑曲线，看上去为锯齿状震荡型曲线。

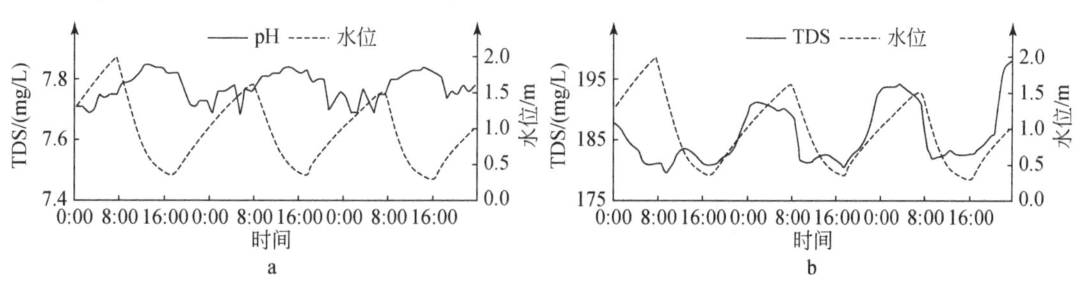

图6-25　鱼泉地下水 pH（a）和 TDS（b）日动态图

3. 水化学类型及其变化

在 2012 年 9 月（平水期）、12 月（枯水期）对鱼泉地下河系统内的泉水、地下河总出口、水库、地表溪沟及钻孔等共计 35 个点进行了样品采集。枯水期内的各化学指标的平均值都比平丰水期内各指标的平均值大（表 6-18）。

表 6-18　平水期和枯水期地下水化学指标统计值

季节	指标	最小值	最大值	均值
平水期（35 组）	pH	7.23	9.11	8.07
	Na^{+}/(mg/L)	0.00	9.92	1.70
	K^{+}/(mg/L)	0.19	5.90	1.64
	Ca^{2+}/(mg/L)	5.90	98.89	58.84
	Mg^{2+}/(mg/L)	1.12	18.31	5.56
	Cl^{-}/(mg/L)	1.41	15.87	4.79
	SO_4^{2-}/(mg/L)	0.74	79.73	16.76
	HCO_3^{-}/(mg/L)	24.79	335.65	170.65
	NO_3^{-}/(mg/L)	0.32	39.82	11.66
	总硬度（$CaCO_3$）	25.89	310.72	169.86
	矿化度/(mg/L)	45.00	377.00	204.76
枯水期（31 组）	pH	7.07	8.61	7.93
	Na^{+}/(mg/L)	0.44	4.31	2.34
	K^{+}/(mg/L)	0.29	4.34	1.76
	Ca^{2+}/(mg/L)	9.91	113.11	67.53
	Mg^{2+}/(mg/L)	0.86	32.98	10.25
	Cl^{-}/(mg/L)	1.68	11.20	5.23
	SO_4^{2-}/(mg/L)	15.98	133.75	53.02
	HCO_3^{-}/(mg/L)	22.51	341.75	172.80
	NO_3^{-}/(mg/L)	1.23	38.81	19.99
	总硬度（$CaCO_3$）	25.85	280.26	210.83
	矿化度/(mg/L)	64.00	508.50	265.52

1）平水期水化学类型

根据舒卡列夫分类原则，将平水期水化学类型分为四种：

HCO_3-Ca · Mg 型，包括 S001 水库取样点，分布在研究区最北侧的志留纪地层中，阳离子以 Ca^{2+}、Mg^{2+} 为主，毫摩尔百分含量分别为 54.21%、41.06%，阴离子以 HCO_3^{-} 为主，毫摩尔百分含量为 64.86%。

HCO_3 · NO_3-Ca 型，包括 JC01 取样点，分布在研究区西侧的子房沟，阳离子以 Ca^{2+} 为主，Ca^{2+} 毫摩尔百分含量为 88.21%，阴离子以 HCO_3^{-}、NO_3^{-} 为主，毫摩尔百分含量分别为 28.06%、59.79%。

$HCO_3 \cdot SO_4$-$Ca \cdot Mg$ 型，包括 JC03 取样点，分布在研究区东侧，阳离子以 Ca^{2+}、Mg^{2+} 为主，Ca^{2+}、Mg^{2+}毫摩尔百分含量分别为 72.74%、26.07%，阴离子以 HCO_3^-、SO_4^{2-} 为主，毫摩尔百分含量分别为 68.97%、27.34%。

其余的水样水化学类型为 HCO_3-Ca 型，其阳离子以 Ca^{2+} 为主，毫摩尔百分含量为 70.21%~95.28%，其阴离子以 HCO_3^- 为主，毫摩尔百分含量为 65.56%~94.34%。

2）枯水期水化学类型

根据舒卡列夫分类原则，将枯水期水化学类型分为三种：

$HCO_3 \cdot SO_4$-Ca 型，包括 S087、S069、S144、S091、Y139、羊水河，分布于碳酸盐岩广泛出露区，阳离子以 Ca^{2+}为主，毫摩尔百分含量为 74.37%~89.24%；阴离子以 HCO_3^-、SO_4^{2-} 为主，毫摩尔百分含量分别为 53.11%~66.49%、25.18%~37.25%。

$HCO_3 \cdot SO_4$-$Ca \cdot Mg$ 型，包括 S114、S135、S132、S073、S138、S145、S151，分布于南东侧，阳离子以 Ca^{2+}、Mg^{2+}为主，毫摩尔百分含量分别为 57.92%~70.24%、26.83%~39.76%；阴离子以 HCO_3^-、SO_4^{2-} 为主，毫摩尔百分含量分别为 47.61%~64.59%、25.62%~42.45%。

其余的水样水化学类型为 HCO_3-Ca 型，其阳离子以 Ca^{2+} 为主，毫摩尔百分含量为 60.74%~95.08%，其阴离子以 HCO_3^- 为主，毫摩尔百分含量为 33.81%~86.38%。

3）地下水矿化度特征

枯水期矿化度最小值为 64.00mg/L、最大值为 508.50mg/L、均值为 265.52mg/L，平水期矿化度最小值为 45.00mg/L、最大值为 377.00mg/L、均值为 204.76mg/L，枯水期矿化度大于平水期。

分布于志留系（S_2lr）的水样矿化度枯水期为 45.00mg/L、平水期为 64.00mg/L；二叠系（P）的水样的矿化度枯水期为 184.50mg/L、平水期为 145.00mg/L；下三叠统（T_1）的水样的矿化度枯水期均值为 260.55mg/L、平水期均值为 211.63mg/L。志留系水样的矿化度最低，二叠系次之，三叠系中的矿化度最高。

6.4　大小井地下河水化学动态特征

1. 地下河出口水化学动态

1）地下水水温动态特征

大小井地下河总出口水温变化范围为 16.73~22.05℃，最大温差 5.32℃，平均值为 18.87℃（表 6-19）。气温对地下水温度影响比较明显，4 月上旬一场降水后随着气温升高，地下水温逐渐上升，到 8~9 月达到最高温度，并随 11 月上旬一场降水，地下水温快速下降。2014 年 4 月~2015 年 3 月整个年度可划分为 3 个阶段，2014 年 4~6 月水温上升期，变化范围为 18.00~20.00℃；7~10 月高温期，水温大于 20.0℃；2014 年 11 月~2015 年 3 月低水温时段，水温小于 18.2℃（图 6-26）。

表 6-19　大小井出口地下水特征值

特征值	水温/℃	pH	SpCond/(μS/cm)	TDS/(mg/L)	水位/m
最小值	16.73	8.10	281.30	180.00	0.29
最大值	22.05	8.48	354.90	227.10	4.30
平均值	18.87	8.31	327.54	209.61	1.08
极差	5.32	0.38	73.60	47.10	4.00

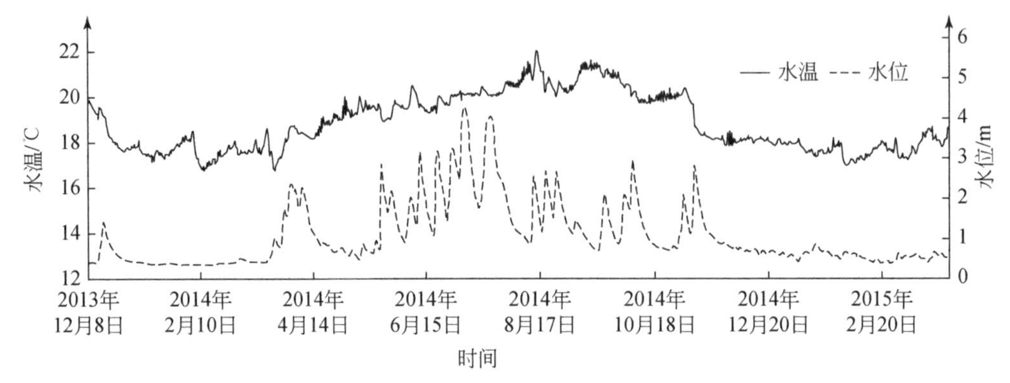

图 6-26　大小井地下河出口水温动态图

大小井水温随水位的关系较复杂，在不同时间段呈负相关、正相关以及不相关三种关系。正相关关系以 4 月上旬降水过程最为明显，水温上升和下降过程与水位上升与下降过程基本吻合；6～9 月多次降水过程水位上升下降过程中，水温也出现上升或下降，但相关性差；10 月上旬和 11 月中旬两次水位上升下降过程则表现为水温下降。

2）pH 动态特征

大小井地下河出口地下水的 pH 相对较稳定，变化范围小，为 8.10～8.48，变幅 0.38，平均值为 8.31。pH 年内变化可划分为低值、高值两个时段（图 6-27）；2014 年 6～10月以及 2015 年 6 月 pH 为低值时间段，变化区间为 8.10～8.30，多为 8.20；2014 年 4～5 月和 2014 年 11 月～2015 年 5 月 pH 稍高，变化区间为 8.30～8.48，多数为 8.35。

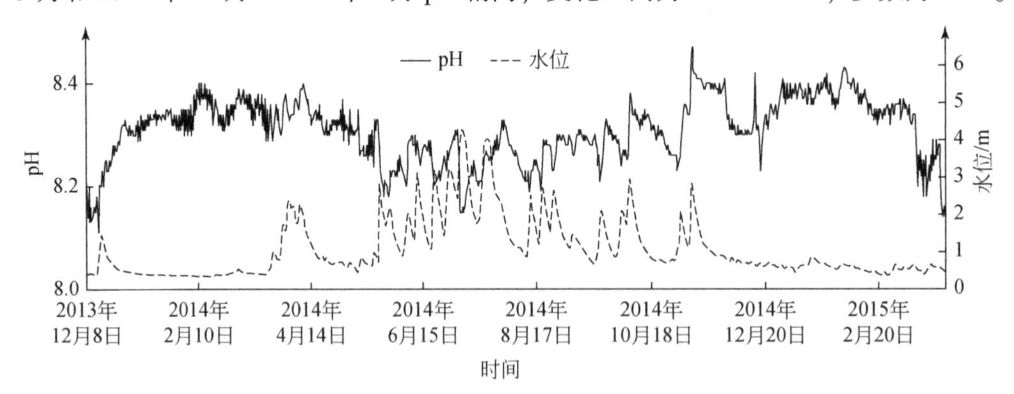

图 6-27　大小井地下河出口 pH 动态图

pH与大小井出口水位（流量）的关系大体上存在枯水期为高值区，雨水期对应低值区。在动态图中，2014年1～2月和2014年12月～2015年5月水位长期处于枯水期水位，对应的pH则为高值，而在2014年6～10月强降水期，地下河水位在高水位区间震荡，对应的pH为低值区。

对于一个短期的降水过程，pH与大小井出口水位存在多种相关关系，如2014年4月上旬的降水过程所形成的水位波峰与pH的上升波峰为正相关关系、2014年9月20日降水后的水位波峰则与pH的下降波峰为逆相关关系。受汇水面积大和径流距离长等水文地质条件控制，以及多次降水过程的叠加影响，在2014年6～10月中，水位和pH的波峰不存在一一对应的正或逆相关关系。

3）TDS、SpCond动态特征

大小井地下河出口地下水的TDS和SpCond的关系式为

$$y = 0.64x - 0.0136 \tag{6-5}$$

TDS变化范围180～227.1mg/L，变幅47.1mg/L，平均值209.61mg/L。SpCond变化范围281.3～354.9μS/cm，变幅73.6μS/cm，平均值327.54μS/cm。

TDS、SpCond与总出口水位总体呈逆相关关系为主。以TDS动态为例（图6-28），在较长时间序列上，2014年1～2月和2014年12月～2015年5月枯水期比2014年4～10月雨水期稍高；在短期时间序列上，2014年12月中旬降水过程，即水位动态曲线最左边的波峰对应一个TDS下降波峰，2014年7月上中旬两次强降水所形成的最高两个水位波峰则对应两个TDS下降波峰。

部分波形受滞后影响，存在多种相关特征。当强降水时，地下河出口的TDS、SpCond快速降低，当降水停止后，又快速回升，而此时，上游大面积的降水补给还没有到达地下河出口，即地下河出口的水位（流量）高峰滞后。这种TDS、SpCond波峰比水位（流量）波峰先于到达；这种动态特征，以2014年3月底、2014年11月上旬两次波峰对应关系最为典型。

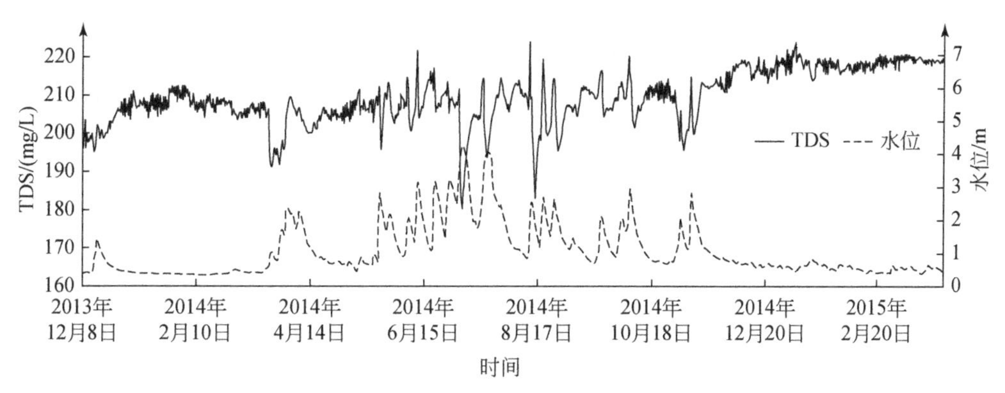

图6-28　大小井地下河出口TDS动态图

2. 多元统计分析

2014年4月、10月水样的主要含量统计结果见表6-20，对比10月和4月样品检测结果，10 月地下水中 Cl^-、SO_4^{2-}、NO_3^- 都有所降低，主要阴离子由 Cl^-、SO_4^{2-}、NO_3^- 转变为 HCO_3^-，地下水化学类型逐步向 HCO_3^- 过渡。相应的阳离子 K^+、Na^+、Ca^{2+}、Mg^{2+}和综合指标 TDS 均有不同程度升高。

表 6-20　大小井地下河系统水化学成分统计表

项目		范围	极小值	极大值	平均值	标准差	方差	偏度	峰度
2014 年 4 月（24 个样品）	pH	0. 270	7. 110	7. 380	7. 214	0. 061	0. 004	0. 885	0. 829
	K^++Na^+	3. 150	0. 350	3. 500	1. 273	0. 808	0. 653	1. 259	1. 111
	Ca^{2+}	34. 780	38. 990	73. 770	54. 540	7. 952	63. 228	0. 504	0. 398
	Mg^{2+}	14. 810	0. 520	15. 330	4. 296	3. 489	12. 175	2. 291	5. 551
	Cl^-	1. 880	1. 300	3. 180	2. 032	0. 556	0. 309	0. 767	−0. 768
	SO_4^{2-}	26. 450	8. 530	34. 980	19. 453	7. 302	53. 323	0. 680	−0. 335
	HCO_3^-	179. 690	89. 050	268. 740	156. 404	36. 366	1322. 494	1. 599	3. 707
	F^-	0. 215	0. 035	0. 250	0. 091	0. 051	0. 003	1. 491	2. 768
	NO_3^-	14. 180	3. 050	17. 230	7. 379	3. 558	12. 658	1. 614	2. 273
	总硬度	131. 970	109. 150	241. 120	153. 897	27. 506	756. 570	1. 463	3. 547
	TDS	125. 985	125. 695	251. 680	167. 370	27. 239	741. 977	1. 303	2. 820
2014 年 10 月（28 个样品）	pH	0. 930	7. 050	7. 980	7. 596	0. 228	0. 052	−0. 466	0. 239
	K^++Na^+	2. 980	0. 350	3. 330	1. 359	0. 790	0. 624	0. 831	0. 254
	Ca^{2+}	51. 770	45. 710	97. 480	61. 289	10. 235	104. 754	1. 457	4. 774
	Mg^{2+}	15. 760	0. 310	16. 070	5. 086	3. 069	9. 421	1. 743	5. 155
	Cl^-	1. 760	1. 040	2. 800	1. 714	0. 487	0. 237	0. 396	−0. 783
	SO_4^{2-}	18. 760	4. 380	23. 140	14. 197	4. 564	20. 828	0. 103	−0. 206
	HCO_3^-	152. 600	120. 810	273. 410	183. 712	30. 831	950. 546	0. 848	2. 006
	F^-	0. 130	0. 010	0. 140	0. 093	0. 028	0. 001	−0. 405	1. 549
	NO_3^-	19. 740	2. 140	21. 880	6. 468	3. 814	14. 545	2. 556	9. 487
	总硬度	114. 500	130. 220	244. 720	173. 998	26. 466	700. 430	0. 553	0. 816
	TDS	117. 020	136. 535	253. 555	182. 457	26. 688	712. 273	0. 455	0. 780

注：表中除 pH 以外，其他项目单位均为 mg/L

通过对化学分析结果开展因子分析，得到大小井地下河系统地下水化学成分间的相关系数表（表 6-21）。可以看出 Ca、HCO_3^- 与总硬度、TDS 显著相关；总硬度、TDS 主要受 Ca^{2+}、HCO_3^- 影响；Cl^-、SO_4^{2-} 与 K^+、Na^+显著相关。

表6-21　大小井地下河系统地下水化学成分 Pearson 相关系数

项目		pH	K^++Na^+	Ca^{2+}	Mg^{2+}	Cl^-	SO_4^{2-}	HCO_3^-	F^-	NO_3^-	总硬度	TDS
4月共24个样品	pH	1										
	K^++Na^+	0.17	1									
	Ca^{2+}	-0.14	0.05	1								
	Mg^{2+}	0.1	0.25	0.27	1							
	Cl^-	0.01	0.91	0.23	0.19	1						
	SO_4^{2-}	-0.02	0.69	-0.08	-0.23	0.7	1					
	HCO_3^-	0	-0.02	0.79	0.75	0.05	-0.42	1				
	F^-	-0.25	0.12	-0.04	-0.23	0.25	0.33	-0.26	1			
	NO_3^-	-0.2	0.04	0.35	0.05	0.29	-0.16	0.22	0.53	1		
	总硬度	-0.05	0.17	0.86	0.72	0.27	-0.18	0.96	-0.15	0.28	1	
	TDS	-0.05	0.28	0.88	0.67	0.4	-0.05	0.91	-0.05	0.35	0.99	1
10月共28个样品	pH	1										
	K^++Na^+	-0.46	1									
	Ca^{2+}	0.03	-0.07	1								
	Mg^{2+}	-0.15	0.29	-0.17	1							
	Cl^-	-0.2	0.78	0.06	0.32	1						
	SO_4^{2-}	-0.35	0.72	0.16	0.18	0.59	1					
	HCO_3^-	-0.08	-0.03	0.83	0.32	0.08	0.03	1				
	F^-	0.16	0.01	0.21	0.05	0.37	0.21	0.09	1			
	NO_3^-	0.32	-0.14	0.22	-0.15	0.33	-0.11	0.03	0.35	1		
	总硬度	-0.04	0.08	0.88	0.31	0.21	0.24	0.95	0.23	0.15	1	
	TDS	-0.06	0.13	0.9	0.25	0.28	0.3	0.93	0.24	0.21	0.99	1

利用 SPSS 19.0 软件进行主成分因子分析，计算出研究区地下水化学成分的特征值和方差累计贡献率（表6-22）。并由该表确定研究区影响地下水水质的4个主成分。其中4月3个主成分累计贡献率80.78%；10月4个主成分累计贡献率85.39%，所选择的因子可反映水样绝大部分的信息，主因子所代表的信息量占整个样本信息量的88.73%和85.39%。

表6-22　水化学成分相关矩阵的特征值及方差累计贡献率

序号	4月水样				10月水样			
	成分	特征值	方差贡献率/%	累计贡献率/%	成分	特征值	方差贡献率/%	累计贡献率/%
1	Ca^{2+}，HCO_3^-，Mg^{2+} 总硬度，TDS	4.45	40.44	40.44	Ca^{2+}，HCO_3^- 总硬度，TDS	4.09	37.21	37.21
2	K^+，Na^+，Cl^-，SO_4^{2-}	2.72	24.7	65.13	K^+，Na^+，Cl^-，SO_4^{2-}	2.62	23.79	61.01

续表

序号	4 月水样				10 月水样			
	成分	特征值	方差贡献率/%	累计贡献率/%	成分	特征值	方差贡献率/%	累计贡献率/%
3	pH，F^-	1.72	15.65	80.78	pH，F^-	1.66	15.05	76.06
4	NO_3^-	0.87	7.95	88.73	Mg^{2+}，NO_3^-	1.03	9.33	85.39
5		0.68	6.16	94.88		0.68	6.16	91.55
6		0.42	3.82	98.7		0.57	5.16	96.72
7		0.11	0.96	99.66		0.28	2.58	99.3
8		0.03	0.29	99.95		0.06	0.56	99.86
9		0.01	0.05	100		0.02	0.14	99.99
10		0	0	100		0	0.01	100
11		0	0	100		0	0	100

4 月丰水期、10 月平水期均可划分为 4 类因子，各类主因子比较，除 Mg^{2+} 在 10 月被归类到第四类因子外，其他因子未发生变化，反映在平水期白云岩地层对地下水的影响明显减弱。

第7章　地下河水位和流量动态特征

7.1　寨底地下河动态特征

7.1.1　不同含水介质水位动态特征

7.1.1.1　岩溶管道、岩溶裂隙水动态特征

全区岩溶地下水为岩溶管道水、岩溶裂隙水及其组合，包括表层带岩溶地下水位动态，均表现为剧烈震荡为主，受降水影响非常明显，地下水位对大气降水的响应时间在数十分钟至数小时，水位呈快速上升和快速衰减，体现全区岩溶极其发育，含水介质之间联系通畅。从含水介质组合可细分为两种特征：

第一种，岩溶管道岩溶裂隙水组合类型，这种地区，岩溶管道和岩溶裂隙均比较发育，局部地下水梯度平缓，或局部存在统一地下水流场。地下水动态的波峰形态体现为基座宽、圆弧峰顶或近水平峰顶，有震荡上升或震荡衰减特征，地下水变幅相对小。寨底地下河北部海洋谷地（图7-1）、中心地带国清谷地以及甘野局部（图7-2）等区域的岩溶地下水动态属于该类型。

第二种，岩溶管道水动态类型，或称为典型地下河动态类型，该种区域，岩溶裂隙也强发育，但地下水以岩溶地下河管道集中径流为主，反映的是地下河管道水流动态特征为主。地下水动态的波峰形态体现为基座非常小、尖峰顶，地下水快速上涨到峰顶后快速下降，地下水变幅相对比较大。寨底地下河系统内各地下河天窗如G37、G11、G41、G17等，或位于地下河管道上的监测孔如zk7、zk8、zk17等，皆属于该种类型，其中天窗G37动态如图7-3所示。

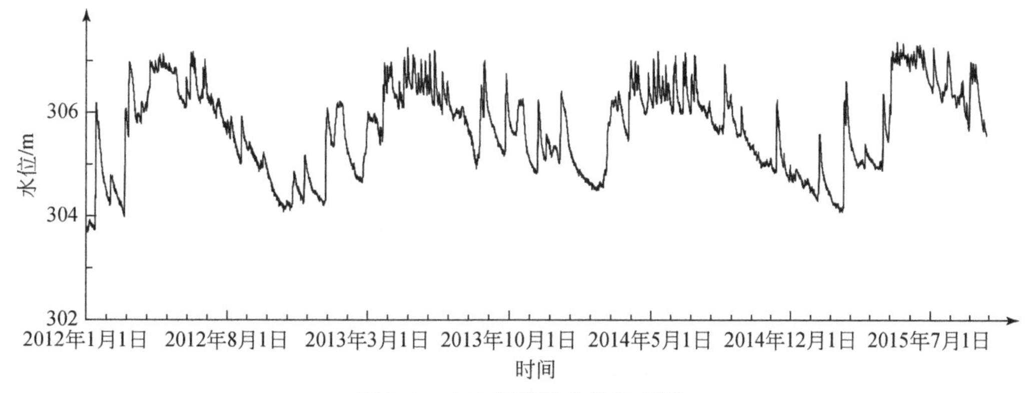

图7-1　zk02监测孔水位动态图

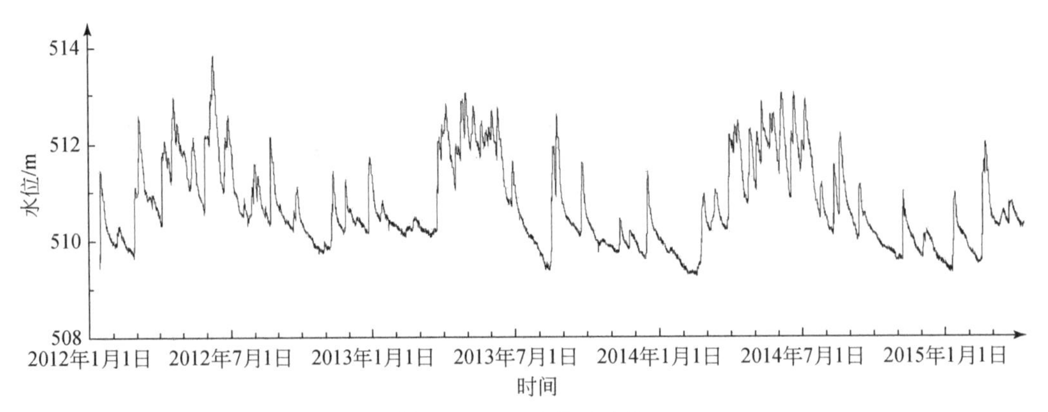

图 7-2　zk14 水位动态图

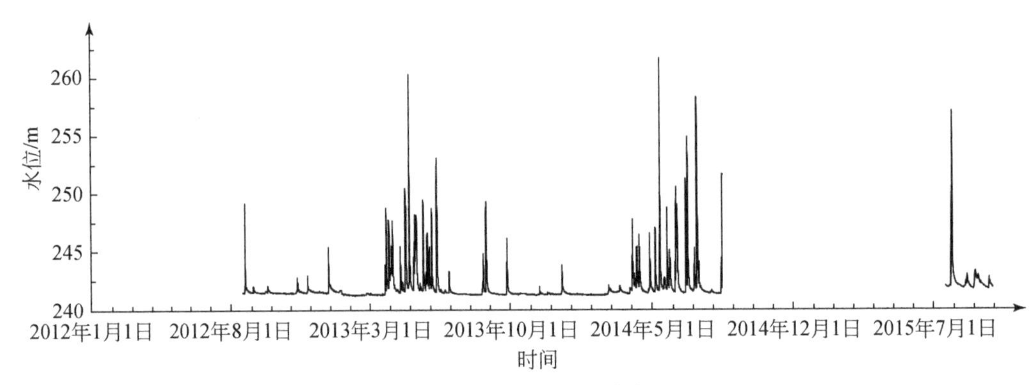

图 7-3　天窗 G37 水位动态图

7.1.1.2　基岩裂隙水动态特征

监测孔 zk15 位于东部甘野洼地碎屑岩区，地层岩性为信都组砂岩、粉砂岩，孔深 60m，揭露岩石破碎、基岩裂隙发育，地下水动态与大气降水也呈密切相关，但动态曲线不呈激烈锯齿形，而表现为缓慢上升、缓慢衰减形态，为一条相对连续平滑的曲线（图 7-4）。碎屑岩区监测孔 zk15 孔与 zk14 位于甘野同一个洼地，两者距离约 300m，zk15 一带的地下水向 zk14 径流，但 zk15 位于两种岩性接触带灰岩区一侧，地下水动态则出现两种不同的动态特征。

图 7-4　zk15 水位季节性变化动态图

7.1.2　水位季节性变化及其降水响应特征

7.1.2.1　水位季节性变化特征

寨底地下河地下水位与大气降水密切相关，总体受大气降水补给控制，丰水期水位高、平水期次之、枯水期水位低，图7-1～图7-4都有以一个水文年周期性变化特征；其中3～5月为水位上升期，5～8月处于高水位，水位在9～12月主要呈缓慢衰减形态，到1～2月则处于低水位。这种特征在甘野碎屑岩裂隙水监测孔zk15（图7-4），由于没有锯齿状可显得季节性和周期性变化更为明显。

7.1.2.2　地下水位对降水快速响应特征

地下水响应时间通常在数小时内，按日降水与日水位动态关系，则降水量与水位动态可视为同步响应关系，即当天下雨，当天水位或流量就出现对应的变化。下面通过zk7和G37两个监测点2012年8月5～6日48h的动态为例说明这种快速响应关系；监测孔zk7距离地下河出口G47约50m，响水岩天窗G37位于地下河下游，距离出口G47约2230m。

2012年8月5日降水54.7mm，6日降水0.4mm；具体主要降水时间为8月5日15:00、16:00、17:00、18:00分别降水14.9mm、17.7mm、12.1 mm、5.7mm。天窗G37、监测孔zk7水位在16:10开始上升，距15:00开始降水的滞后时间为1h10min。天窗G37在8月5日23:20达到最高水位242.42m，距开始下雨的滞后时间为8h20min，高水位242.42m维持30～40min，水位开始衰减。在地下河出口，zk7比天窗G37晚40min达到高水位，即9h后（6日0:00）出现高水位191.86m，该水位维持了40min，6日0:40后水位衰减下降（图7-5）。

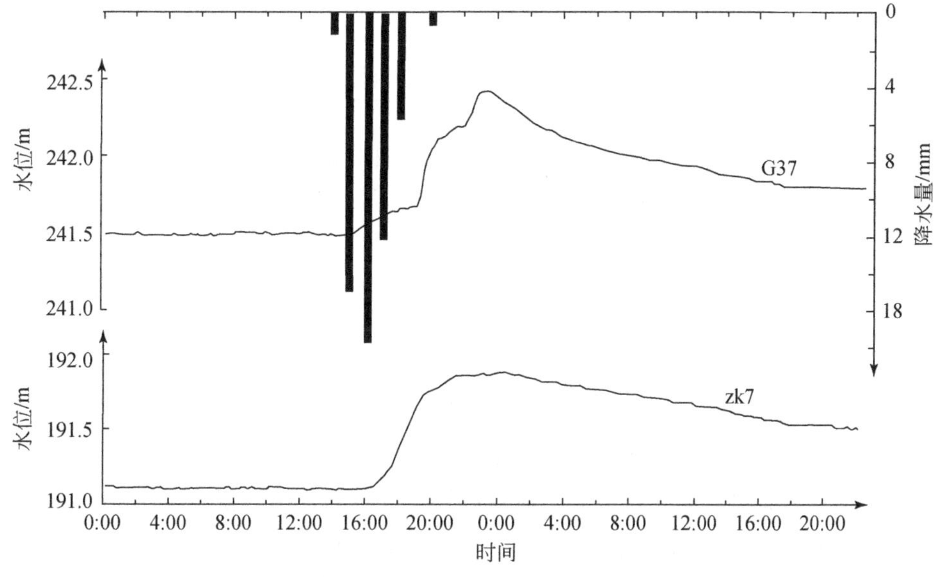

图7-5　2016年8月5～6日小时降水量与水位动态关系图

7.1.2.3　水位变幅及梯度空间分布特征

寨底地下河系统内，地下水位年变幅不具有规律性（表7-1）。从北至南，大体可划分3个地段。

表7-1　寨底地下河水位年变幅一览表

地段		监测点	最低水位/m	最高水位/m	年变幅/m
寨底地下河系统从北至南水位变幅	北部海洋谷地	zk2	303.69	307.38	3.69
		zk3	303.70	308.05	4.35
		zk4	303.35	307.49	4.14
	中北部	zk10	275.34	283.15	7.81
	中南部	zk32	264.93	290.49	25.56
		zk33	265.54	282.16	16.62
		zk34	247.74	273.07	25.33
	下游段	G37	255.18	275.60	20.43
		zk8	201.81	242.18	27.75
		zk9	222.73	238.88	16.15
	地下河出口	zk5	191.16	203.04	11.89
		zk6	190.81	196.46	5.65
		zk7	190.42	196.95	6.53
东究子系统从东至西水位变幅	上游碎屑岩补给区	zk15	527.39	530.03	2.64
	与碎屑岩接触的岩溶区	zk14	508.55	514.05	5.50
	豪猪岩洼地	zk17	292.03	294.63	2.61
		zk20	293.07	294.45	1.38
		zk21	293.85	300.79	6.94
	东究地下河出口	zk11	275.34	281.59	6.25

（1）寨底地下河系统上游海洋谷地区域，zk2、zk3和zk4年变幅在4m左右，为全区水位变幅最小区域。海洋谷地地下水受琵琶塘一带断层等阻隔形成一个相对独立的地下水系统，其水位动态变化不受下游国清谷地等区域地下水动态影响。从地形上推测分析，在更早时期，该区域的地下水分水岭在琵琶塘一带，仅少量的地下水往南向水牛厄泉G30排泄，受溯源侵蚀和袭夺影响，伴随琵琶塘消水洞G29至水牛厄泉G30岩溶通道加大，分水岭往北推移至海洋谷地中部，构成海洋谷地地下水系统独立的动态变化特征，进一步推测，G29至G30的岩溶通道发育到一定阶段，海洋地下水分水岭将向更北区域移动，海洋谷地地下水动态将逐步与下游一带动态保持一致。

（2）地下河系统中部东究地下河出口附近谷地区域（zk10）变幅为7.81m，到地下河系统中南部区域，变幅增大，zk32、zk33、zk34的变幅分别达25.56m、16.62m、25.33m。国清谷地南端，即zk32-zk34-G37一带，整个寨底地下河系统的地下水均通过G37排泄，谷地南端区域的地下水动态主要受天窗G37的管道结构、大小、径流排泄能力控制，在每年1至数次暴雨期间，从zk32至G37一带全部受淹，形成高水位，降水停止后，补给减少，水位快速衰减，至枯水季节，水位衰减至低位，导致年水位变幅大。

（3）下游段G37、zk8和zk9水位变幅分别为20.43m、27.75m、16.15m，出口段zk5、zk6和zk7变幅为5.65~11.89m。下游段G37-zk8-zk7-G47段，水位年变幅大形成的原因与国清谷地南端水位变化大受G37天窗控制原理基本相同，推测在地下河出口及其附近存在一段相对狭小管道，该段管道过水能力小导致淤塞，形成暴雨期的高水位，当然，不排除该段狭小管道段也是导致国清谷地南端巨大水位变幅的原因。

从东到西水位变幅特征，以东究地下河子系统为例，中间地段豪猪岩洼地（zk17、zk20、zk21）水位变幅最小，在1.3~2.6m；上游甘野一带与碎屑岩区接触的灰岩区、下游出口段年水位变幅均大于5.0m。究其原因，zk17、zk20和zk21所处的豪猪岩洼地区域存在溶潭、洞穴等大型储水空间，地下水水力梯度平缓，且往下游排泄通畅，导致水位变幅小。

根据2012年10月监测数据，结合部分地下河进口、出口地面高程计算得到寨底地下河系统内部同地段的水力坡度（表7-2）。

表7-2 主要地段地下水水力坡度表

序号	起点			终点			水位差/m	距离/m	梯度/‰
	地名	编号	水位/m	地名	编号	水位/m			
1	甘野	zk14	511.6	豪猪岩	G11	303.6	208.0	2950.1	70.51
	豪猪岩	G11	303.6	东究	G32	281.9	21.7	1343.7	16.15
2	邓塘	G06	311	钓岩	G16	309.0	2.0	782.5	2.56
3	小桐木湾	G15	308.17	钓岩	G19	307.85	0.32	245.0	1.31
	钓岩	G19	307.85	琵琶塘	G27	301.2	6.65	1420.3	4.68
	琵琶塘	G27	301.2	水牛厄	G30	285.1	16.1	1136.7	14.16
4	水牛厄	G30	285.1	响水岩	G37	248.0	37.1	3403.5	10.90
5	响水岩	G37	243	寨底	G47	191.0	52.0	2230	23.31

1. 南北向水力梯度

从北至南，寨底地下河地下水水力梯度可划分为4个区（段）。

（1）北部海洋谷地平缓区：从北至南包括G06至G16、G15至G19、G19至G27等，水力梯度最大为4.68‰，最小为1.31‰，平均水力梯度为2.85‰。

（2）琵琶塘跌坎区：海洋谷地的地下水在琵琶塘村旁的G27泉排出地表后，通过G29再次补给地下后进入高梯度径流段，形成一个局部地下水跌坎，从G27至地下水排泄点G30泉距离1136.7m，水位落差16.1m，水力梯度达14.16‰。

（3）国清谷地平缓区：地下水进入国清谷地后，水力梯度变缓，从谷地上游G30开始，途经东究（G32）、国清村（zk32）、小浮村（zk34）、空连山村（G41），至谷地南端响水岩天窗G37，径流距离3403.5m，水力坡度为10.90‰。

（4）寨底高梯度区：下游段响水岩天窗 G37 至寨底地下河出口 G47，为南北径流方向上的最大水力梯度段，从 G37 进入地下河主管道，途经 zk8、zh7 到出口 G47，径流长度 2091.7m，水力梯度达 23.90‰。

2. 东西向水力梯度

东究地下河子系统可代表东西方向的水力梯度特征，从东部甘野地下河入口附近的监测孔 zk14，途径豪猪岩洼地 G11 天窗，至地下河出口 G32，水力梯度可划分为上、下游两段，上游高梯度段，zk14 至 G11 径流距离为 2950.1m，水位差 208.0m，水力坡度为 70.51‰；下游相对低梯度段，G11 至 G32 径流距离 1343.7m，水位差 21.70m，水力坡度为 16.1‰。

7.1.3　流量时空变化特征

寨底地下河出口流量变化大，随大气降水变化而变化。根据 zk7 水位动态特征，出口水位在降水后几十分钟水位就出现反应，在数小时内可出现最大水位峰值，出口流量与 zk7 水位及出口监测段面的水位为同步关系，流量也在数十分钟内产生变化，也在数小时内达到流量峰值，因此，流量变化在日流量与日降水量动态图上几乎表现为同步关系。

监测到的最枯流量为 53.4L/s，2013 年 4 月 30 日出现当年最大流量为 22.25m^3/s，2014 年 5 月 11 日，出现最大流量 22.93m^3/s，年内流量变化系数为 429.4 倍。

以 2013 年为例，全年径流量 35820322m^3，其中枯、平、丰水期径流量分别为 3062804m^3、5432990m^3、27324528m^3。丰水期排泄的流量占全年的径流量的 76%，枯水期径流量仅占全年的 8.55%，平水期径流量占全年径流量的 15.17%（表 7-3、表 7-4）。

表 7-3　2013 年 3 月～2014 年 2 月降水量表

项目		响水岩/mm	寨底/mm	大税/mm	平均值/mm
丰水期	4 月至 8 月	1146.50	1057.80	1135.80	1113.37
平水期	3 月、9 月、10 月	298.60	312.80	282.00	297.80
枯水期	11 月、12 月，次年 1 月、2 月	267.20	214.30	253.50	245.00
全年		1712.30	1584.90	1671.30	1656.17

表 7-4　地下水排泄量表

计算内容及参数	单位	枯水期	平水期	丰水期	全年合计
时间段（T）	天	120	92	153	365
降水量（P）	mm	245	297.8	1113.4	1656.2
占年降水量百分比（r）	%	14.79	17.98	67.23	
整个流域面积（S）	km^2	33.5	33.5	33.5	33.5
地下河出口 G47 径流量（Q）	m^3	3062804	5432990	27324528	35820322
占年径流量百分比（R）	%	8.55	15.17	76.28	

7.2　鱼泉地下河动态特征

1. 两种典型水位动态

鱼泉地下河系统共有地下水位监测点5个，编号分别为JC01、JC02、JC03、JC04、JC05，全部为水文地质监测孔。根据与大气降水关联度的大小，可大致划分为两种动态类型。

1）地下河水文动态型

除JC04外，其他4个监测点：JC01、JC02、JC03、JC05均属这种类型。JC01、JC05位于西侧羊水河峡谷、JC02位于羊水河峡谷和鱼泉出口S151之间的岩溶洼地、JC03位于东侧老盘沟峡谷，充分反映出地下水位与日降水、季节性降水紧密相关，从动态图可以看出，2013～2016年度中5～7月强降水期，地下水位也处于强烈波动，在其他少降水季节，地下水则呈平缓衰减为主。从动态曲线形态同样也可细分为带基座波形（图7-6）、无基座或基座很小（图7-7）两种，前者包括JC02、JC03，后者包括JC01、JC05。

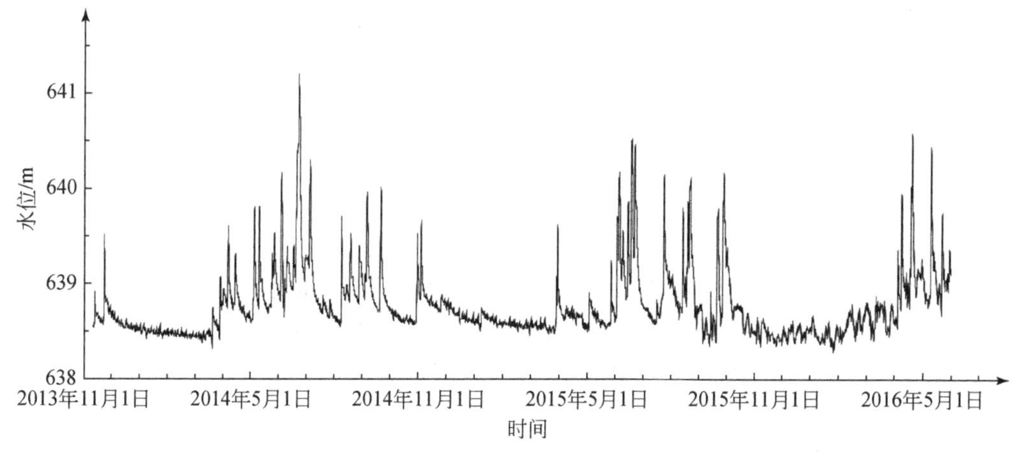

图7-6　JC03水位动态曲线

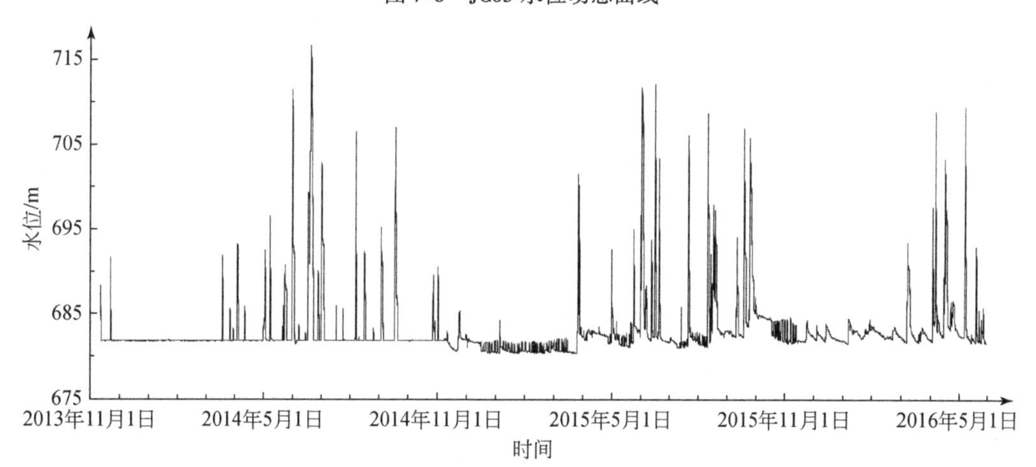

图7-7　JC05水位动态曲线

2）裂隙孔隙水动态特征

这种类型包括 JC04，该监测点位于上游下干沟内，未揭露溶洞，岩溶裂隙为主；钻孔所处的下干沟内沉积几米至数十米后厚松散层，它们主要为北部志留系碎屑岩风化后的冲洪积层。JC04 水位总体也受大气降水控制，由于含水介质为岩溶裂隙或孔隙，动态特征表现为相对平滑曲线特征（图 7-8）。

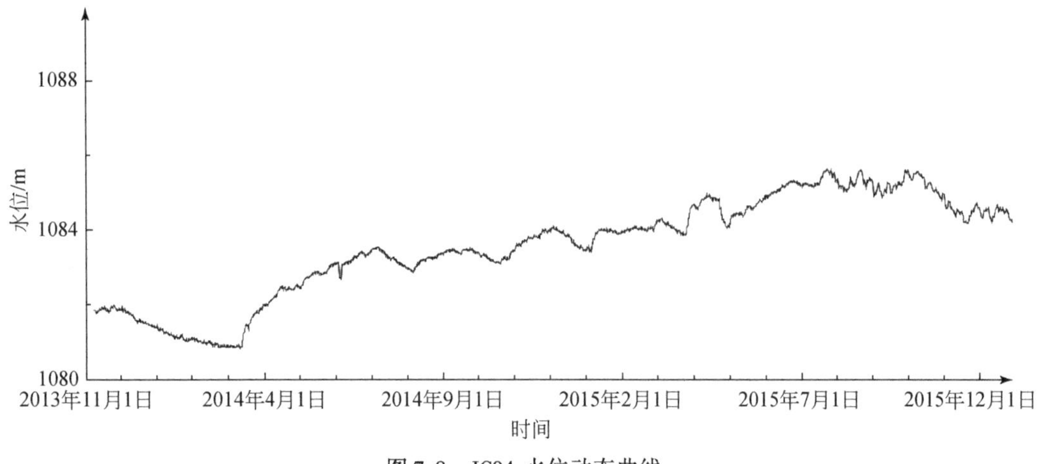

图 7-8　JC04 水位动态曲线

2. 流量变化系数

2012 年 11 月 10 日开始监测鱼泉地下河出口的水位。根据水位监测数据，计算得出鱼泉地下河出口平均年流量为 $0.38\times10^8\mathrm{m}^3$，全年不同季节流量波动较大，表现为多峰形态。10 月至次年 2 月为流量衰减期，2 月春雨来临流量开始回升。枯水期地下河出口流量主要靠汛期地下水的滞后补给，同时又取决于枯水期的降雨作用。地下河出口汛期最大洪峰流量为 $9.56\mathrm{m}^3/\mathrm{s}$，枯季最小流量为 $0.043\mathrm{m}^3/\mathrm{s}$，流量不稳定系数为 222 倍。

7.3　万华岩地下河动态特征

1. 不同管道水动态特征

万华岩地下河系统有监测站 5 个，除 Cz37 监测地表溪沟水外，其他 4 个均位于地下河管道上。万华岩地下河出口 Cz50 监测点受洞内漂流需要定时拦水放水影响，水位动态受人为干扰，3 个监测站 2012～2015 年水位统计情况见表 7-5。

表 7-5　万华岩地下河监测站地下水位统计参数表

监测站	变幅/m	最小值/m	最大值/m	平均值/m	方差	年际变异系数
Cz25	1.54	318.30	319.84	318.89	0.02	0.0005
JC02-1	3.73	301.29	305.01	302.95	0.10	0.0010
JC02-2	2.22	301.91	304.13	302.09	0.02	0.0005

2012年11月至2015年12月监测期间，年际间水位变幅小，为0.02～0.10m；年际间变异系数小于0.001。这主要是因为2012～2015年这4年的降水量相差不大，为1228～1383.9mm，且地下河系统内未开展较大规模的水资源开发利用活动，年际水位整体变化不明显。

地下水位动态总体均属地下河水文动态型，水位随季节的变化而呈相应的周期性变化；细分为东、西支洞动态类型，两者存在微小差异。Cz25监测点为地下河天窗，位于西支洞JC02-1上游，两者水位动态特征基本相同；由于东支洞（Cz02-2）补给量小，万华岩地下河出口Cz50主要由西支洞JC02-1及上游补给，Cz50的动态特征更多由西支洞JC02-1动态控制；因此，Cz25、JC02-1、Cz50属于西支洞地下水动态类型（图7-9），东支洞JC02-2则独立为一种类型（图7-10）。

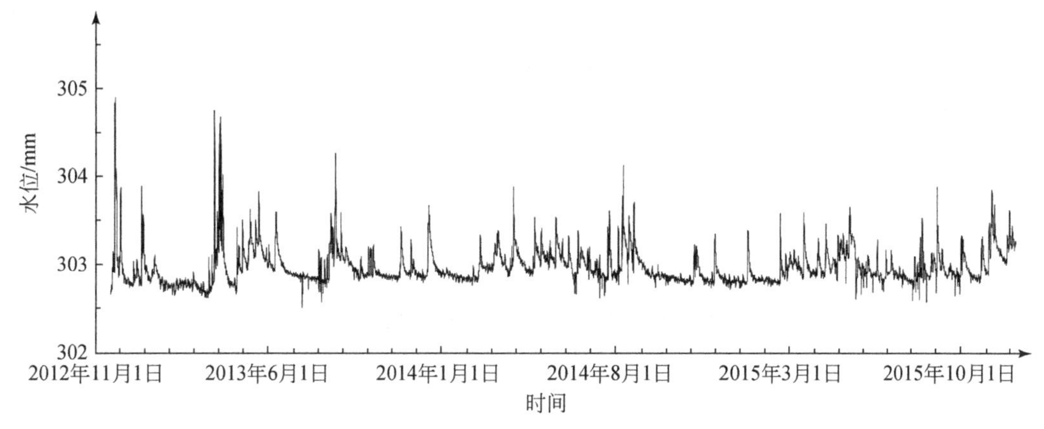

图7-9　西支洞（Cz02-1）管道水位动态曲线

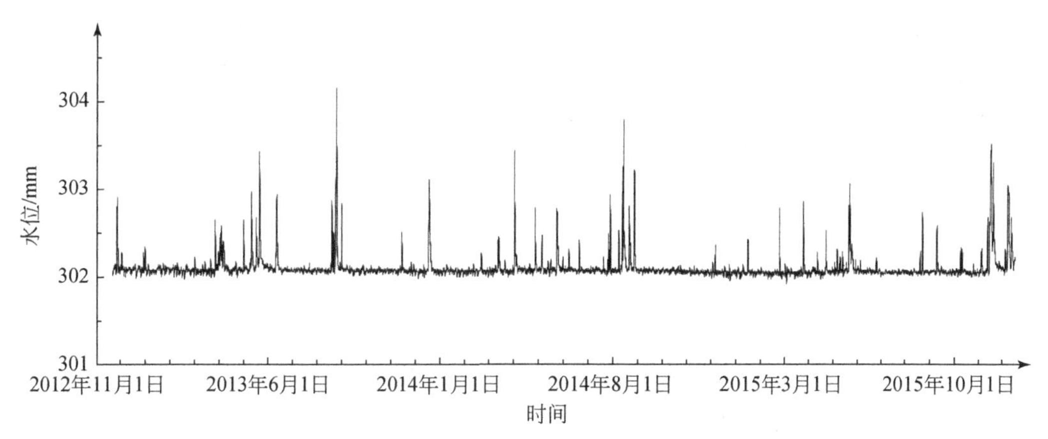

图7-10　东支洞（Cz02-2）管道水位动态曲线

西支洞JC02-1、东支洞JC02-2监测点均位于地下河管道上，尽管动态变化均剧烈，但降水后对地下水的调蓄时间和调蓄能力差异明显，西支洞JC02-1的动态曲线对于一个降水过程表现出一个明显的基座，裂隙水流的滞后补径排作用更明显，相比较，东支洞JC02-2的动态曲线基座则比较小或几乎没有基座，裂隙水流的滞后补径排作用不明显。

2. 流量衰减特征

根据流量动态监测数据，4～8 月雨量大，地下河的流量也出现峰值，在秋冬季节降雨少呈现低谷，特别是11 月至次年 1 月的流量最低。就一次降雨而言，流量峰值出现在雨后几小时；万华岩地下河流量同时也受水库放水影响，特别是水库开闸排洪时，部分库水在瓜棚下一带通过 Cz48 等消水洞补给地下河，使出口流量增大。流量曲线形态，地下河流量在降雨后的上升总是陡立的，下降总是曲折、平缓的，表明降雨补给地下河的速度很快，而排泄的速度较慢，此时包括了岩溶裂隙慢速流或渗流。

以 2014 年其中一次降水后流量（Q_t，t）衰减过程［式（7-1）］为例，整个衰减动态过程包含了 3 个亚动态：第一亚动态，地下水通过管道和洞穴排泄，也说明万华岩地下河管道大、径流畅通，为快速流；第二亚动态，地下水主要来自连通性较好的岩溶裂隙或次一级管道；第三亚动态，以细小的岩溶裂隙地下水占主要地位，也包括来自于最远距离的南部花岗岩区的基岩裂隙水侧向补给，由于花岗岩面积大且植被好，这部分裂隙水流量仍较大，衰减速度慢。

$$Q_t = \begin{cases} 1303.3\ \mathrm{e}^{-0.5760t} \\ 732.6\ \mathrm{e}^{-0.0634t} \\ 321.4\ \mathrm{e}^{-0.0185t} \end{cases} \tag{7-1}$$

7.4 大小井地下河动态特征

7.4.1 地下河管道典型水文动态类型

雨季，监测点水位随降水产生剧烈波动，所反映出的水位动态曲线基本呈现相类似的多峰形态。枯水期，包括丰水季节降水少的月份，各个监测点的水位动态则表现出不同特征。根据枯水或少雨时期的水位动态曲线形态，大小井地下河系统内水位动态类型分为以下两种。

1. 裂隙管道水组合类型

该种类型主要特征是枯水季节或少雨季节动态曲线均表现快速衰减，或振荡快速衰减形态，主要包括 zk1、zk2、zk4。这个时期，地下水补给量减少，监测点所在区域以消耗地下水储存量为主，从而形成水位下降。这些地区除地下河管道水外，岩溶裂隙水相对比较丰富，具有管道快速流和裂隙慢速流组合特征。表现在地下水补、径、排途径相对较通畅，对大气降水反应敏感，降水响后 1～2 天管道中的水位（快速流）可达到峰值并形成波峰的上部尖顶部分，后期到达的丰富的裂隙水渗流则形成动态曲线的宽基座部分；地下水位处于上升或衰减过程，水位平稳期短或几乎没有（图 7-11）。

2. 典型地下河管道水文动态类型

该种类型类似于寨底地下河的天窗 G37、万华岩地下河的东支洞 CZ02-2 等监测点动态，但又有其不同点。主要特征是枯水季节或少雨季节动态曲线表现非常缓慢衰减，或基

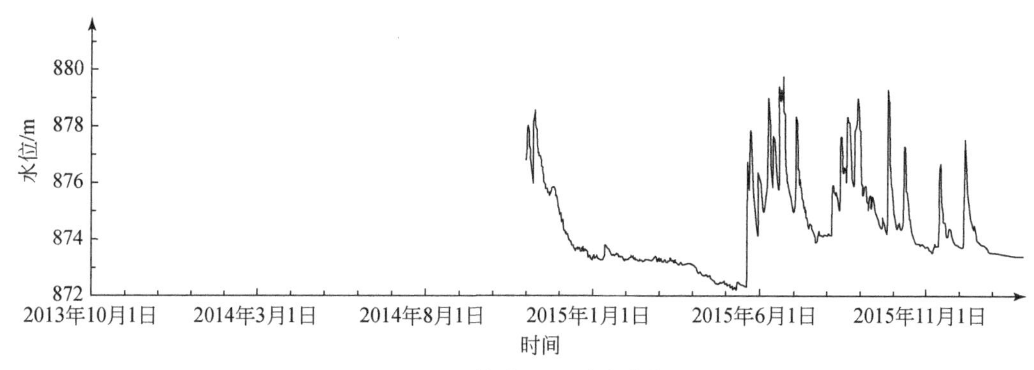

图7-11　钻孔zk02动态曲线

本保持某个水位不变，曲线形态表现为一条水平直线，暴雨期，水快速上涨和快速衰减，几乎没有衰减拖尾段，形成近似对称的波峰。这种动态类型是大小井地下河系统一大特点，并大范围分布，主要代表有JC04、JC06（图7-12）、JC07、JC08、JC09、JC10，上述点均分布在地下河系统的南部区域。这种动态与地表河流水位暴雨期快速涨落并恢复到暴雨前的水位动态极为相似，因此，在这里我们称它为地下河管道水文动态类型。

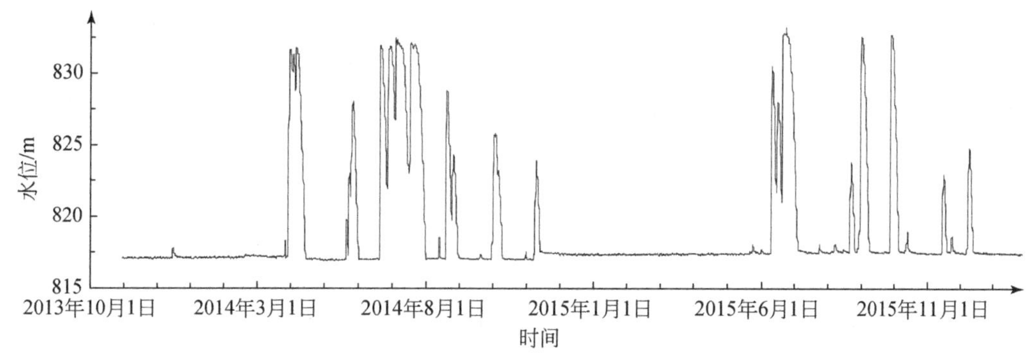

图7-12　JC06动态曲线

2015年3月在JC07天窗、JC05附近河道投放材料开展地下水连通不成功的试验结果，3月18日投放的材料，4月20日在投放点还可见投放的材料，说明枯水季节，这些区域，地下水位保持不变，水力梯度变小，流速非常慢，致使投放的材料还在原处。但暴雨期，该种类型分布区的地下水对大气降水反应也比较迅速，水位峰值滞后降水时间在1～3天。

3. 开采条件下水位动态

2014年1～3月，东南区域JC03、zk03出现与其他区域不同的独立的地下水动态特征。

芦水村JC03为一个地下河天窗，在2014年1月1日～3月31日水位动态呈锯齿状逐步上升形态，其中1月13日为最低水位796.32m，其后水位在1月29日为797.23m，2月8日为797.29m，2月29日水位上升到799.53m。东南地区的JC04、JC05监测点水位动态则是这种动态（图 7-13）。

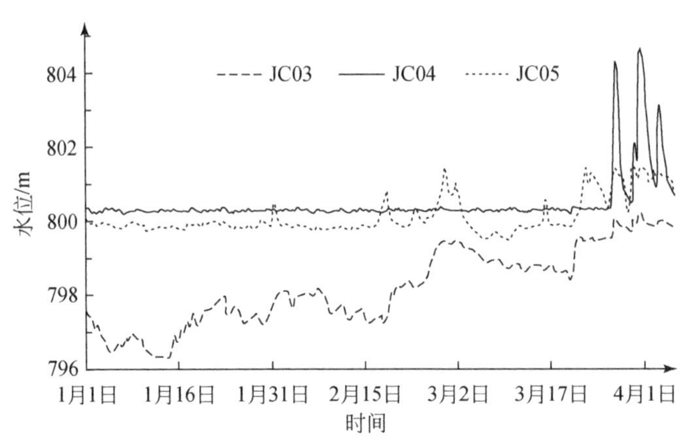

图 7-13　芦水天窗 JC03、JC04、JC05 水位动态图

zk03 监测孔缓慢衰减急剧上升动态特征，该孔深 150m，位于断层带上，整个孔揭露岩心破碎，方解石脉强发育，为明显的断层角砾岩，溶孔裂隙多被黄红色黏土充填，富水性差，单孔涌水量小于 $2m^3/h$。在 2014 年 1 月 1 ~ 15 日水位在 800. 45m 左右，动态曲线为近水平直线，1 月 15 日 12:00 水位开始缓慢衰减，至 2014 年 2 月 18 日 8:00 下降到 797. 56m，水位总下降了 2. 85m。2 月 18 日 12:00、16:00 水位分别急剧上升到 798. 97m、800. 51m，对应在 4h 内水位上升了 1. 41m、1. 54m，恢复到 1 月 15 日 12:00 前的水位（图 7-14）。

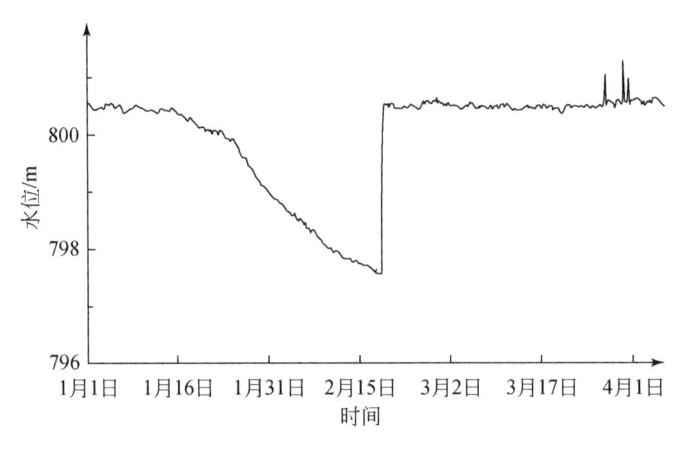

图 7-14　轿子山 zk03 动态图

在扩大调查范围及其分析后认为，zk03 的水位动态主要是距离该点约 4. 48km 处的 JC03 天窗抽水所引起。天窗 JC03 与在建的国家 500m 直径球面射电望远镜大型工程距离约 350m，工程所需的生产生活用水取水点在天窗 JC03 内抽取。在工程建设处抽水作用下，JC03 监测点在 1 月处于低水位，1 月 15 日以后春节期间生产生活用水量减少，水位恢复到 797. 50 ~ 798. 00m 水平，其间的波动则是少量抽水引起。2 月 18 日水位从 797. 65m 上升 2 月 28 日的 799. 98m。

在1月至2月18日的水位下降，主要由于JC03的地下水开采，在这个时间段内，没有降水补给，开采地下水主要消耗地下水储存量，因此形成JC03至zk03方向的水位下降。根据降水记录数据，1月10～14日，在轿子山及其以北区域分别降水8.2mm、1.6mm、3.8mm、1.6mm，合计降水量为15.2mm，本次降水对地下水快速补给，致使zk03、JC03在18日水位回升。其回升快慢由其含水介质控制。

7.4.2　水位剧烈变化及成因分析

地下河系统内共有水位监测站19个，其中4个钻孔、9个天窗等水位监测点、3个地下河出口水位和流量监测点、1个地下河入口水位流量监测点、2个地表河流断面监测点。根据2013～2015年水位监测数据，各监测点的水位变幅见表7-6。

表7-6　大小井地下河监测点水位变幅一览表

编号	所处区域及地点		类型	最低水位/m	最高水位/m	水位变幅/m
zk1		塘边镇南	钻孔	791.08	819.30	28.22
zk2		羡塘乡	钻孔	872.20	879.76	7.56
zk3		克度镇轿子山	钻孔	797.55	800.45	2.89
zk4		抵季乡	钻孔	858.94	866.70	7.77
JC03		芦水	溶潭	796.16	801.87	5.71
JC04		牛角	竖井	799.48	807.09	7.61
JC05		航龙	竖井	798.43	805.71	7.28
JC06		地坝	溢流竖井	816.87	833.23	16.36
JC07		简耐	天窗	885.85	896.78	10.93
JC08		上坝	天窗	911.87	937.65	25.78
JC09		上坝	竖井	903.83	912.07	8.24
JC11		老场坝	天窗	846.58	859.41	12.83
JC13	上游区域	长新	溢流竖井	1077.02	1098.07	21.06
JC10		稠娟	地下河出口	868.16	869.76	1.60
JC12		平吉	地下河出口	894.92	897.71	2.79
JC02		大小井	地下河出口	436.07	439.66	3.59
JC14		塘边镇河流流量	地下河入口	711.84	739.69	27.85
JC15		清水河	地表河流	817.78	827.45	9.67
JC16		放牛坪	地表河流	720.28	733.54	13.26

地下河系统东南部区域，水位变幅相对较小，其中轿子山zk3监测孔变幅为2.89m，zk2、zk4、JC03、JC04、JC05水位变幅在5.71～7.77m。监测孔zk01、天窗JC08和溶潭JC13这3个监测点水位变幅相对较大，分别为28.22m、25.78m、21.06m，形成水位变幅大的原因如下。

（1）JC13 位于地下河系统的北部地区，为一个溢流型竖井。2014 年和 2015 年的 5 ~ 10 月两段时间，JC13 的水位在 1097.35m 左右震荡，这段时间内的强降水也引起了水位波动，但水位变幅小于 2.5m。在 11 月至次年 4 月，水位快速衰减，进入雨季地下水得到补充，水位快速恢复。水位动态曲线形态由丰、平水期的近似水平直线与枯季的反波峰周期性组成（图 7-15）。从其他角度说明，大小井上游北部区域枯季以消耗地下水储存量为主，水位变幅达 20 多米则主要是消耗地下水储存量使地下水位下降所形成。

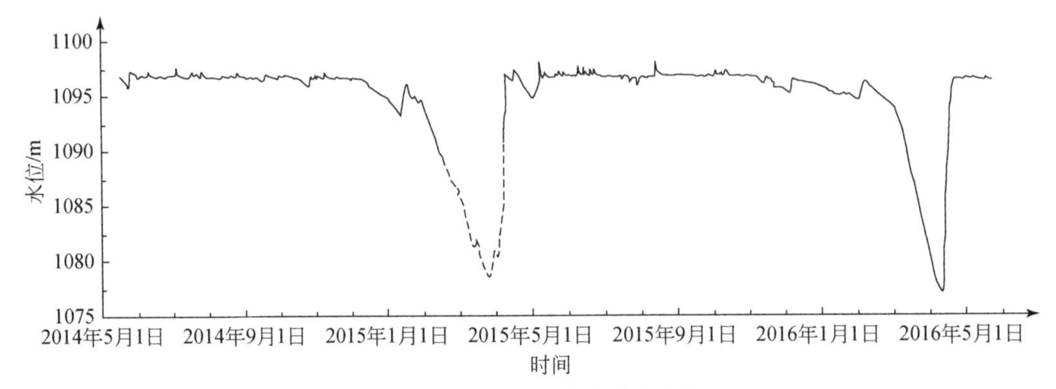

图 7-15　溶潭 JC13 水位动态曲线

（2）监测孔 zk01 位于地下河系统南部，监测期最高水位出现在 2014 年 7 月 4 日，为 819.30m（图 7-16），通过分析，该点水位动态与距离约 3.0km 的地下河入口 JC14 的动态密切相关。JC14 为大型地下河入口，该点以北超过上千平方公里范围汇集的地下水、地表水通过该点进入地下河管道，向小井地下河出口 583#径流；暴雨时，上游来水超过地下河管道的径流排泄能力，一方面在 JC14 入口处及附近区域形成地下水淤积和高水位，这个高水位分布范围推测影响到 zk01 等，另一方面，在 JC14 上游 1.2km 处有一条 6 ~ 20m 宽溪沟，当 JC14 处产生淤积高水位时，部分洪水通过溪沟往南西方向径流通过 zk01 附近的消水洞 530#补给地下河，尽管没有同期监测到 2014 年 7 月入口 JC14 处水位动态（图 7-17），但是，暴雨期局部地下水淤积和河水分流补给对监测孔 zk01 形成高水位应该存在必然联系，导致 zk01 与 JC14 一样水位变幅大。因此，是另一条管道淤塞间接导致 zk1 高水位变幅。

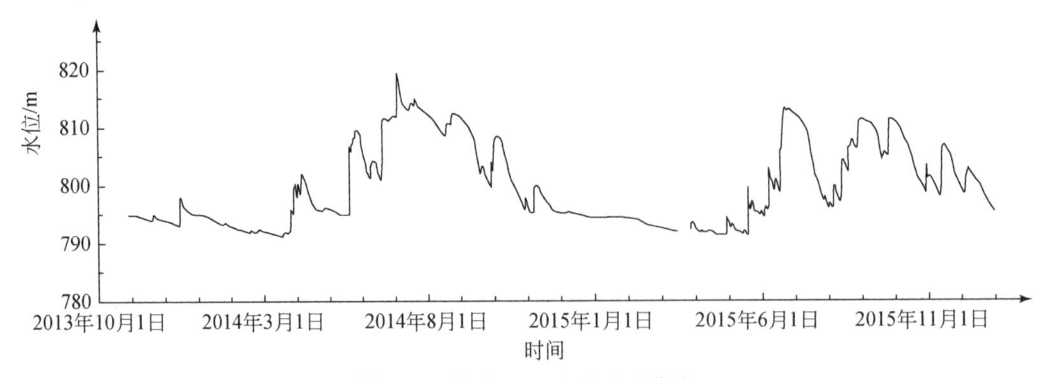

图 7-16　钻孔 zk01 水位动态曲线

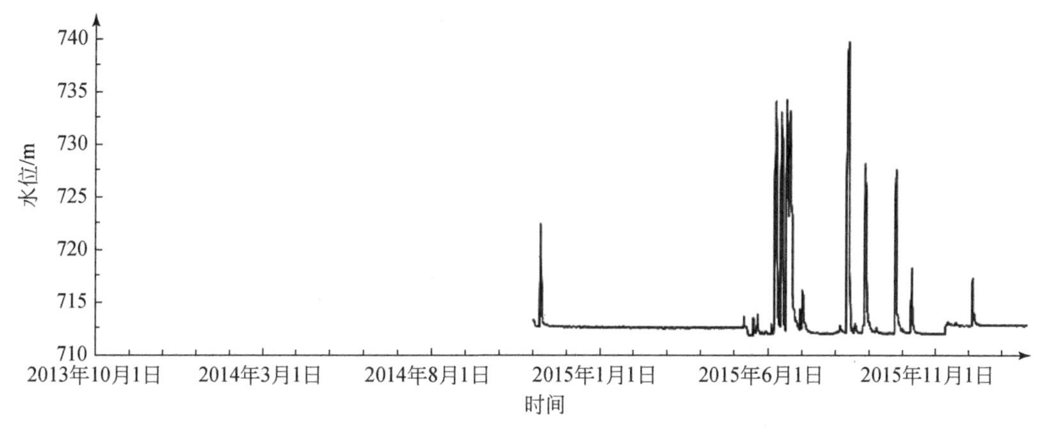

图7-17　地下河入口JC14水位动态曲线

（3）天窗JC08（图7-18）位于地下水系统西南侧上坝谷地的北部，分析推测管道结构导致水位变幅达25.78m。该近南北向谷地的中南部，天窗JC08的下游还布置有JC09、JC07两个监测点，JC09与上游JC08距离2.15km，与下游JC07距离3.80km。JC09距离JC7远，但两者的动态和水位变幅比较接近，变幅为8.5～10.5m，尽管JC09距离JC8近，但水位变幅与天窗JC08差异大。推测天窗JC08与天窗JC09之间存在一段狭窄地下河管道，在强降水期，地下水排泄不畅，狭窄管道上游JC08区域形成地下水高水位淤积区，以及高水位变幅。因此，高水位变幅是同一管道上局部淤塞所形成。

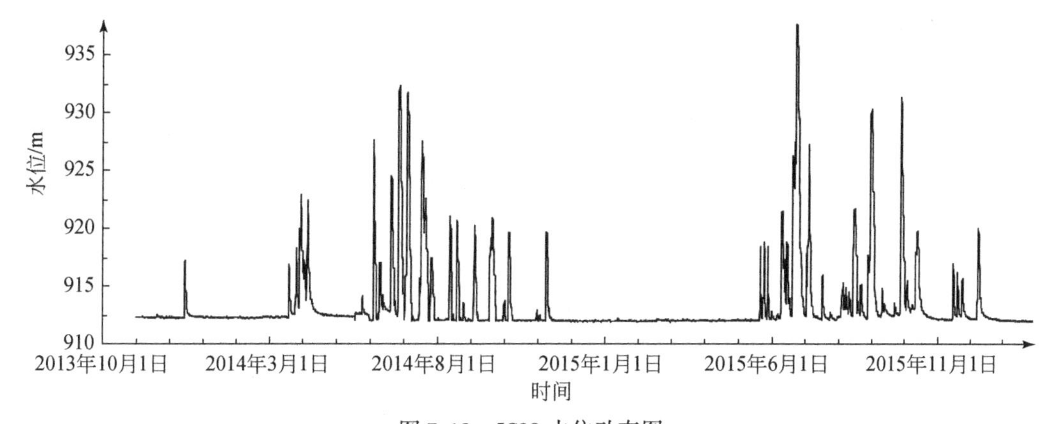

图7-18　JC08水位动态图

7.4.3　流量变化系数及洪峰运动速度

1. 大小井出口流量变化系数

出口流量动态与南部水位缓慢衰减动态相似；雨季4～8月流量剧烈波动，出现多个波峰，波峰持续时间短，呈现出典型的水文型特征；枯季流量持续衰减呈现低谷，保持在2.2～4.5m^3/s，曲线表现为直线形状（图7-19）。2014年11月21日～2015年5月8日，枯水期历时 167 天，其间最大流量仅为 4.87 m^3/s，最小流量 2.20 m^3/s，平均流量 2.41m^3/s。2013 年 12 月 ~ 2015 年 12 月监测期内，2014 年 7 月 6 日 12:00 最大流量 224.72m^3/s，2014 年 4 月 2 日最小流量 2.20m^3/s，流量变化系数为 103.3。

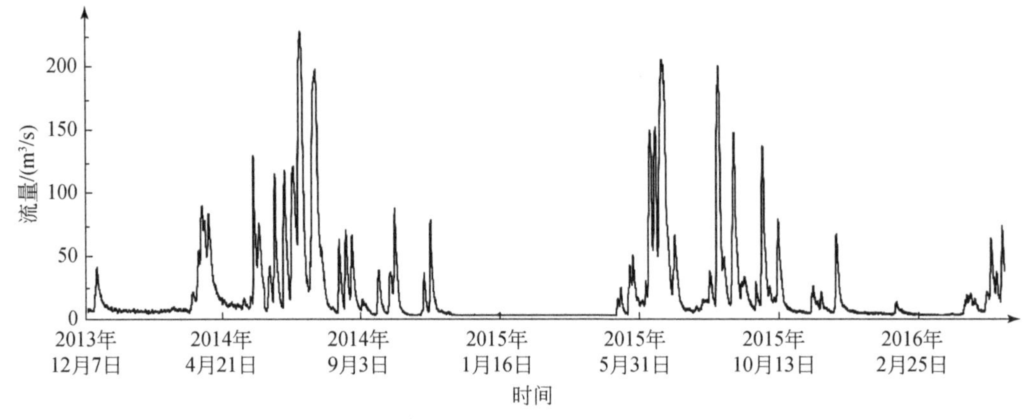

图 7-19　2013 年 12 月 ~ 2016 年 5 月流量动态图

2. 大小井出口流量与降水关系

2014 年 6 场降水时间与大小井流量峰值出现时间比较，强降水 2 ~ 3 天后，大小井出口流量达到峰值，从峰值流量衰减到波谷底，衰减用时为 3 ~ 6 天（表 7-7）。在所选取的 6 场降水均为独立单日降水，前后时间降水量小或没有降水，最大降水量为 2017 年 7 月 4 日，为 95.7mm，其他 5 场降水为 40 多毫米。

表 7-7　大小井出口峰值流量滞后和衰减时间表

降水日期	降水量/mm	流量峰值			衰减过程	
		出现日期	流量/(m^3/s)	滞后时间/天	波谷出现日期	衰减用时/天
2014 年 5 月 25 日	48.3	2014 年 5 月 27 日	75.24	2	2014 年 5 月 31 日	4
2014 年 6 月 10 日	45.5	2014 年 6 月 12 日	115.15	2	2014 年 6 月 17 日	5
2014 年 7 月 4 日	95.7	2014 年 7 月 7 日	227.49	3	2014 年 7 月 13 日	6
2014 年 8 月 11 日	44.0	2014 年 8 月 13 日	57.28	2	2014 年 8 月 17 日	4
2014 年 8 月 18 日	46.9	2014 年 8 月 20 日	70.66	2	后期有降水影响	
2014 年 8 月 24 日	46.2	2014 年 8 月 26 日	66.46	2	2014 年 8 月 29 日	3

3. 小井地下河洪峰运动速度

在罗甸县塘边镇南 2km 处，发育大型地下河入口 521#，北部区域大部分地下水、地表水通过该点消于地下河管道，每年在入口区域发生多次洪水内涝，水位上涨 10 ~ 30m，监测期内，监测到最高水位为 739.68m，比枯水期水位 712.5m 水位上涨了 27.18m，该洪水水位出现时间为 2015 年 8 月 14 日 4:00，对应该高水位，在 2015 年 8 月 15 日 8:00 大小井出口出现高水位和峰值流量，分别为 439.46m^3/d、200.78m^3/s，滞后时间为 28h。通过

2014年11月～2015年12月5场洪水峰值水位出现时间对比（表7-8），在地下河入口处的洪峰在24～28h到达大小井地下河出口，该段距离约10.5km，洪峰在地下河管道中运行速度为0.37～0.44km/h。

表7-8　小井洪峰运动速度表

JC14峰值水位		大小井出口JC02水位和流量峰值			滞后时间/h	洪峰运动速度/(km/h)
出现时间	水位/m	出现时间	流量/(m^3/s)	水位/m		
2014年11月8日8:00	722.46	2014年11月9日8:00	78.18	438.23	24	0.44
2015年6月9日16:00	734.80	2015年6月10日20:00	146.97	438.98	28	0.38
2015年8月14日4:00	739.68	2015年8月15日8:00	200.78	439.46	28	0.38
2015年8月29日8:00	728.16	2015年8月30日12:00	147.61	438.99	28	0.38
2015年9月26日0:00	727.57	2015年9月27日0:00	136.85	438.89	24	0.44

7.5　地下河流量衰减系数及对比

1. *流量衰减系数法*

岩溶含水系统的含水介质具有与其他含水系统所不同的结构特征，在整个流量衰减期的不同时段，地下水流量按照不同衰减速度变化，且衰减速度是逐时段减小的。通常，地下水流量衰减过程可使用半对数函数（及分段）拟合，这些不同斜率的线段反映了衰减期受不同含水介质所控制的地下水流量衰减过程。地下水流量衰减方程为

$$Q_t=\begin{cases}Q_1\,\mathrm{e}^{-\beta_1 t} & t\in[0,\ t_1)\\ Q_2\,\mathrm{e}^{-\beta_2 t} & t\in[t_1,\ t_2)\\ Q_3\,\mathrm{e}^{-\beta_3 t} & t\in[t_2,\ +\infty)\end{cases} \tag{7-2}$$

式中，Q_t为地下河出口流量；β为流量衰减系数；t为时间。

岩溶地下水流量衰减期各时段的衰减系数（β）主要反映了岩溶含水系统中控制流量衰减的不同类型含水介质，有资料表明：

（1）$\beta \geqslant 0.5$，其流量衰减过程属于第一亚动态，表征岩溶地下水的含水介质主要为巨大的岩溶洞穴、管道；

（2）$0.05 \leqslant \beta \leqslant 0.5$，其流量衰减过程属于第二亚动态，表征岩溶地下水含水介质主要为较大的岩溶裂隙；

（3）$\beta \leqslant 0.05$，其流量衰减过程属于第三亚动态，表征岩溶地下水的含水介质主要为细小的岩溶裂隙。

该方法以往主要用于裂隙水泉流量衰减分析；这里，我们探讨采用分段表示的指数函数来描述岩溶地下河流量衰减规律；并利用该方法对岩溶地下河系统的含水介质结构概略分析。根据上述大气降水入渗系数计算结果，选取寨底地下河系统、鱼泉地下河系统开展计算对比。

2. 寨底、鱼泉地下河系统流量衰减系数

1）寨底地下河系统流量衰减系数

寨底地下河系统流量衰减选取2014年度两个流量衰减段进行分析，分别为2014年7月6日~7月23日及2014年8月19日~9月9日两个衰减过程。2014年7月6日~7月23日衰减期流量衰减过程主要属于第二亚动态（图7-20），第二亚动态流量衰减系数分别为-0.3978、-0.0600，经过流量衰减分析确定表征岩溶地下水含水介质主要为较大的岩溶裂隙占100%，流量衰减方程为

$$Q=\begin{cases}86.2\ e^{-0.3978}[0,\ 3]\\29.4\ e^{-0.0600}(3,\ \infty)\end{cases}\tag{7-3}$$

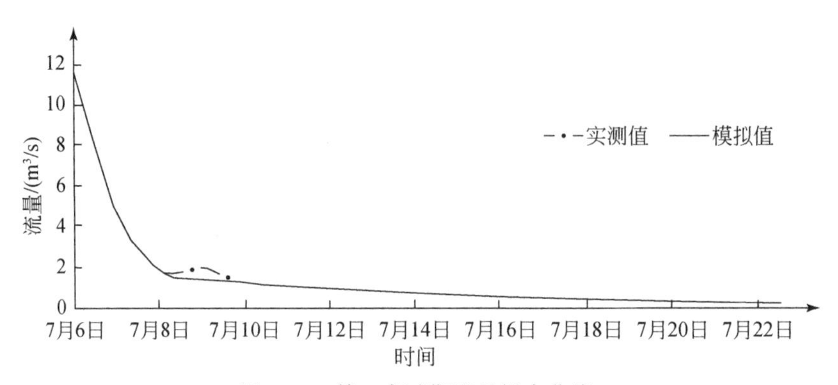

图7-20　第一衰减期流量拟合曲线

2014年8月19日~9月9日衰减期流量衰减过程主要属于第二亚动态（图7-21），第二亚动态流量衰减系数分别为-0.3382、-0.0413，经过流量衰减分析确定表征地下水含水介质主要为较大岩溶裂隙占66%，细小的岩溶裂隙占34%，流量衰减方程为

$$Q=\begin{cases}61.3\ e^{-0.3382}[0,\ 3]\\18.3\ e^{-0.0413}(3,\ \infty)\end{cases}\tag{7-4}$$

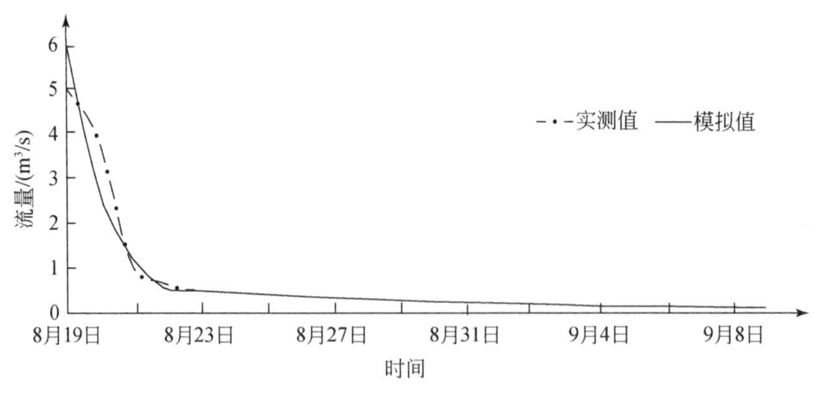

图7-21　第二衰减期流量拟合曲线

根据前人衰减系数分类指标，寨底地下河系统岩溶地下水含水介质主要以较大的岩溶

裂隙为主。

2）鱼泉地下河系统流量衰减系数

鱼泉地下河系统流量衰减选取2015年度三个流量衰减段进行分析，分别为2015年1月7日～1月22日平稳衰减段、2015年7月25日～8月8日快速衰减段以及2015年10月1日～11月23日波动衰减段。2015年1月7日～1月22日衰减期流量衰减过程主要属于第二、第三亚动态（图7-22），第二、第三亚动态流量衰减系数分别为－0.1029、－0.0267，经过流量衰减分析确定表征岩溶地下水含水介质主要为较大的岩溶裂隙占54%，细小的岩溶裂隙占46%，流量衰减方程为

$$Q=\begin{cases}22.4\ e^{-0.1029}[0,\ 5]\\15.0\ e^{-0.0267}(5,\ \infty)\end{cases}\tag{7-5}$$

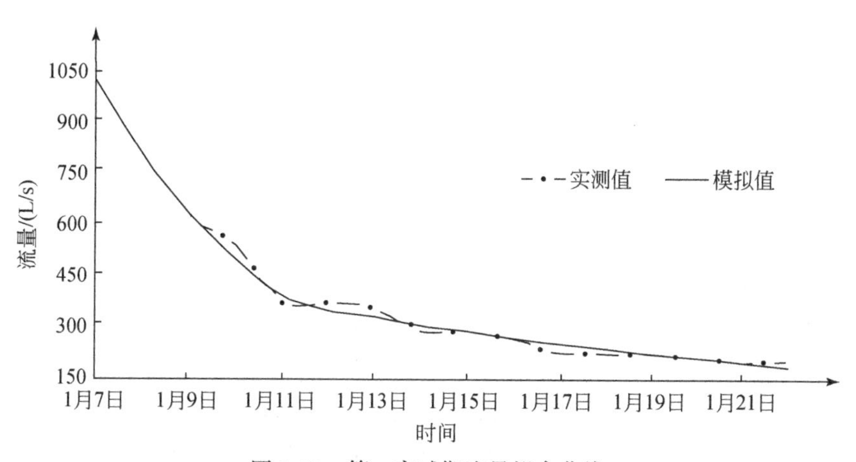

图7-22　第一衰减期流量拟合曲线

2015年7月25日～8月8日流量衰减过程主要属于第二、第三亚动态（图7-23），流量衰减系数分别为－0.0977、－0.0457，经过流量衰减分析确定表征岩溶地下水含水介质主要为较大的岩溶裂隙占56%，细小的岩溶裂隙占44%，流量衰减方程为

$$Q=\begin{cases}27.5\ e^{-0.0977}[0,\ 6]\\25.8\ e^{-0.0457}(6,\ \infty)\end{cases}\tag{7-6}$$

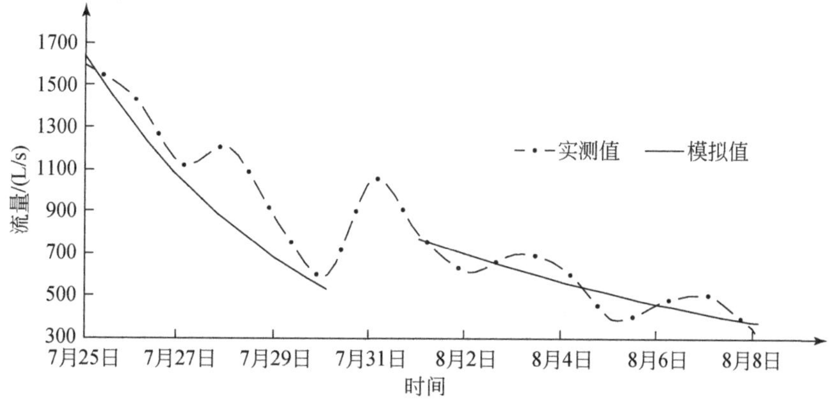

图7-23　第二衰减期流量拟合曲线

2015 年 10 月 1 日 ~11 月 23 日衰减期流量衰减过程属第三亚动态（图 7-24），衰减系数为-0.0134，确定岩溶含水介质主要为细小的岩溶裂隙流量衰减方程为

$$Q = 18.1\ e^{-0.0134}[0,\ \infty) \tag{7-7}$$

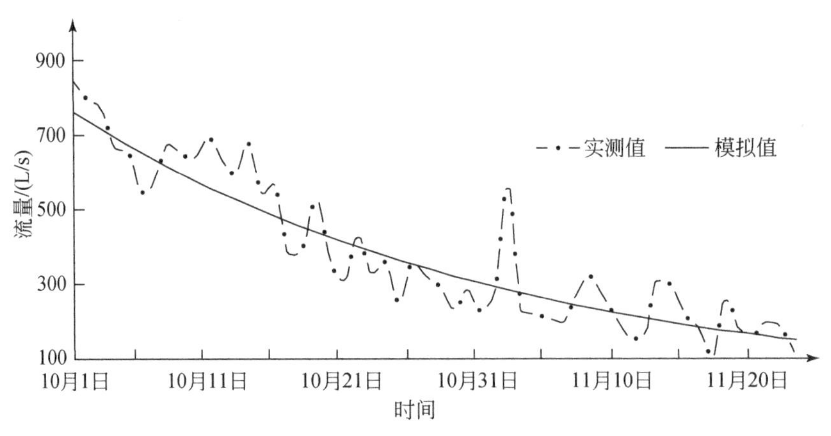

图 7-24　流量衰减模拟结果

根据前人衰减系数分类指标，鱼泉水含水介质以细小的岩溶裂隙为主。

3. 流量衰减系数对比

根据流量衰减段计算结果，只有万华岩地下河衰减系数反映出了快速管道流第一亚动态。根据地下水多年动态对大气降水的反应速度和经验，寨底地下河系统显然以岩溶管道水为主，虽然衰减系数法并没有反映出第一亚动态（$\beta \geqslant 0.50$）特征，但通过计算表明，衰减系数总体反映出了寨底地下河系统与鱼泉地下河系统在含水介质上有较大差异，前者主要位于第二亚动态 $0.05 \leqslant \beta \leqslant 0.50$ 的中上区间范围 $0.33 \leqslant \beta \leqslant 0.40$，而后者主要位于第二亚动态的下限区间范围 $0.09 \leqslant \beta \leqslant 0.10$（表 7-9）。作为衰减系数法本身以及前人的划分尺度对岩溶地下河系统可能有待研究和修正；因此，尽管开展了 5 个时间段的衰减系数计算，但不考虑用该方法进行可采资源量评价。

表 7-9　衰减系数汇总表

地下河	开始时间	结束时间	衰减系数		
			β_1	β_2	β_3
万华岩地下河	2014 年 4 月 4 日	2014 年 4 月 20 日	-0.5760	0.0634	0.0185
寨底地下河	2014 年 7 月 6 日	2014 年 7 月 23 日		-0.3978	-0.0600
	2014 年 8 月 19 日	2014 年 9 月 9 日		-0.3382	-0.0413
鱼泉地下河	2015 年 1 月 7 日	2015 年 1 月 22 日		-0.1029	-0.0275
	2015 年 7 月 25 日	2015 年 8 月 8 日		-0.0977	-0.0456
	2015 年 10 月 1 日	2015 年 11 月 23 日			-0.0135

第8章　地下河水资源量计算

8.1　入渗系数和径流模数

对于一个岩溶地下水系统，大气降水入渗系数 α、地下水径流模数 M 是最基础的水文地质参数，其精确程度将直接影响地下水资源评价成果；对引用参数 α 和 M 解决实际和科研问题时也将产生重要影响，如隧道工程涌水量计算（陈宏峰等，2003；杜毓超等，2008）、大气 CO_2 碳汇计算（蒋忠诚等，2011）等。在以往开展的 1∶20 万比例尺水文地质普查，以及近年来开展的 1∶5 万比例尺水文地质环境地质调查工作中，求取不同类型区域的 α 和 M 是一项重要工作。多年来，众多学者对不同地区从不同角度对 α 和 M 开展了研究，其推求方法主要有地下水位（动态）增幅法（陈引锋和王爱玲，2008；李庆朝，1996）、水量均衡法（高殿琪和彦景生，1991；韩巍，1985），以及抽排水试验方法（钟进等，2011）、同位素法（龚自珍和付利群，1994）等。上述研究工作受当时条件限制，所涉及的监测数据主要采用人工监测，并且监测时间间隔大，同时由于求取参数 α 和 M 涉及影响因素多，很难对各因素都能做到科学的控制，或多或少地掺有以人为经验方式确定某个影响因素的数值，这两方面将影响所获得的参数的准确性和真实性。本节结合高频率自动监测动态数据分别计算寨底、万华岩、鱼泉、大小井地下河系统的大气降水入渗系数 α 和地下水径流模数 M。

8.1.1　峰从洼地区入渗系数和径流模数

1. 计算时段选取

峰从洼地区以寨底地下河系统为例。该区域内，多年平均降水量为 1601.00mm，为使计算时段具有代表性，选取平水年份为计算周期；具体计算时段为 2013 年 3 月 1 日 ~ 2014 年 2 月 28 日，共 365 天，为一个自然水文年。划分为平水期、丰水期、枯水期 3 个时段；平水期包括 3 月、9 月、10 月共 3 个月合计 92 天，丰水期包括 4 ~ 8 月共 5 个月合计 153 天，枯水期包括 2013 年 11 月至 2014 年 2 月共 4 个月合计 120 天。

2. 雨量监测数据

寨底地下河流域布置了雨量自动监测，包括位于地下河出口 G47 的寨底雨量监测站、位于天窗 G37 的响水岩雨量监测站、位于东北部泉 G13 附近的大税雨量监测站。雨量计采用太阳能供电，监测频率为 1 次/min。根据每分钟雨量监测数据统计得到计算期内寨底、响水岩、大税监测站月降水量见表 8-1；其中丰水期的 7 月、平水期的 10 月降水量偏少，均属于枯水期月份的降水量水平。

表 8-1　计算期内降水量表

日期		响水岩站/mm	寨底站/mm	大税站/mm	平均值/mm
2013 年	3 月	148.40	159.20	158.70	155.43
	4 月	360.80	324.90	354.60	346.77
	5 月	280.60	268.20	281.30	276.70
	6 月	257.80	219.50	241.80	239.70
	7 月	42.50	28.40	29.50	33.47
	8 月	204.80	216.80	228.60	216.73
	9 月	146.70	149.40	118.60	138.23
	10 月	3.50	4.20	4.70	4.13
	11 月	130.40	96.40	112.30	113.03
	12 月	80.00	63.80	70.10	71.30
2014 年	1 月	25.80	24.10	26.70	25.53
	2 月	31.00	30.00	44.40	35.13
合计		1712.3	1584.9	1671.3	1656.2

在计算参数时，实际采用 3 个雨量站实测降水量的平均值 1656.2mm，该数值接近多年平水年份降水量 1601mm。依据历年各月平均降水量划分出丰水期、平水期、枯水期；其中丰水期平均降水量为 1113.37mm，占年平均降水量的 67.23%，平水期和枯水期降水量对应为 297.80mm、245.00mm，分别占年平均降水量的 17.98%、14.79%（表 8-2）。

表 8-2　计算期内丰、平、枯水期降水量分布表

降水期划分		响水岩站/mm	寨底站/mm	大税站/mm	平均值/mm
丰水期	4～8 月	1146.50	1057.80	1135.80	1113.37
平水期	3 月、9～10 月	298.60	312.80	282.00	297.80
枯水期	11～12 月，次年 1～2 月	267.20	214.30	253.50	245.00
全年		1712.30	1584.90	1671.30	1656.2

3. 计算期内地下河出口径流量

地下河出口 G47 监测站采用压力水位计 Diver 和 1 次/h 的监测频率进行水位动态监测，当水位低于堰坝顶面时采用矩形堰流量公式计算流量，当水位高过堰坝顶面时采用断面法计算流量。根据监测水位动态，通过上述计算方法得到计算期 2013 年 3 月 1 日～2014 年 2 月 29 日逐时流量动态，进一步通过统计得出枯水期、平水期、丰水期的径流量分别为 3062804m^3、5432990m^3、27324528m^3。计算期总径流量为 35820322m^3。

4. 碎屑岩区对岩溶区补给量计算

寨底地下河东部等区域分布有泥盆系信都组（D_2x）砂岩、泥质粉砂岩或石英砂岩，在西北角分布榴江组（D_3l）和五指山组（D_3w）页岩、硅质页岩及硅质岩等，合计面积约 2.98km^2，占流域总面积的 8.39%。这些地区地表植被茂密覆盖率高，基岩裂隙发育；

接收大气降水补给后，一部分入渗到基岩裂隙并侧向补给到岩溶区，根据碎屑岩区 zk14、zk15 勘探资料、水位动态资料等，侧向补给量换算成碎屑岩区的地下水入渗系数约为 0.19；另一部分形成地表径流，通过消水洞等集中补给岩溶地下水，根据碎屑岩区溪沟甘野 G53 监测站 2010 ~ 2011 年监测数据，枯、平、丰水期碎屑岩区地表产流系数分别为 0.40、0.52、0.61。

5. *岩溶区径流量计算*

地下河出口 G47 所排泄的地下水 Q 由岩溶区地下水 Q_1、碎屑岩对岩溶区的侧向补给量 Q_2 及碎屑岩地表产流 Q_3 组成，因此，岩溶区的径流量等于地下河出口 G47 的径流量减去碎屑岩区的侧向补给量、地表产流量：

$$Q = Q_1 + Q_2 + Q_3 \tag{8-1}$$

$$Q_1 = Q - (Q_2 + Q_3) \tag{8-2}$$

通过计算，得出岩溶区的枯、平、丰水期的径流量分别为 2632045m^3、4802905m^3、24670183m^3，整个水文年岩溶区径流总量为 32105133m^3。

6. *岩溶区入渗系数和径流模数*

寨底地下河流域内，岩溶管道强发育，地下水循环交替快，表现为快速补给快速排泄、当年补给当年排泄为主，根据水量均衡法则，岩溶区降水入渗补给量则等于地下河出口排泄量 Q_1。

岩溶区的大气降水入渗系数 α、地下水径流模数 M 计算公式如下：

$$\alpha = \frac{Q_1}{Q_P} \tag{8-3}$$

$$M = \frac{Q_1}{86.4 \times S_1 \times T} \tag{8-4}$$

式中，Q_1 为计算时段内岩溶区径流量（m^3）；Q_P 为等于计算时段内降水量 P 与岩溶区面积之积，为计算时段内岩溶区降水量（m^3）；P 为计算时段内降水量（mm）；S_1 为岩溶区面积（km^2）；T 为计算时间段（天）；大气降水入渗系数 α 无量纲；地下水径流模数 M 单位为 L/(s · km^2)。

通过计算，枯、平、丰水季节岩溶区 α 分别为 0.352、0.528、0.726，平均为 0.635。对应的岩溶区 M 分别为 8.32L/(s · km^2)、19.80L/(s · km^2)、61.15L/(s · km^2)，年平均为 33.36L/(s · km^2)。便于资源量计算，把整个流域岩溶区和非岩溶区统一一起计算，枯、平、丰水期以及年平均 M 分别为 8.818L/(s · km^2)、20.403L/(s · km^2)、61.702 L/(s · km^2)、33.906L/(s · km^2)。具体计算过程及中间数据见表 8-3。

表 8-3　岩溶区入渗系数和径流模数计算结果表

计算内容及参数	单位	枯水期	平水期	丰水期	全年合计
时间段 T	天	120	92	153	365
降水量 P	mm	245.0	297.8	1113.4	1656.2

续表

计算内容及参数		单位	枯水期	平水期	丰水期	全年合计
整个流域	面积 S	km^2	33.5	33.5	33.5	33.5
	地下河出口 G47 实测流量 Q	m^3	3062804	5432990	27324528	35820322
	平均地下水径流模数 $M=Q/(86.4T)/S$	$L/(s\cdot km^2)$	8.818	20.403	61.702	33.906
碎屑岩区	面积 S_2	km^2	2.98	2.98	2.98	2.98
	地面产流系数 β_2		0.40	0.52	0.61	
	大气降水入渗系数 α_2		0.19	0.19	0.19	
	对岩溶区补给量 $Q_2+Q_3=1000\times S_2\times P\times(\alpha_2+\beta_2)$	m^3	430759	630085	2654346	3715190
岩溶区	岩溶区面积 $S_1=S-S_2$	km^2	30.52	30.52	30.52	30.52
	径流量 $Q_1=Q-(Q_2+Q_3)$	m^3	2632045	4802905	24670183	32105132
	降水量 $Q_P=10^3\times S_1\times P$	m^3	7477400	9088856	33980968	50547224
	大气降水入渗系数 $\alpha=Q_1/Q_P$		0.352	0.528	0.726	0.635
	地下水径流模数 $M=Q_1/(86.4\times T)/S_1$	$L/(s\cdot km^2)$	8.32	19.80	61.15	33.36

7. 计算结果分析和讨论

水均衡法求算降水入渗系数、径流模数是最接近实际最为可靠的方法之一；尽管计算公式简单，但在岩溶发育地区，要计算出精确而又接近实际的 α 是比较困难的，其影响因素有很多。欲求算出精确的 α、M，关键的问题是：在水均衡计算中，利用科学的手段，力求各均衡要素值更加接近实际和准确，这样计算出的 α 才能成为理想的水文地质参数。寨底地下河为一个封闭的岩溶地下水系统，并且具有当年补给当年排泄特征，在计算参数时涉及影响因素少，并采用高频率自动监测水位、流量、雨量数据，有效控制了参数计算中所涉及数据资料的可靠性和精确性，使得其参数更精确。

分时段计算出了枯、平、丰水期的参数值，因为部分地下水径流排泄存在滞后关系，比如丰水期接收的降水补给可能在平水期甚至在枯水期才能通过地下河出口排泄，这可能导致丰水期计算参数值略偏小而平水期和枯水期则稍大，这个误差在目前技术条件下还无法剔除，同时结合寨底地下河快速补给、快速排泄特征，这个误差应该是微小的。

碎屑岩区 G53 溪沟监测站 2013 年没有开展监测，没有采用同期的监测数据计算碎屑岩区的地表产流，不过其碎屑岩区面积小，且通过早两年的监测资料控制，应该对参数精度影响小。

枯、平、丰水期入渗系数值，一方面反映了连续强降水的丰水期，大部分大气降水以形成地表径流补给地下水为主，而在枯水期，大气降水则主要以蒸发、植被和土壤持水、包气带持水或局部滞水为主，对地下水形成有效补给少。另一方面，在计算水文年内最枯流量为 53.4L/s，即使不扣除碎屑岩区的补给，对应的最枯径流模数也仅为 1.73 $L/(s\cdot km^2)$，比表 8-3 中的枯季径流模数值 8.32 $L/(s\cdot km^2)$ 小 6.59 $L/(s\cdot km^2)$，因此，值得说明，计算得出的径流模数值不代表某个具体时刻，而是计算时段内的平均值。

8.1.2　溶蚀丘陵区入渗系数和径流模数

溶蚀丘陵区指万华岩地下河系统。计算时间段为 2013 年 1 月 1 日 ~2013 年 12 月 31 日，全年 365 天。根据万华岩流域多年各月降水量平枯水期降水量差异小特征，全年划分为平水期、丰水期两个时间段，平水期包括 1 ~2 月和 9 ~12 月合计 184 天，丰水期包括 3 ~8 月共 181 天。2013 年降水量为 1383. 90mm，比多年平均降水量 1565. 3mm 少 181. 4mm，属于偏枯年份，其中平水期降水量 405. 2mm，丰水期降水量 978. 7mm。

1. 平均入渗系数和径流模数

万华岩地下河系统 2013 年全年径流量为 1382. 8×$10^4$$m^3$，其中花岗岩面积 11. 902$km^2$，岩溶区面积 16. 822$km^2$。按整个流域 28. 72$km^2$ 计算，年平均入渗系数和径流模数分别为 0. 348、15. 27 L/(s · km^2)。其中 1 ~2 月和 9 ~12 月平水季节径流量为 320. 0×$10^4$$m^3$，平均入渗系数和径流模数分别为 0. 275、4. 24L/(s · km^2)；3 ~8 月雨水季节径流量为 1062. 8×$10^4$$m^3$，平均入渗系数和径流模数分别为 0. 380、22. 51 L/(s · km^2)。

2. 分区参数

根据地下河系统自然条件章节阐述，万华岩地下河流域划分为东部、西部两个子系统，东部子系统汇水面积 11. 37km^2、其中花岗岩面积 7. 40km^2，岩溶区面积 3. 97km^2；西部子系统 17. 34km^2，其中花岗岩面积 4. 50km^2，岩溶区面积 12. 84km^2。两个子系统的地下水补给、径流、排泄条件不同，分别计算各区的入渗系数和径流模数。

1）径流量分配比例

万华岩地下河东侧牛角湾附近有秀凤有色金属矿，已经开采钼矿 40 余年，矿区下游溪沟水以及牛角湾区域 Cz44、Cz45、Cz46 三个岩溶泉水钼离子含量较高，上述三个泉排泄的地下水沿溪沟流到到瓜棚下区域，部分溪沟水渗漏通过 Cz48 进入地下向万华岩东支洞补给，导致东支洞地下水钼含量较高，而西支洞地下水中钼含量均保持为 0。

为了求取分区参数，首先需对万华岩地下河出口流量进行分配，即总出口排泄量中，两个子系统各占多少径流量。根据东支洞地下水中微量元素钼含量高、西支洞地下水中钼含量为 0 的特点，通过取样检测东、西支洞和总出口地下水中钼含量动态，建立地下河出口流量、钼含量与东支洞的钼含量相关关系，最终计算得出径流量的分配比例。

2013 年 7 ~9 月对 5 个监测点进行取样和钼含量检测，其中 7 ~8 月为强降水期、9 月为平水期，合计取水样 22 批次 105 组。取样点包括瓜棚下 Cz48，溶洞内东支道 Cz02-1、西支道 Cz02-2 和汇集后 Cz02 的地下水，万华岩总出口 Cz50，取样点分布如图 8-1 所示。

瓜棚下 Cz48 浓度最高，最大达 47. 20μg/L，平均值 24. 20μg/L，波动大，特别 7 月 10 日、13 日两次浓度小，认为与取样时受降水坡面流影响有关。溶洞内东支道地下水 Cz02-2 的浓度也较大，平均值 8. 21μg/L，但波动相对 Cz48 小。洞内西支道 Cz02-1 浓度保持在 1. 00 ~2. 00μg/L，比较稳定。左东支道汇集后的取样点 Cz02、万华岩总出口 Cz50 受东支道 Cz02-2 的浓度直接影响，它们的浓度相互间呈正相关关系，与瓜棚下 Cz48 也呈正相关关系。样品测试结果见表 8-4、图 8-2。

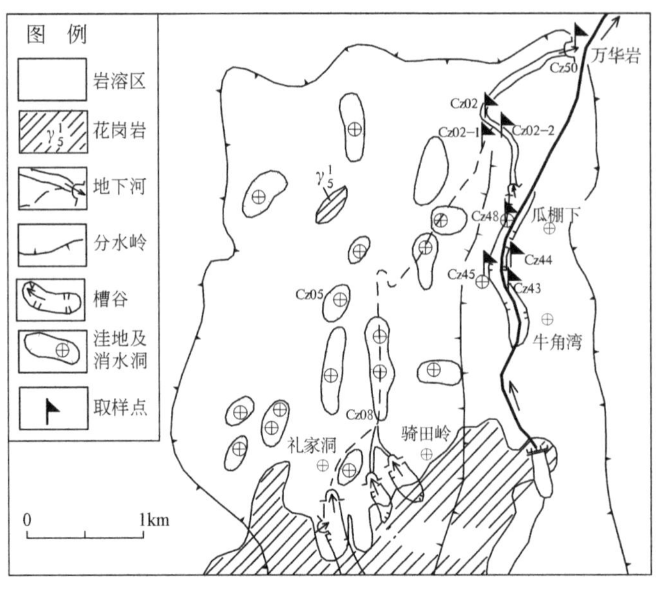

图 8-1　取样点分布图

表 8-4　钼离子浓度测试结果表

取样日期	5 号	1 号	2 号	4 号	3 号		
	瓜棚下	东支道	西支道	洞内	万华岩出口	铁坑水库	自来水
	Cz48	Cz02-2	Cz02-1	Cz02	Cz50		
7 月 1 日	17	9	1	4	2		
7 月 4 日	18	8	1	3	1		
7 月 7 日	11	7	1	3	2		
7 月 10 日	5	8	1	3	2		
7 月 13 日	6	8	1	2	1		
7 月 16 日	37	8	1	2	2		
7 月 19 日	32	8	2	4	1		
7 月 22 日	10	7	1	3	1		
7 月 25 日	22	7	1	3	2		
8 月 14 日	37	9	1	4	2		
8 月 17 日	14	9	1	2	1		
8 月 18 日	41	11	1	3	2		
8 月 19 日	13	9	1	2	1		
8 月 22 日	38	11	1	2	2		
8 月 24 日	19	8	1	2	1		

续表

取样日期	5 号	1 号	2 号	4 号	3 号		
	瓜棚下	东支道	西支道	洞内	万华岩出口	铁坑水库	自来水
	Cz48	Cz02-2	Cz02-1	Cz02	Cz50		
8 月 25 日	25	10	1	2	1		
8 月 30 日	19	10	1	2	3		
9 月 6 日	20	10	1	2	3		
9 月 12 日	38	8	1	1	3		
9 月 18 日	47	7	1	3	1		
9 月 22 日						4	5
9 月 24 日	41	9	1	2	2		
最大值	47.20	10.80	2.00	4.00	3.00		
最小值	4.90	6.50	1.00	1.00	1.00		
平均值	24.20	8.21	1.02	2.57	1.81		

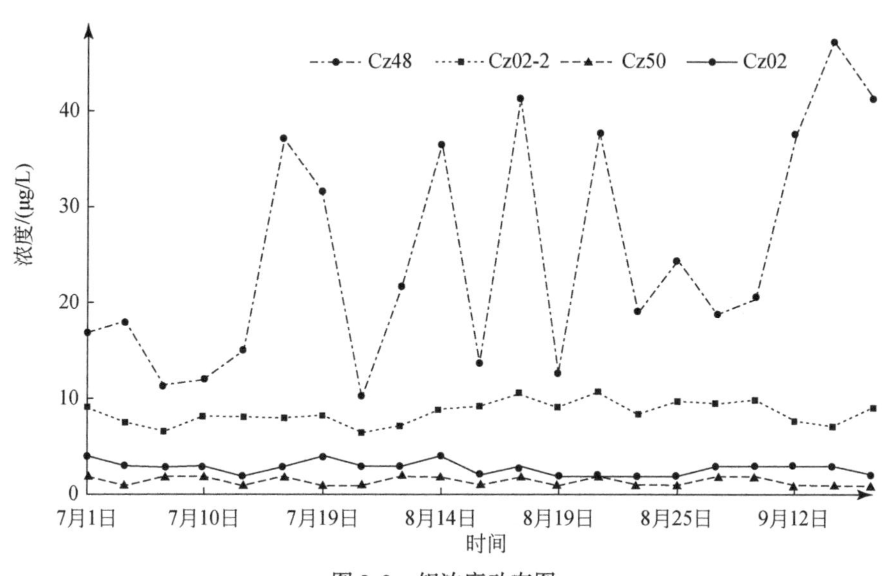

图 8-2　钼浓度动态图

万华岩出口 Cz50 的钼离子浓度平均值为 1.81μg/L，以西支道的 Cz02-1 的平均值 1.02μg/L 为本底值，评价出口流量的组成，假设万华岩出口的浓度，在混合后的钼离子浓度没有受洞穴内沉积物的吸附，也没有起物理化学反应而沉淀，所有钼离均随水流达到万华岩出口，假设西支道流量占总出口流量的百分比为 x，东支道流量则占总出口流量的百分比为 $1-x$，下列公式成立：

$$8.21x + 1.02(1 - x) = 1.81 \tag{8-5}$$

计算得出 x 等于 11.00%，即东支道的流量约占万华岩出口流量的 11.00%，约 89.00%的流量由西支道补给。

2）东、西子系统入渗系数和径流模数

将全年总排泄量、平、丰水季节排泄量按照 11.0%、89.0%比列进行划分结合各自的汇水面积进行计算得出东、西子系统分区的参数。

东部子系统年径流量为 $152.1\times10^4m^3$，年平均入渗系数和年平均径流模数分别为 0.097、12.15 L/(s·km²)。其中平水季节径流量为 $35.2\times10^4m^3$，对应平均入渗系数和平均径流模数分别为 0.076、1.95 L/(s·km²)；丰水季节径流量为 $116.9\times10^4m^3$，对应平均入渗系数和平均径流模数分别为 0.11、6.57 L/(s·km²)。

西部子系统年径流量为 $1230.7\times10^4m^3$，年平均入渗系数和年平均径流模数分别为 0.513、30.39 L/(s·km²)。其中平水季节径流量为 $284.8\times10^4m^3$，平均入渗系数和平均径流模数分别为 0.405、10.33 L/(s·km²)；丰水季节径流量为 $945.9\times10^4m^3$，平均入渗系数和平均径流模数分别为 0.56、34.88 L/(s·km²)（表 8-5）。

表 8-5　万华岩参数计算结果表

时间段	计算内容	全流域	东部子系统	西部子系统
全年（1～12 月）	径流量/m³	13828029.79	1521083.277	12306946.5
	年降水量/mm	1383.90	1383.90	1383.90
	岩溶区面积/km²	16.82	3.970	12.84
	花岗岩面积/km²	11.90	7.400	4.50
	合计面积/km²	28.72	11.37	17.34
	入渗系数	0.348	0.097	0.513
	天数/天	365	365	365
	径流模数/［L/(s·km²)］	15.27	4.24	22.51
平、枯季（1～2 月、9～12 月）	径流量/m³	3200012.15	352001.3364	2848010.8
	降水量/mm	405.2	405.2	405.2
	入渗系数	0.275	0.076	0.405
	天数/天	184	184	184
	径流模数/［L/(s·km²)］	7.01	1.95	10.33
雨季（3～8 月）	径流量/m³	10628017.64	1169081.94	9458935.7
	降水量/mm	978.7	978.7	978.7
	入渗系数	0.38	0.11	0.56
	天数/天	181	181	181
	径流模数/［L/(s·km²)］	23.66	6.57	34.88

3. 计算结果讨论和对比

计算结果表明，东部子系统入渗系数和径流模数很小，东部的地下水、地表水主要通过人工渠道排出区外，万华岩地下河系统的补给主要依靠西侧子系统。丰水季节的入渗系数参数值比平水季节的参数值稍大，与寨底地下河系统特征基本相同，地下水调蓄功能以季节性调蓄为主。

8.1.3　深切峡谷区入渗系数和径流模数

1. 参数计算结果

计算期为 2015 年 1 月 1 日 ~ 2015 年 12 月 31 日。全年降水量 1008.6mm，为枯水年份，其中枯水期 1 ~ 2 月、11 ~ 12 月降水量为 71.1mm，平水期 3 ~ 4 月、9 ~ 10 月降水量为 252.8mm、丰水期 5 ~ 8 月降水量为 684.7mm，分别占年降水量的 7.5%、25.06%、67.89%。通过统计鱼泉地下河出口流量，全年总径流量为 2695.5×10^4m^3；其中枯、平、丰水期径流量分别为 386.7×10^4m^3、591.1×10^4m^3、1717.7×10^4m^3。

通过进一步计算得出鱼泉地下河流域降水入渗系数和径流模数（表 8-6）。年平均降水入渗系数为 0.521；枯、平、丰水期入渗系数分别为 1.062、0.456、0.489。年平均径流模数为 16.67L/(s·km^2)，枯、平、丰水期径流模数为 7.28L/(s·km^2)、10.94L/(s·km^2)、31.53L/(s·km^2)。

表 8-6　鱼泉地下河系统入渗系数、径流模数计算结果表

项目	全年（$Q=Q_1+Q_2+Q_3$）	枯季（Q_1）	平季（Q_2）	雨季（Q_3）
径流量/m^3（占百分比）	26954707.6	3867185.5（14.35%）	5910753.8（21.93%）	17176768.3（63.72%）
汇水面积/km^2	51.26	51.26	51.26	51.26
降水量/mm（占百分比）	1008.6	71.1（7.05%）	252.8（25.06%）	684.7（67.89%）
天数/天	365	120	122	123
入渗系数	0.521	1.062	0.456	0.489
径流模数/[L/(s·km^2)]	16.67	7.28	10.94	31.53

2. 计算结果讨论

本区域与大小井地下河系统具有类似的地下水年内调节特征，枯季入渗系数为 1.062，大于 1.0 显然不符合一般自然规律，这主要反映丰、平水季节的降水补给滞后到枯水季节排泄。另外，可能有这样的疑问，是否是流域边界划分问题所导致，即实际流域面积比计算中所使用的流域面积大，使得计算出枯季入渗系数大于 1.0；从年平均入渗系数 0.521 看，其数值反映流域边界是合理的，因此，枯季入渗系数大于 1.0 不是边界划分不合理引起的。

鱼泉地下河流域汇水面积小，仍具有较强的年内调蓄能力。分析原因，主要有两个方面，第一，地下水埋深大，主要含水岩组下三叠统飞仙关组第 1 ~ 3 段（$T_1f^{1\sim3}$）、嘉陵江组（T_1j）总厚度大，巨厚层的包气带及其局部的上层滞水将延迟大气降水对饱水带地下河管道的补给；第二，北部区域的大面积志留系罗惹坪组（S_2lr）基岩裂隙水、飞仙关组第1~3段（T_1f^{1-3}）岩溶裂隙管道水与南部的嘉陵江组（T_1j）岩溶裂隙管道水之间有一个相对隔水层飞仙关组第4段（T_1f^4），其厚约25m，岩性为页岩夹泥灰岩，含水介质以岩溶裂隙为主，使得北部的地下水向南部地下河出口径流补给过程中起到延缓滞后作用。

8.1.4　大小井地下河入渗系数和径流模数

1. 均衡计算期、降水量及径流量

选择2014年1月1日~2014年12月31日这一水文年作为水量均衡计算期。计算期降水量以流域中南部羡塘雨量监测站、中北部摆金雨量监测站的平均值作为雨量数据，年降水量分别为1464.2mm、1102.8mm，为偏丰水年。两个雨量监测站的年降水量平均值为1283.5mm，其中枯水季节1~2月、11~12月合计降水量为92.1mm，占年降水量的7.17%；平水季节3~4月、9~10月合计降水量为359.0mm，占年降水量的27.97%；丰水季节降水量为832.5mm，占年降水量的64.86（表8-7）。

表8-7　大小井流域2014年降水量

时间段		摆金站/mm	羡塘站/mm	平均值/mm	百分比/%
枯水季节	1~2月、11~12月	50.0	134.1	92.1	7.17
平水季节	3~4月、9~10月	258.8	459.2	359.0	27.97
丰水季节	5~8月	794.0	870.9	832.5	64.86
全年		1102.8	1464.2	1283.5	100.00

依据平塘、罗甸、惠水三县气象站1980~2000年降水量序列资料，从中选择出一个完整的降水周期，采用皮尔逊Ⅲ型分布作为概率模型，计算各县50%、75%、95%保证率的降水量。根据各县在大小井流域内所占面积比重，以加权平均方式得出各县不同保证率降水量计算结果。大小井流域50%保证率降水量为1183.6mm，75%保证率降水量为1079.9mm，95%保证率降水量为933.4mm（表8-8）。根据上述划分，本次均衡期区内平均年降水量为1283.5mm，属于偏丰年份。

表8-8　工作区不同保证率降水量

县名	不同保证率降水量/mm		
	50%	75%	95%
平塘县	1173.1	1051.7	882.4
惠水县	1239.8	1171.3	1070.1
罗甸县	1137.9	1016.7	847.7
平均值	1183.6	1079.9	933.4

根据大小井出口流量动态监测数据，统计得出2014年全年径流量为$7.94\times10^8m^3$；其中枯水期、平水期、丰水期径流量分别为$0.72\times10^8m^3$、$1.95\times10^8m^3$、$5.27\times10^8m^3$，对应分别占全年径流量的9.10%、24.61%、66.29%。

2. 入渗系数和径流模数计算结果

本流域是完整水文地质单元，无外源水补给。根据 2014 年 1 月 ~2014 年 12 月对大小井地下河总出口流量一个水文年的观测，按水均衡原理，计算区内大气降水入渗系数和地下水径流模数：

$$\alpha = \frac{Q + \Delta q}{1000PF} \tag{8-6}$$

$$M = \frac{Q + \Delta q}{86.4FT} \tag{8-7}$$

式中，α 为大气降水入渗系数；Q 为均衡期大小井地下河出口总排泄量（m^3）；Δq 为均衡期地下水储存量增量（m^3）；P 为有效降水量（mm）；F 为大小井地下河汇水面积（km^2）；M 为地下水径流模数［$L/(s \cdot km^2)$］；T 为均衡期时间（天）。

大小井地下河系统汇水面积大，整个系统面积 1943.2km^2，地层及岩性组合复杂，所布置的监测点没有完全覆盖各种不同岩性地层，因此，对该系统不进行分块计算，所得参数为流域内所有不同岩性地层的综合平均参数。

1）不考虑地下水储存量的变化量 Δq 时计算结果

当不考虑大小井地下河系统中的地下水储量的变化量，即计算公式中的 Δq 为零，得到大小井地下河流域年年平均入渗系数为 0.319，年平均径流模数为 12.963$L/(s \cdot km^2)$。枯、平、丰水期的入渗系数分别为 0.404、0.280、0.326；对应的径流模数分别为 3.589$L/(s \cdot km^2)$、9.544$L/(s \cdot km^2)$、25.501$L/(s \cdot km^2)$（表 8-9）。

表 8-9　大小井入渗系数和径流模数计算结果

时间段	月份	天数	流量/m^3（占百分比）	降雨量/mm	入渗系数	径流模数/［$L/(s \cdot km^2)$］
全年	1 ~12 月	365	794400626.7	1283.5	0.319	12.963
枯水季节	1 ~2 月、11 ~12 月	120	72299387.9（9.10%）	92.1	0.404	3.589
平水季节	3 ~4 月、9 ~10 月	122	195480420.2（24.61%）	359.0	0.280	9.544
丰水季节	5 ~8 月	123	526620818.7（66.29%）	832.5	0.326	25.501

2）地下水储存量增量 Δq 特征及计算结果

2014 年 1 月 1 日 ~2014 年 12 月 31 日均衡期内，贵州大小井地下河系统地下水储存量增量采用如下计算方法。

第一步，依据地下河系统内 18 个监测站的水位数据（表 8-10），分别绘制 2014 年 1 月 1 日均衡初期和 2014 年 12 月 31 日均衡末期的水位流场。

表 8-10　大小井流域监测点月水位及年变幅一览表　（单位：m）

站点号	1月1日	2月1日	3月1日	4月1日	5月1日	6月1日	7月1日	8月1日	9月1日	10月1日	11月1日	12月1日	12月31日	水位差
JC02	434.37	434.19	434.20	435.84	434.43	434.87	436.05	434.63	434.40	434.87	434.20	433.97	433.80	-0.57
JC03	833.35	833.73	835.13	835.72	835.31	835.12	835.21	835.05	834.98	835.32	834.80	834.77	833.13	-0.22
JC04	824.21	824.14	824.12	827.78	824.15	824.32	824.41	823.81	823.78	826.38	823.66	823.70	823.39	-0.82
JC05	829.83	829.77	830.55	831.14	829.70	830.08	829.63	829.48	829.44	830.60	829.81	830.40	830.12	0.29
JC06	844.47	844.44	844.34	858.75	844.33	844.67	858.11	844.45	844.41	850.73	844.39	844.52	844.47	0.00
JC07	896.05	895.95	895.82	896.96	895.98	895.66	896.06	895.69	895.73	897.89	895.53	895.56	895.51	-0.54
JC08	902.69	902.58	902.64	911.76	902.70	901.76	909.14	902.57	902.55	904.30	902.50	902.53	902.54	-0.15
zk01	882.43	880.25	879.46	886.84	883.33	894.65	899.24	899.90	899.15	892.98	883.77	882.54	881.83	-0.60
zk03	815.93	814.23	815.89	815.99	815.83	815.81					815.87	815.91	815.90	-0.03

第二步，利用 Surfer 软件中的体积差功能，采用辛普森体积公式，计算均衡末期与均衡初期的体积差，计算结果为$-1.1003\times10^{8}m^{3}$。

第三步，根据研究区前人研究成果及水文地质手册等相关资料，大小井地下河系统的释水系数为0.008。因此，地下水储存量增量为

$$\Delta q=-1.1003\times10^{8}\times0.008\ m^{3} \tag{8-8}$$

对于枯、平、丰水期，利用同样方法。根据计算期控制监测点水位变幅结合 MapGIS 地理信息系统软件计算出每个块段的储水体积，再结合钻探抽水试验资料以及经验给出不同地段的给水度，得出均衡期的地下水储存量的增量。通过计算得到各个计算期的储存量增量，大小井地下河系统5～8月丰水期，3～4月和9～10月平水期，1～2月和11～12月枯水期内地下水储存量增量见表8-11。

表 8-11　地下水储存量增量

时段	整个均衡期	丰水期	平水期	枯水期
地下水储存量增量/$10^{8}m^{3}$	−0.009	0.676	−0.749	0.065

把上述不同时段的地下水储存量增量Δq的数值放入入渗系数α和地下水径流模数M计算公式中进行计算，由于其数值量级小，对α和M计算结果影响很小，这里不重复罗列计算结果。

3. 参数计算结果分析和讨论

参数计算结果表明，枯水季节的入渗系数0.404，比丰、平水期大，这与寨底地下河系统计算结果不同，其入渗系数从大到小关系依次是丰、平、枯水期。分析认为，主要由汇水面积及其含水介质特征控制，大小井地下河汇水面积大，地下水径流距离长，尽管在不同区域也发育了地下河管道系统（管道快速流），但或许裂隙介质（裂隙渗流）占主导地位，导致地下水滞后排泄，即部分丰水期的降水补给在平水期、枯水期排泄，以及平水期的大气降水补给延迟到枯季排泄，从而形成枯季排泄量和入渗系数增大。根据上述径流排泄差异特征，大小井、寨底地下河系统可分别称为年、季节调蓄类型；进一步可以得

出，对类似大小井年内调蓄类型地下河，此时枯水季节入渗系数不是反映实际的枯季降水入渗特征，计算枯季地下水资源量不宜采用降水入渗系数法，较适宜采用枯季径流模数法。

计算地下水储存量增量 Δq，其中释水系数或给水度是最主要参数，现有文献均针对局部小范围相对均质地区有多种计算 Δq 的方法，仅通过少数几个勘探孔对大面积非均质各向异性的大小井岩溶地下河系统比较难确定 Δq。把释水系数 0.008 扩大 10 倍甚至变为更大的给水度值，所计算的 Δq 对入渗系数和径流模数数值影响小，反映出该区域总体以年内补给年内排泄为主。

8.2　典型地下河水资源量计算

地下河系统地下水天然资源量、可采资源量采用径流模数法进行计算，具体计算公式如下：

$$Q_{天} = 3.156 \times 10^4 M_{平} F \tag{8-9}$$

$$Q_{可} = 3.156 \times 10^4 M_{枯} F \tag{8-10}$$

$$R_{可} = \frac{Q_{可}}{Q_{天}} \tag{8-11}$$

式中，$Q_{天}$、$Q_{可}$ 分别为地下水天然资源量、可开采资源量（m^3/a）；$M_{平}$、$M_{枯}$ 分别为地下水平均径流模数、枯季径流模数［$L/(s \cdot km^2)$］；F 为研究区面积（km^2）；$R_{可}$ 为可采率（%）。

对 4 个类型区，利用枯季最小流量计算最大保证率地下水可采资源，计算公式为

$$Q_{可} = 3.156 \times 10^4 Q_{枯} \tag{8-12}$$

式中，$Q_{枯}$ 为枯季最小流量（L/s）；$Q_{可}$ 符号意义与前面公式相同。

根据上述公式，计算得到寨底、万华岩、鱼泉、大小井地下河系统对应两种计算方法的可采资源量和可采率（表 8-12）。枯季径流模数法计算结果，寨底、万华岩、大小井地下河可采资源量占天然资源量的 26.01%、27.77%、27.69%，鱼泉地下河可采资源量占天然资源量的 43.67%，反映了鱼泉地下河系统裂隙含水介质的调蓄功能。枯季流量法计算结果，寨底、万华岩地下河可采资源量占天然资源量的 4.70%、4.22%，鱼泉地下河可采资源量稍大，占天然资源量的 6.39%；大小井地下河最大，可采资源量占天然资源量的 9.10%。

表 8-12　地下水可采资源量计算结果表

地下河名称	汇水面积/km^2	年平均径流模数/[L/(s·km^2)]	天然资源量/m^3	枯季径流模数法			枯季流量法		
				径流模数/[L/(s·km^2)]	年可采资源量/m^3	可采率/%	最枯流量/(L/s)	年可采资源量/m^3	可采率/%
寨底地下河	33.5	33.91	35820322	8.82	9316029	26.01	53.4	1684022	4.70
万华岩地下河	28.7	15.27	13830252	4.24	3840227	27.77	18.5	583416	4.22

续表

地下河名称	汇水面积 /km^2	年平均径流模数 /[L/(s · km^2)]	天然资源量/m^3	枯季径流模数法			枯季流量法		
				径流模数 / [L/(s · km^2)]	年可采资源量/m^3	可采率 /%	最枯流量 /(L/s)	年可采资源量/m^3	可采率/%
鱼泉地下河	51.2	16.67	26947644	7.28	11768377	43.67	54.6	1721866	6.39
大小井地下河	1943.2	12.96	794382430	3.59	219936630	27.69	2293.4	72324662	9.10

地下水可采资源有多种计算方法，如针对不同保证率降水条件分别进行计算，有关地下水可采资源计算方面不是本书的重点，不开展深入讨论。

第9章　地下河系统模型模拟

岩溶含水介质及其内部地下水运动极为复杂，尽管孔隙介质中层流运动的达西定律及圆管中紊流公式均早已确定，但这些理论和方法如何应用到具体的岩溶地下河系统模拟和水资源评价依然是水文地质领域一个值得研究的科学问题。到目前为止，模拟一个完整、复杂多流态岩溶管道水-岩溶裂隙水系统，在如何建立对应数学模型和数值模型上还处于探索阶段（易连兴，2007）。本章尝试把 Modflow 及 SWMM 应用于寨底地下河系统，探讨对地下河系统数值模拟的适应性。

9.1　Modflow 模型模拟

9.1.1　Modflow 和 CFP、Drain 模型

1. 含水层渗流模型

Modflow 是由美国地质调查局开发出来的、基于连续多孔介质理论的地下水流模拟软件。在不考虑水的密度变化条件下，地下水在孔隙介质中的流动可采用达西水流模型微分方程来表示：

$$\frac{\partial}{\partial x}\left(k_{xx}\frac{\partial h}{\partial x}\right)+\frac{\partial}{\partial y}\left(k_{yy}\frac{\partial h}{\partial y}\right)+\frac{\partial}{\partial z}\left(k_{zz}\frac{\partial h}{\partial z}\right)-w=S_s\frac{\partial h}{\partial t} \tag{9-1}$$

$$h(x,y,z,t)=h_1(x,y,z,t),(x,y,z)\in\Gamma_2,t>0 \tag{9-2}$$

$$K_n\frac{\partial h}{\partial n}=q(x,y,z,t),(x,y,z)\in\Gamma_3,t>0 \tag{9-3}$$

$$h(x,y,z,t)=h_0(x,y,z),t=0 \tag{9-4}$$

式中，k_{xx}，k_{yy}，k_{zz}分别为 x，y，z 方向水力传导系数（LT^{-1}）；h 为水头（L）；w 为单位体积上的原汇项（T^{-1}）；S_s 为单位储水系数（L^{-1}）；t 为时间（T）；Γ_2，Γ_3 分别为给定水头和给定流量边界；$h_1(x, y, z, t)$ 为 Γ_2 边界上水头（L）；$q(x, y, z, t)$ 为 Γ_3 边界上给定流量；K_n 为 Γ_3 边界法线 n 上的水力传导系数；$h_0(x, y, z)$ 为初始条件（$t=0$）水头值（L）。

数学模型式（9-1）结合边界条件式（9-2）和式（9-3），以及初始条件式（9-4）通过有限差分法解算。

2. 地下河管道水流模型

Modflow-CFP 是美国地质调查局 2008 年推出的一套程序，在 Modflow 基础上叠加了管道水流计算模块（CFP），使之能模拟层流含水层中包含管道紊流这种复杂地下水系统。Modflow-CFP 的基本思路是，把地下水系统中层流、管道紊流分开进行计算，并通过两者

线性耦合达到模拟目的。其中层流模型采用数学模型式（9-1）进行计算，而管道中紊流模型采用 Darcy-Weisbach 管道水头损失公式［式（9-5）］进行计算（CFP 模型）：

$$h_L = f\frac{\Delta l V^2}{d\,2g} \tag{9-5}$$

$$Q_{ex} = \alpha_{ijk}(h_n - h_{ijk}) \tag{9-6}$$

式中，h_L 为管道长度为 Δl ［L］上的水头损失量（L）；f 为摩擦阻力系数（无量纲）；d 为管道等效直径（L）；V 为地下水平均流速（LT^{-1}）；g 为重力加速度（LT^{-2}）；Q_{ex} 为单位体积交换量；α_{ijk} 为含水层单元（i，j，k）与管道单元 n 之间的水力（量）交换系数；h_n 为管道结点 n 的水头（L）；h_{ijk} 为含水层单元（i，j，k）的水头（L）。

3. 地下水沟渠 Drain 排泄模块

地下水疏干模型 Drain 模块为 Modflow 中一小程序，设计目的是模拟农用沟渠的排水效果（图 9-1）。在层流地下水系统模拟中，主要针对大型集中排泄带的模拟和计算，并限制单向流动，即含水层只向渠道排泄，渠道不向含水层补给。计算公式与式（9-6）近似，这里的 h_n 表示渠道结点 n 的水位，通常，渠道中的水位分段处理为固定不变水位。

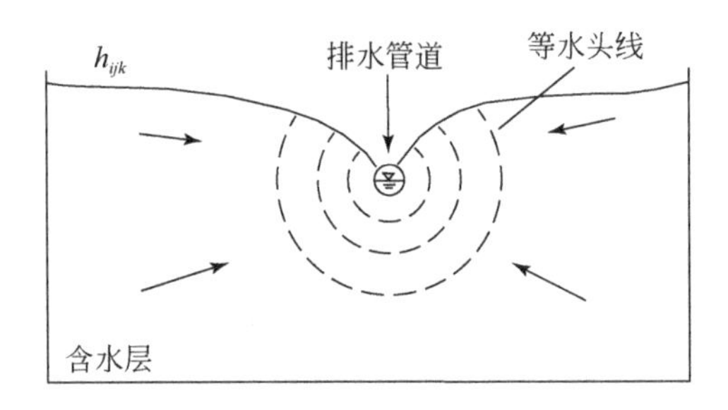

图 9-1　含水层向管道排水剖面示意图

9.1.2　地下河出口局部区域模型模拟及对比

寨底地下河系统内地形高差较大，岩溶管道分布不均，表现为高度非均质性和各向异性，在开展全区域模拟前，选取南部响水岩天窗 G37 至寨底出口 G47 段区域为模拟对象，模拟区域在寨底地下河流域的平面位置如图 9-2a 所示，通过 Modflow 和 CFP、Drain 3 种模型模拟结果对比，从中选择相对适宜寨底地下河的模拟方法。

模拟区面积 4.2km²，全部为上泥盆统东村组（D_3d）中厚层灰岩，发育 G37-zk8-zk7-G47 地下河主管道和 zk9 至 zk8 支管道，地下水补给源有降雨入渗补给和北部侧向边界补给；地下河出口 G47 为模拟区排泄点（图 9-2b）。

模拟区东西两侧为地下水分水岭，处理为二类零流量边界；北部边界为二类侧向补给边界，实际处理为给定水头边界，在边界外围布置有 G41 溶潭和 G42 天窗两个地下水位监测点，根据水位动态给出各个时段边界上不同节点的水位值，南部 G47 为地下河排泄口，根据 G47 动态监测数据给出不同时段该节点的排泄量。模拟区内布置有 4 个水位动态监测点，分别为 zk7、zk8、zk9 和天窗 G37，其中 3 个钻孔均位于地下河管道上，根据监测值

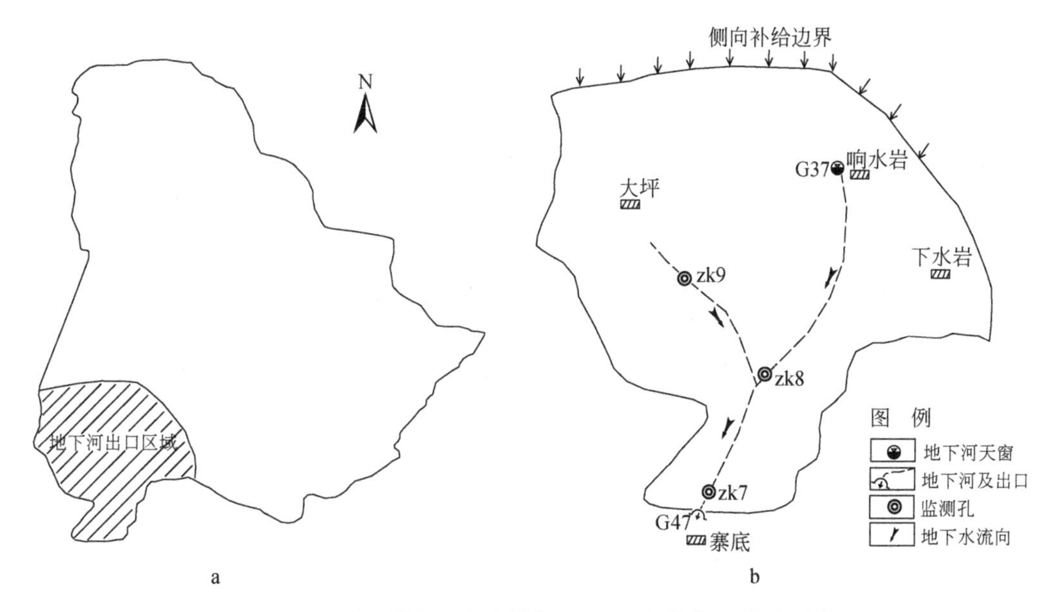

图9-2　地下河出口模拟区在流域位置（a）和放大比例平面图（b）

给定模拟期的初始流场，同时也是模型模拟控制点；在地下河出口G47和天窗G37布置有自动雨量监测站，其雨量监测数据有效控制大气降水及其入渗量。

模拟期2013年1月1日~2013年12月30日，每个月上、中、下旬为一个计算时段，全年共36个时段。对于地下水渗流层，垂直方向分为两层，上层表示岩溶区包气带及季节性饱水带，下层表示饱水带；平面上剖分为40m×40m网格，概化为均质，即每层1个参数分区，同层各单元参数相同。对于岩溶地下河管道，主管道长2200m划分为3个节点，支管道长1030m划分2个节点。在相同的初值条件、边界条件，使用Modflow、Modflow-Drain及Modflow-CFP进行模拟计算，得到对应3种模型的末时刻的流场如图9-3和图9-4所示。

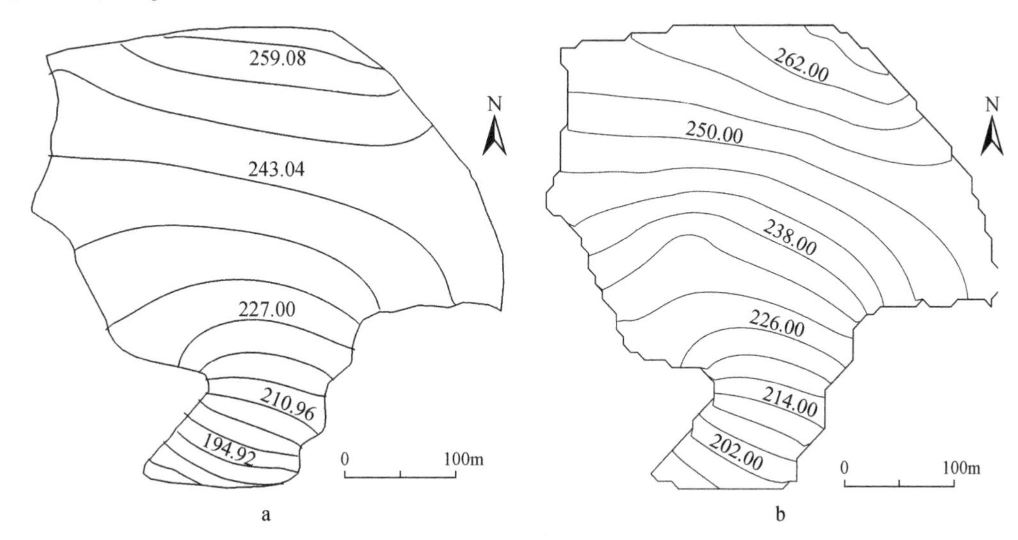

图9-3　Modflow（a）和Modflow-CFP（b）末期模拟流场

从图 9-3a 中可以看出，使用 Modflow 等效渗流场模拟结果，末期流场平缓，流线相互平行，地下水均匀化向南部排泄点 G47 径流，未能刻画岩溶管道集中径流特征。Modflow-CFP（图 9-3b）和 Modflow-Drain（图 9-4）能够模拟反映出管道集中径流，从流线上可以看出沿主管道和支管道方向的两条水位低槽；比较而言，Modflow-Drain 刻画平面渗流场趋势、管道集中径流更接近实际情况，控制点模拟曲线也反映出模拟精度比其他两种方法高，如水位拟合图（图 9-5～图 9-7），但仍存在不能刻画岩溶区水位突涨突落变化较大特点，如 G37 模拟结果。

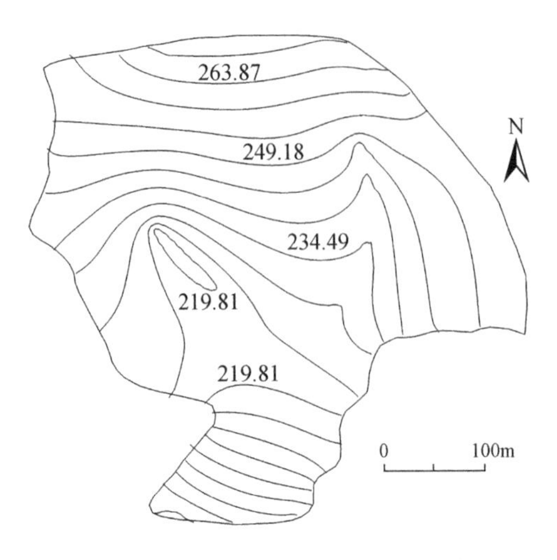

图 9-4　Modflow-Drain 末期模拟流场

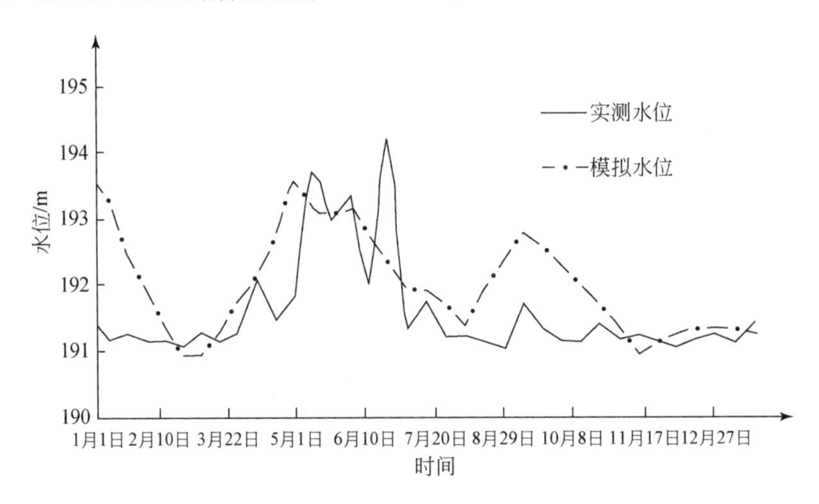

图 9-5　zk7 模拟水位对比图

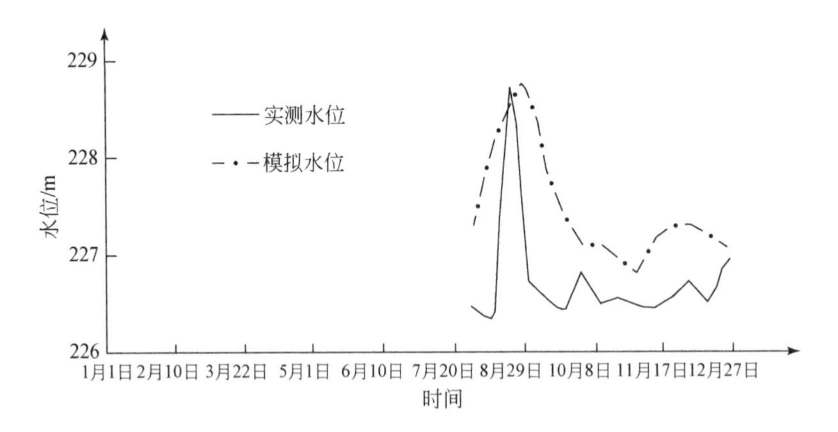

图 9-6　zk9 模拟水位对比图

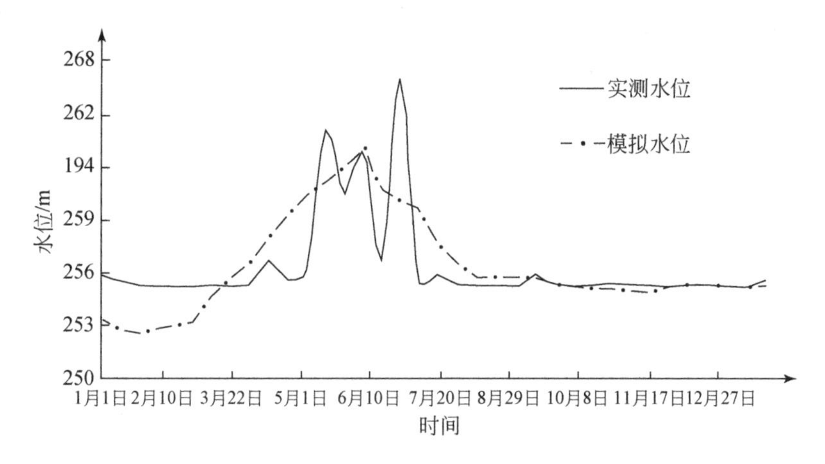

图9-7　G37模拟水位对比图

9.1.3　寨底地下河系统模型模拟

9.1.3.1　集中排泄条件下模型模拟

根据寨底地下河出口段的模型模拟结果对比，采用Modflow-Drain模型对整个流域进行模拟。

1. 边界条件概化

东部补给边界，指岩溶区与甘野、大浮一带碎屑岩区的接触地带；东部碎屑岩区不直接进入Modflow-Drain模型中计算，而是预先计算出碎屑岩对岩溶区的补给量并逐一分配到边界节点上。补给量分两部分，第一部分是地表产流集中补给，通过甘野洼地中的G53溪沟水流监测点计算出每单位碎屑岩区的地表产流量，该部分地表产流分别通过甘野G54、大浮G34地下河入口集中补给岩溶地下水系统；第二部分边界线状补给，通过zk14、zk15两个监测孔以及抽水试验资料，计算出碎屑岩区对岩溶区的侧向补给量，并分配到边界节点。

南部地下河总出口G47排泄边界，实际为相距约25m的两个排泄口，处理为1个节点，所有的地下水通过该节点排出到地下河系统外面（集中排泄处理）。该节点上对应各个时段的具体排泄量由实测流量动态给定，其边界水位值由zk7孔监测水位确定。

除上述两个地段边界外，其他边界为地下水分水岭边界，即零流量边界。

2. 大气降水补给处理和分区

大气降水到岩溶区后，存在两种补给方式，第一种，面状入渗补给，降水到地表后或形成地表径流过程中，以面或线状方式垂直入渗补给到地下，这部分入渗量通过入渗系数分区确定不同地段的入渗量，并按每个节点控制面积进行分配。第二种，形成地表径流并汇集到溪沟通过点状方式补给地下岩溶管道，如琵琶塘G29消水洞，海洋谷地汇集的地表水由该点进入地下，这时，该部分补给量仅分配到某个节点。因此，对于每个降水入渗系数分区，分别给出入渗系数和产流系数，当产流量相比入渗量占比很小时，定义产流系数为零。降水入渗分为5个参数区（图9-8）。

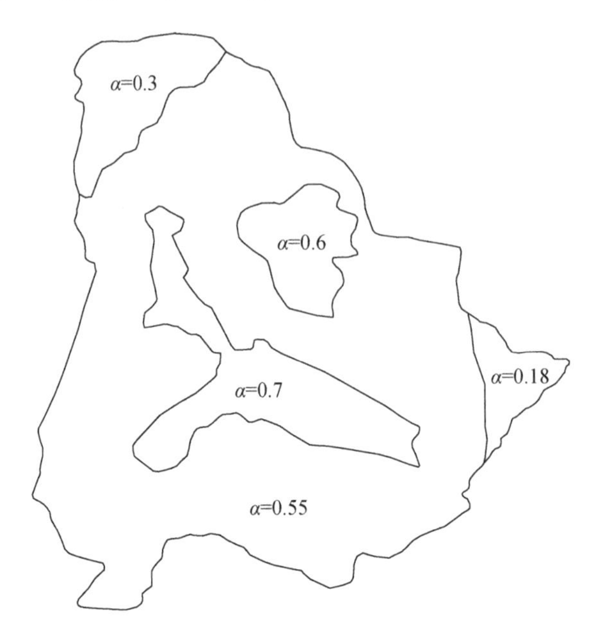

图9-8　降水入渗系数分区

3. 岩溶区内部集中排泄和补给处理

寨底地下河系统内，发育有多个岩溶大泉（如G43、G45）和地下河子系统出口（G32、G44），同时也发育多个大型消水洞或天窗（如G37等），岩溶泉和地下河子系统出口排泄的地下水通过消水洞或天窗再次补给地下。这些排泄口处理为抽水点，所对应的源汇项数值为正；消水洞和天窗处理为注水点，所对应的源汇项数值为负值。

研究区内建立了5个雨量站，45个水位流量监测点，监测频率1次/4h，对每个块段的降水量、水位等有严格控制。

4. 渗流场网格剖分

垂直方向上分为两层，上层表示岩溶区包气带及季节性饱水带，下层表示饱水带及岩溶管道，由于不同地段岩溶发育深度、强度以及水位埋深差别大，因此，节点的层厚是不同的，即不同单元的厚度不等。平面上剖分大小为40m×40m网格，x、y方向最大节点数为170、187，最少节点数为11、3。

5. 地下河管道网格剖分

寨底地下河系统内，发育有14条地下河（支）管道系统共剖分为21个节点，每个管道上的节点与渗流场上、下层节点一一对应，其中琵琶塘、钓岩、豪猪岩、东究、小浮、寨底地下河子系统节点数分别为4、4、5、2、2、4。

6. 水文地质参数分区

全区分为8个水文地质参数区（图9-9）参与模型计算。

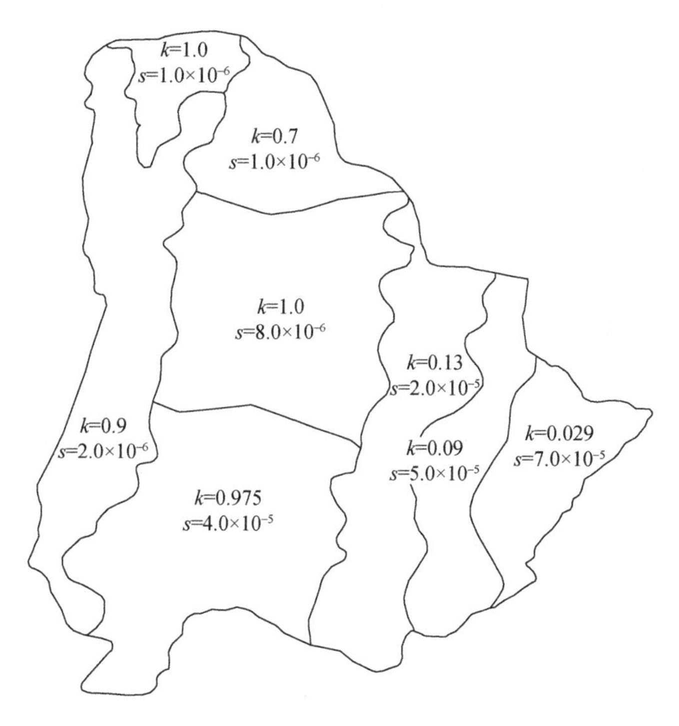

图9-9　水文地质参数分区图

7. 模拟期、步长和模拟控制点

模拟期为2013年1月1日～2013年12月30日，每个月分为3个时段，对应上、中、下旬；上、中旬均为10天，下旬根据各月天数为8天、10天或11天。模拟期共12月合计36个计算时段。以2013年1月1日的监测水位建立初始流场，全区水位模拟点7个，分别是zk21、zk14、zk13、zk9、zk7、G37及G19。

通过不断调整参数和计算，控制模拟点的总体均方差为1.71，各控制点的模拟曲线如图9-10～图9-16所示，计算过程中地下水输入输出量见表9-1，最终模型末期水位如图9-17所示。

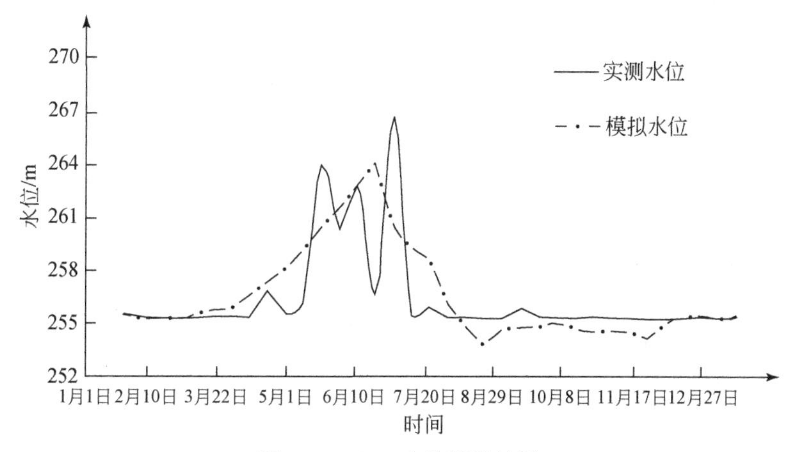

图9-10　G37水位模拟结果

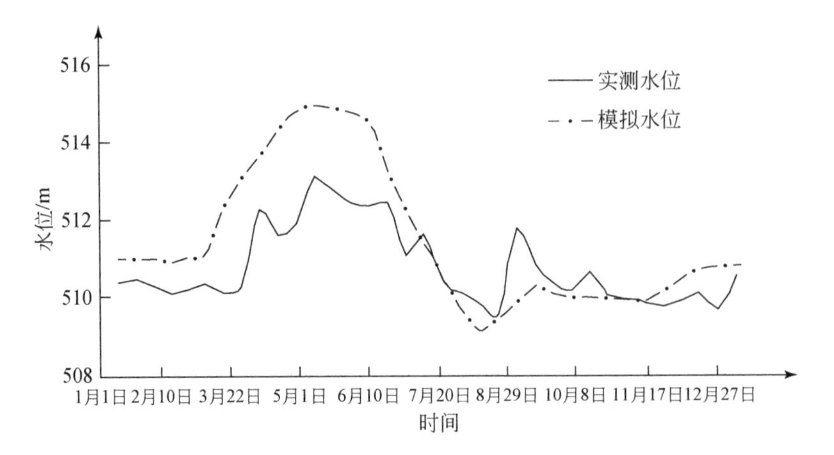

图 9-11　zk14 水位模拟结果

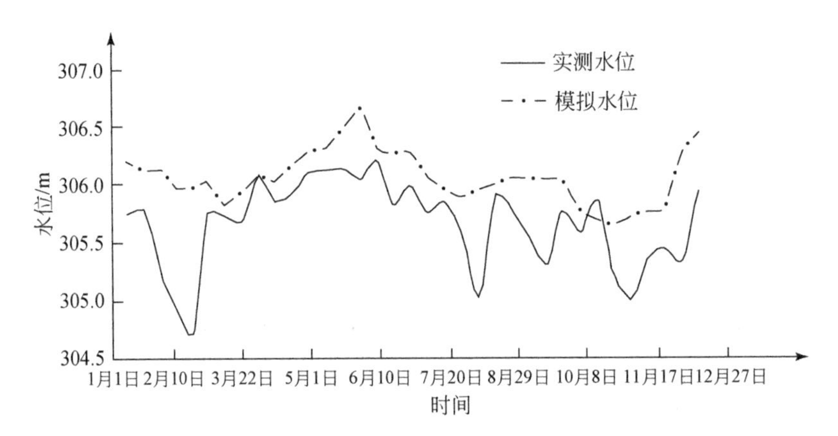

图 9-12　G19 水位模拟结果

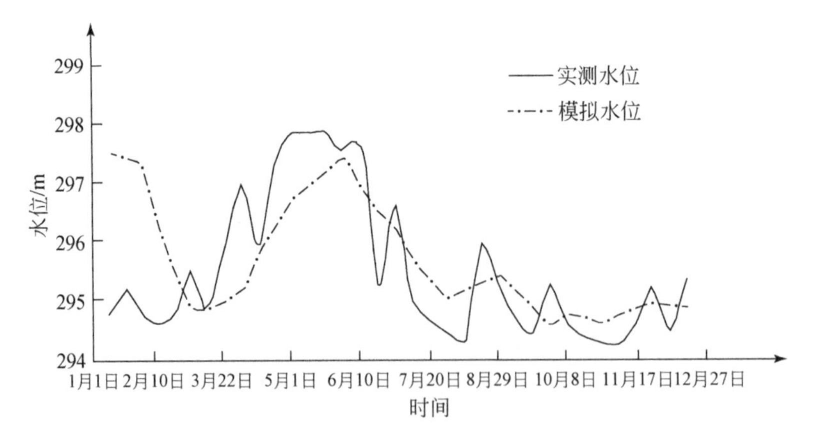

图 9-13　zk21 模拟结果

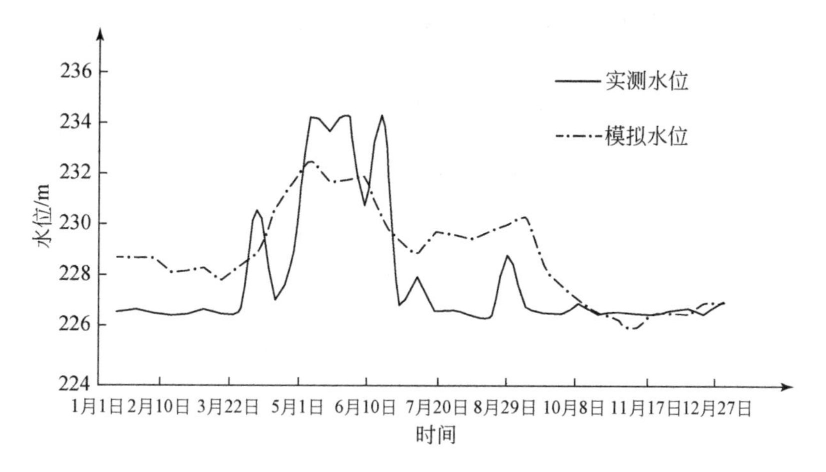

图 9-14　zk9 模拟结果

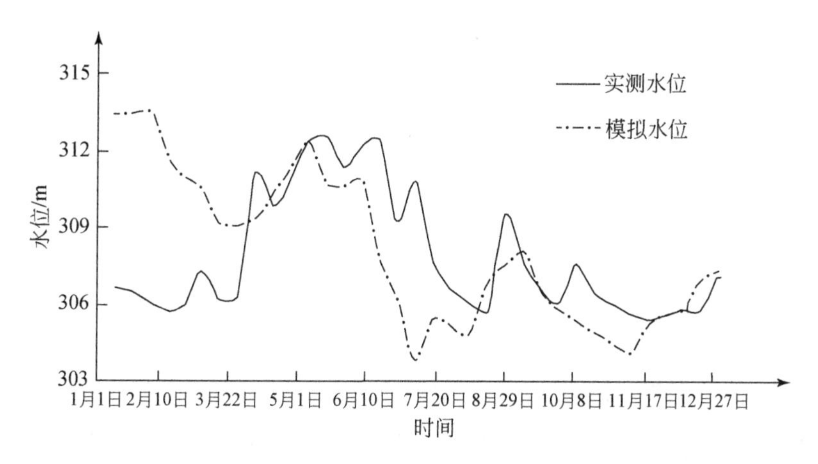

图 9-15　zk13 模拟结果

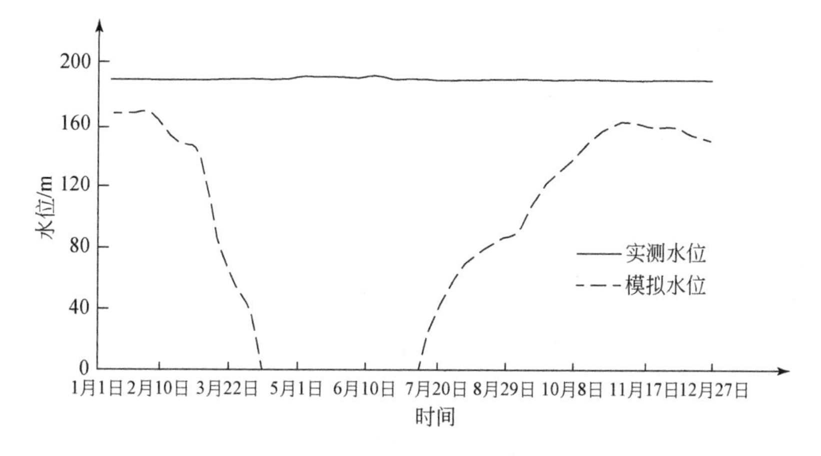

图 9-16　zk7 模拟结果

表 9-1　寨底地下河系统 Modflow 模型水均衡表

各项比例	流入量		流出量			流入流出差
	降水量	侧向补给	土壤截留、植物蒸腾、蒸发	管道排泄	侧向排泄	
水量/万 m^3	1121.88	118.44	267.68	813.88	149.68	9.08

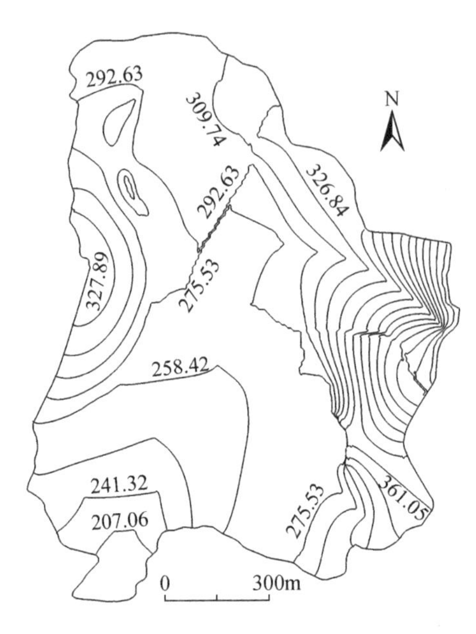

图 9-17　模拟末期流场图

从图中可以看出 G37、zk14、G19、zk21、zk9 及 zk13 水位拟合变化趋势较好，方差均小于 1.8，对于岩溶区地下水模拟来讲可达到基本精度要求，但在地下河出口重要区域 zk7 水位拟合差，模拟水位出现负值，主要原因是整个地下河系统的地下水集中于一个节点上排泄，而模型不能刻画出这种高度集中排泄，即上游的地下水在渗流场条件下不能快速达到 G47 排泄口，所排泄的地下水依靠降低 zk7 附近的水位释放储存量来达到水量平衡，从而造成出口地段流场失真，也就是说模型在刻画集中且快速径流方面仍有待深入研究。因此，根据 zk7 水位拟合结果以及模拟末期流场图，Modflow-Drain 应用于寨底地下河系统，存在一些问题需进一步深入探讨。

9.1.3.2　线状排泄处理条件下模型模拟

把实际点状集中排泄概化为线状排泄，即模型回避或不刻画地下河的集中排泄特点，将寨底出口排泄的流量平均分布于南部边界多个节点排泄。通过线状排泄处理并重新运算模型，zk7 水位拟合结果如图 9-18 所示，实测水位与计算水位在趋势上有一定的吻合，模拟结果相对较好。

9.1.3.3　管道水力传导系数对水位动态模拟敏感性

利用 Drain 模块模拟岩溶地下河管道水流问题，其他参数不变情况下，岩溶管道水力

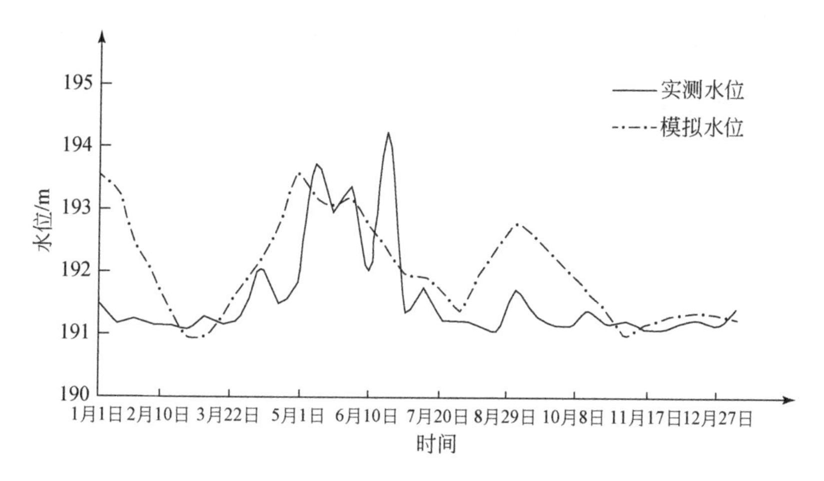

图 9-18　线状排泄条件下 zk7 模拟结果

传导系数对水位动态模拟具有较强敏感度。图 9-19 反映了寨底地下河对岩溶管道水力传导系数从 0.0001m^2/d 至 1000m^2/d 的模拟曲线，水力传导系数在 1.0$m^2/d \leqslant \alpha \leqslant 10m^2/d$ 范围时，计算得出的水位动态与实测动态比较接近，当超出这个范围，模拟水位与实测水位在曲线形态和数值上均差异大，并且距离该范围值越远，与实测水位差异越大。

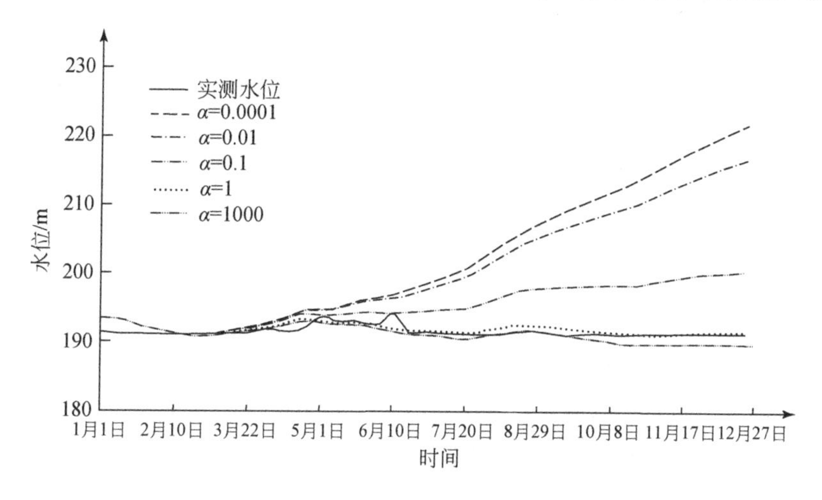

图 9-19　管道不同水力传导系数水位变化曲线

9.2　SWMM 模型模拟

9.2.1　SWMM 模型原理

SWMM（Storm Water Management Model）是由美国国家环境保护局于 1971 年开发的一套软件，经过不断的完善和升级，目前已经发展到 SWMM V5.0 版本，是主要为设计和管理城市排（污）水管网系统而研制的综合性数学模型，它可以模拟完整的城市降雨径流和污染物运动过程。SWMM 模型主要有径流模块、输送模块、扩展的输送模块、调蓄及处理模块和受纳水体模块等，它们之间的关系如图 9-20 所示，该模型功能模块组成及主要参数见表 9-2。

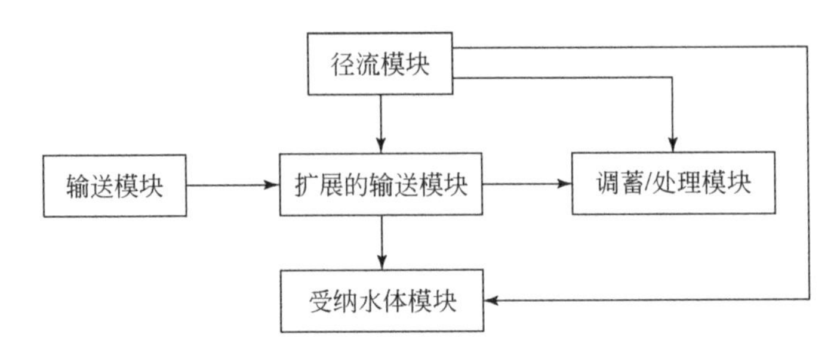

图 9-20 SWMM 模块关系图

表 9-2 SWMM 模型组成及主要参数

功能模块	主要对象	参数（或指标）	其他
气象	气象、蒸发量	可输入小时或每日平均气温（℃）、蒸发量（mm）	气象参数还包括风速（km/h）、融雪、积雪等；水动力参数还包括抽水站、流量堰、控水闸等
水文	雨量站	时间序列降雨强度（mm/h）	
	次级集水区	面积、宽度、坡度、曼宁系数	
	含水层	土壤孔隙度，饱和水力传导率，土壤水分蒸发蒸腾深度，含水层底部高程及初始水位高程与初始水分含量	
	单位流量过程曲线	R、T、K 三个参数表达，R 为进入管道的降水量比例，T 为降水开始到达流量峰值的时间，K 为衰减时间与峰值时间的比率	
水动力	节点、管道、出口	节点与出口高程，管道长度、形态及粗糙度	
其他	流量过程模型	含三种方法：Steady Flow，Kinematic Wave，Dynamic Wave	
	入渗模型	含三种方法：Horton，Green Ampt，Curve Number。主要参数包括最大与最小入渗速率、衰减常数、土壤干燥时间、土壤毛细管吸水深度、饱和水力传导率、初始亏损率	

SWMM 模型包括坡面汇流、边沟汇流、干管汇流和出流排水等部分，模型计算流程图如图 9-21 所示。整个演算过程可分为地表产流子系统演算、地表汇流子系统演算和管网汇流子系统演算等。

1. 地表产流子系统演算

地表产流由 3 部分组成：①对于不透水面积上的产流就等于其上的降水量；②对于带有蓄水的不透水面积上的产流等于其上的降水量减去初损即填洼量；③对于透水面积上的产流不仅要扣除填洼量，还要扣除下渗引起的初损。SWMM 模型中采用 Horton 公式计算下渗量。

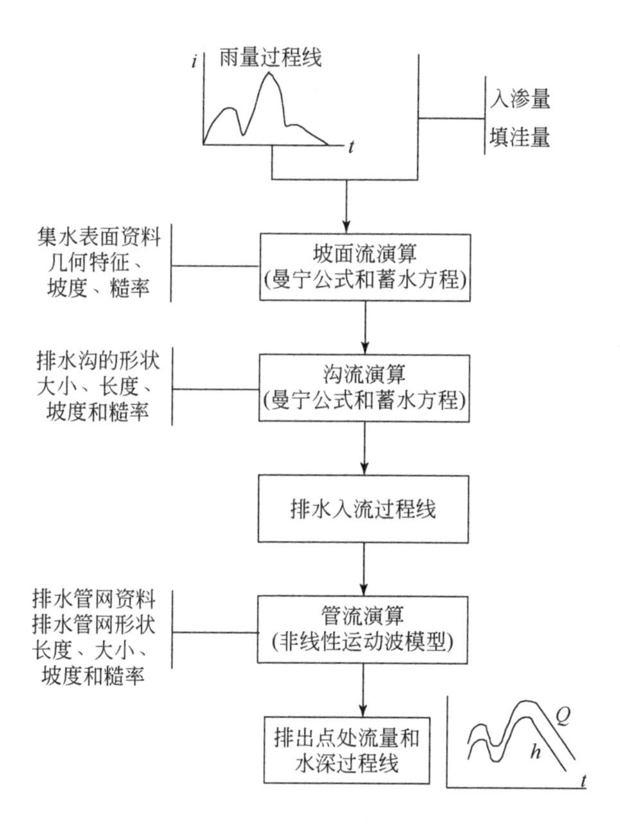

图9-21　SWMM模型计算流程图

2. 地表汇流子系统演算

地表汇流子系统演算是通过把概化子流域的3个部分近似作为非线性水库而实现的，即联立求解连续方程和曼宁公式：

$$\frac{\mathrm{d}v}{\mathrm{d}t}=F\frac{\mathrm{d}h}{\mathrm{d}t}=F\,r_{s}-Q \tag{9-7}$$

$$Q=w\frac{1.49}{n}(h-h_{p})^{5/3}s^{1/2} \tag{9-8}$$

式中，F 为汇水区地表面积（m^2）；v 为汇水区集水量（m^3）；h 为汇水区蓄水深（mm）；r_s 为产流分析得到的地面径流率（m/s）；Q 为坡面出流量，为坡面排入管道和河道的流量（m^3/s）；h_p 为汇水区洼地蓄水深（mm）；w 为汇水区特征宽度（m）；s 为子流域坡度；n 为曼宁糙率系数；t 为时间（s）。

3. 管网汇流子系统演算

管网汇流子系统演算在SWMM模型中可以通过输送模块或扩展的输送模块来演算。采用连续性方程和动力方程构成的圣维南（Saint-Venant）方程组：

$$\frac{\partial Q}{\partial t}+\frac{\partial A}{\partial t}=q \tag{9-9}$$

$$gA\frac{\partial H}{\partial x}+\frac{\partial(Q^2/A)}{\partial x}+\frac{\partial Q}{\partial t}+gAS_f=0 \tag{9-10}$$

式中，Q 为流量（m^3/s）；A 为过水断面面积（m^2）；H 为管内水深（m）；g 为重力加速度（$9.8m/s^2$）；S_f 摩阻比降；q 为单位长度旁侧入流量。

结合初始条件和边界条件，用有限差分法求解上述两个方程组，则得到汇水区域的SWMM模拟模型。

9.2.2　模型概化和模拟数据

1. 模型概化

将寨底地下河系统进行子流域单元划分，共划分29个子流域（图9-22），42个连接点（图9-23），41个地表地下连接管道（图9-24）；水点之间的关系通过地表河道和地下河连接，最终汇入主管道，从寨底总出口（G47）排出；利用GIS ARC/View软件建立各节点的空间数据。

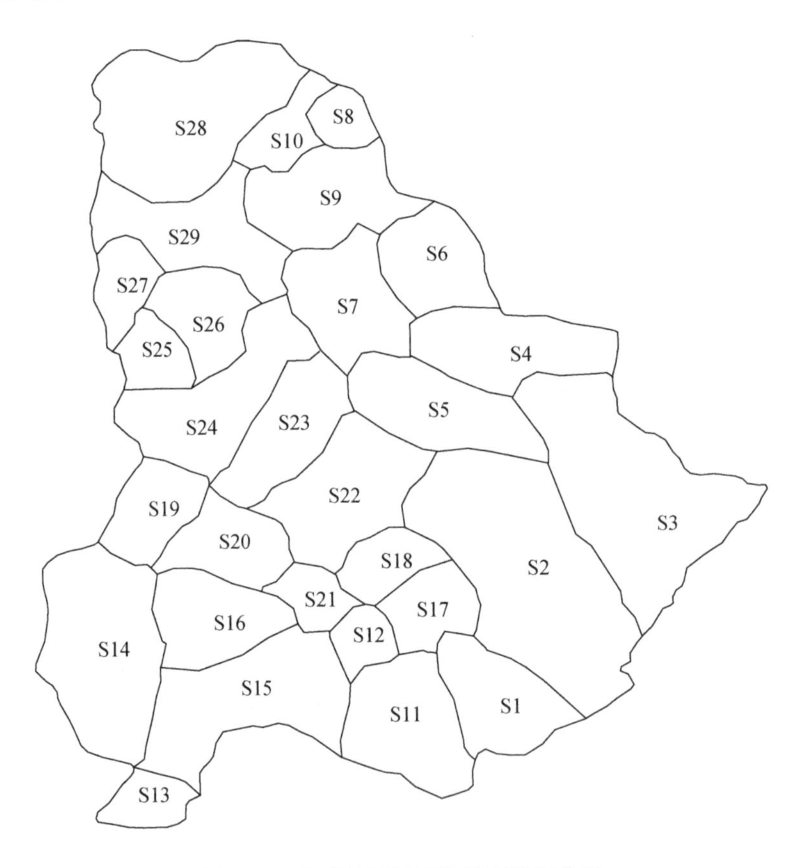

图9-22　寨底地下河系统子流域划分图

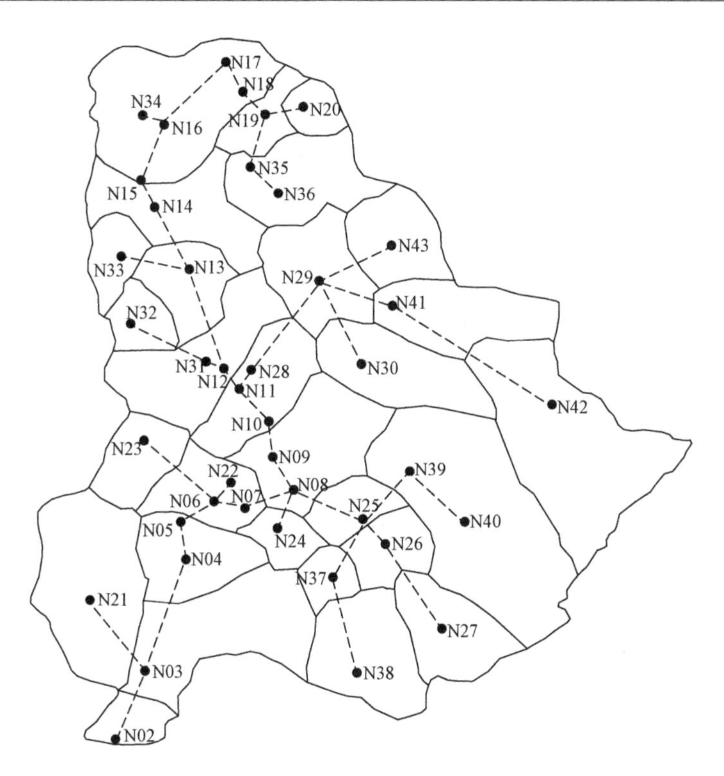

图 9-23　寨底地下河系统节点分布图

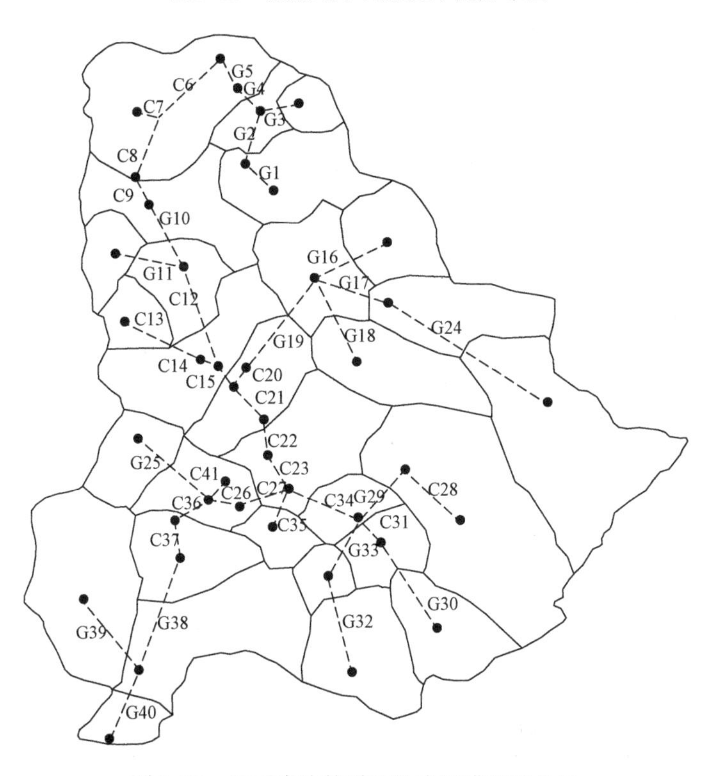

图 9-24　地下岩溶管道和地表河模型概化图

2. 数据准备

1）寨底地下河流域地理基础数据

对寨底地下河流域通过 ArcGIS 建立 1∶1 万数字地形图（DEM），结合野外调查和试验，确定流域边界、地下河管道分布、地下水子系统边界等，建立一套完整地理信息系统（GIS）数据，为水文模拟提供基础。

2）地下水动态监测数据分析和应用

寨底地下河系统内建立了一系列水位、流量、水质、降水量等自动化监测站，积累了多年动态监测数据，这些监测数据为构建 SWMM 模型提供依据。

3）示踪试验数据分析和利用

寨底地下河系统内主要地下河子系统均开展了示踪，查证了不同地段的地下河管道的走向（地下水径流方向和路径）和平面上的分布、地下水的水力联系特征等；试验结果确定了寨底地下河系统内主要存在四段地下河，分别为邓塘 G06 至钓岩 G16、琵琶塘 G29 至水牛厄 G30、甘野 G54 至东究 G32 和响水岩 G37 至寨底 G47，试验结果为 SWMM 建模中子系统（或块段）的划分提供充分依据。

3. 内部结构单元参数设置

管道参数包括长度、糙率等。长度由调查后在地图上量算得到，概化过程中使管道趋近平直，比实际管道长度小。糙率设置：对于地表河道，糙率参照表 9-3 进行选取；对于地下河管道，参考混凝土的糙率（曼宁系数）范围 0.012～0.017 来设置，先将所有地下河管道的糙率设定为 0.015，然后将该参数代入模型进行运算，通过模型的识别和验证，对各地下河管道的糙率进行调整。

表 9-3　天然河道糙率

类型	河段特征			糙率
	河床及床面特征	平面形态及水流特征	岸壁特征	
Ⅰ	河床为砂质，床面平整	河段顺直，断面规整，水流通畅	岸壁为土或土砂质，形状较整齐	0.020～0.024
Ⅱ	河床由岩板、砂砾石或卵石组成，较平整	河段顺直，断面规整，水流通畅	两侧岸壁为土砂或石质，形状较整齐	0.022～0.026
Ⅲ	河床为砂质，河底不太平顺	上游顺直，下游缓弯，水流不够通畅，有局部汇流	两岸岸壁为黄土，长有杂草	0.025～0.026
	河床由砂砾或卵石组成，床面尚平整	河段顺直段较长，断面较规整，水流较畅通，无死水、回流	两岸岸壁为砂土、岩石，略有杂草、小树，形状较整齐	0.025～0.029
Ⅳ	细砂，河底中有稀疏水草或生物植物	河段不够顺直，上下游附近弯曲，有挑水坝，水流不通畅	土质岸壁，坍塌严重呈锯齿状，长有稀疏杂草及灌木	0.030～0.034

续表

类型	河段特征			糙率
	河床及床面特征	平面形态及水流特征	岸壁特征	
Ⅳ	河床由卵砾石组成，底坡尚均匀，床面不平整	断面尚规整，水流尚通畅，斜流或回流不甚明显	一侧岸壁为石质陡坡，形状尚整齐；一侧岸壁为砂土，略有杂草	0.032～0.036
Ⅴ	卵石、块石组成，间有大漂石，床面不平整	顺直段夹于两弯道之间，断面尚规整，水流有斜流、回流或死水现象	两侧岸壁均为石质陡坡，长有杂草、小树，形状尚整齐	0.035～0.040
Ⅵ	河床有卵石、块石、乱石或大石块、大乱石及大孤石组成；床面不平整，底坡有凹凸状	河段不顺直，上下游急弯，或下游有急滩、深坑等；河段处于S形顺直段，不整齐，有阻塞或岩溶情况发育；水流不通畅，有斜流、回流、漩涡	两侧岸壁为岩石及砂石，长有杂草，形状尚整齐；两侧岸壁为石质砂夹乱石、风化页石，崎岖不平整，上面长有杂草，树木	0.040～0.070

子流域设置的主要参数包括面积、坡度、可入渗和不可入渗的比例、填洼深度、地表糙率、结点设置高程等。其中面积、坡度在ArcGIS中由流域DEM计算获得；可入渗和不可入渗的比例结合土地利用数据确定，其中居民地和独立工矿用地及裸岩石砾为不可入渗地面，约占5.91%，结点高程根据洼地底部高程与包气带厚度确定。子流域编号S1、S2、…、S29（表9-4）；结点编号N02、N03、…、N43（表9-5）；地下河管道编号G1、G2等，地表河编号C6、C7等（表9-6）。

表9-4　寨底地下河系统模型子流域物理特性

汇水区	汇水面积/hm^2	平均水流长度/m	平均坡度/%	对应含水层	最低点地面高程/m
S1	102.12	2042.4	66	S1AQ	475
S2	332.17	6643.4	48	S2AQ	375
S3	281.6	5632	55	S3AQ	550
S4	123.17	2463.4	45	S4AQ	416
S5	123.94	2478.8	43	S5AQ	392
S6	91.19	1823.8	10	S6AQ	322
S7	114.67	2293.4	18	S7AQ	320
S8	31.90	638	7	S8AQ	325
S9	122.61	2452.2	12	S9AQ	343
S10	45.52	910.4	8	S10AQ	325
S11	130.42	2608.4	57	S11AQ	349
S12	33.14	662.8	36	S12AQ	370
S13	39.63	792.6	18	S13AQ	200
S14	204.93	4098.6	26	S14AQ	250

续表

汇水区	汇水面积/hm²	平均水流长度/m	平均坡度/%	对应含水层	最低点地面高程/m
S15	182.85	3657	27	S15AQ	249
S16	100.38	2007.6	30	S16AQ	275
S17	59.97	1199.4	47	S17AQ	305
S18	50.75	1015	42	S18AQ	300
S19	71.74	1434.8	21	S19AQ	417
S20	79.12	1582.4	18	S20AQ	272
S21	37.3	746	24	S21AQ	289
S22	144.72	2894.4	29	S22AQ	275
S23	105.46	2109.2	26	S23AQ	275
S24	150.41	3008.2	14	S24AQ	290
S25	42.87	857.4	15	S25AQ	394
S26	78.6	1572	15	S26AQ	300
S27	47.16	943.2	10	S27AQ	325
S28	226.78	4535.6	8	S28AQ	311
S29	129.63	2592.6	8	S29AQ	300

表 9-5　寨底地下河系统模型节点参数

节点名	节点底部高程/m	节点地面高程/m	落水洞深/m	溢水高度/m	落水洞地面储水体积/m³
N02	201	211	10	10	0
N03	229	249	20	0	0
N04	249	269	20	0	10000
N05	271	271	0	0	0
N06	272	272	0	0	0
N07	275	275	0	0	0
N08	278	278	0	0	0
N09	280	280	0	0	0
N10	285	285	0	0	0
N11	288	288	0	0	0
N12	290	290	0	0	0
N13	300	300	0	0	0
N14	300	305	5	0	0
N15	309	309	0	0	0
N16	311.22	311.22	0	0	0
N17	312	312	0	0	0
N18	318	323	5	0	0

续表

节点名	节点底部高程/m	节点地面高程/m	落水洞深/m	溢水高度/m	落水洞地面储水体积/m^3
N19	320	325	5	0	0
N20	325	325	0	0	0
N21	255	305	50	50	400
N22	275	275	0	0	0
N23	318	418	100	0	0
N24	289.43	289.43	0	0	0
N25	300	300	0	0	0
N26	305.24	305.24	0	0	0
N27	350	475	125	0	300
N28	279	299	20	5	0
N29	290	315	25	25	0
N30	330	392	62	0	0
N31	300	300	0	0	0
N32	315	395	80	0	0
N33	310	325	15	0	0
N34	322.77	322.77	0	0	0
N35	330	345	15	0	0
N36	335	348	13	0	0
N37	335	370	35	0	0
N38	349.74	384.74	35	0	500
N39	325	350	25	0	0
N40	375	375	0	0	0
N41	356	416.86	60.86	0	0
N42	400	550	150	150	1000
N43	300	325	25	25	0

表 9-6 寨底地下河系统模型岩溶管道和地表河节点参数

岩溶管道	长度/m	曼宁阻力系数	入口端点高程/m	出口端点高程/m	坡度	断面形状	断面尺寸				
G1	422.21	0.012	335	330	0.01184	force_main	0.75	0.18	0	0	1
G2	576.23	0.012	330	320	0.01736	force_main	0.75	0.18	0	0	1
G3	409.73	0.013	325	325	0.0000	circular	1	0	0	0	1
G4	374.7	0.013	320	318	0.00534	force_main	0.75	0.18	0	0	1
G5	339.91	0.013	318	312	0.01765	circular	2	0	0	0	1
C6	953.37	0.032	312	311	0.00105	trapezoidal	3	3	1	1	1

续表

岩溶管道	长度/m	曼宁阻力系数	入口端点高程/m	出口端点高程/m	坡度	断面形状	断面尺寸				
C7	210. 23	0. 035	322	311	0. 0524	trapezoidal	1	2	1	1	1
C8	687. 08	0. 032	311	309	0. 00291	trapezoidal	3	3	1	1	1
C9	315. 74	0. 035	309	300	0. 02852	trapezoidal	3	3	1	1	1
G10	782. 8	0. 016	300	300	0. 0000	force_main	2	0. 18	0	0	1
G11	741. 15	0. 015	310	300	0. 01349	force_main	1	0. 18	0	0	1
C12	1151. 77	0. 026	300	290	0. 00868	trapezoidal	5	3	1	1	1
G13	961. 81	0. 026	315	300	0. 01560	force_main	1. 5	0. 18	0	0	1
C14	194. 36	0. 023	300	290	0. 05152	trapezoidal	2	1	1	1	1
C15	264. 45	0. 022	290	288	0. 00756	trapezoidal	5	3	1	1	1
G16	864. 41	0. 017	300	290	0. 01157	force_main	1	0. 18	0	0	1
G17	856. 47	0. 017	356	320	0. 04207	force_main	1	0. 18	0	0	1
G18	992. 07	0. 017	330	315	0. 01512	force_main	1	0. 18	0	0	1
G19	1239. 64	0. 017	290	279	0. 00887	force_main	1. 5	0. 18	0	0	1
C20	235. 31	0. 030	279	275	0. 017	trapezoidal	2	2	1	1	1
C21	485. 3	0. 032	288	285	0. 00618	trapezoidal	5	3	1	1	1
C22	391. 57	0. 032	285	280	0. 01277	trapezoidal	5	3	1	1	1
C23	413. 93	0. 033	280	278	0. 00483	trapezoidal	5	3	1	1	1
G24	2056. 94	0. 017	400	356	0. 0214	force_main	1	0. 18	0	0	1
G25	1018. 1	0. 016	318	272	0. 04523	force_main	1	0. 18	0	0	1
C26	320. 03	0. 037	275	272	0. 00937	trapezoidal	5	10	1	1	1
C27	558. 89	0. 038	278	275	0. 00537	trapezoidal	5	8	1	1	1
C28	802. 74	0. 038	375	350	0. 03116	trapezoidal	2	1	1	1	1
G29	710. 64	0. 015	325	300	0. 0352	force_main	1	0. 18	0	0	1
G30	1132. 01	0. 015	350	305	0. 03978	force_main	1	0. 18	0	0	1
C31	304. 15	0. 036	305	300	0. 01644	trapezoidal	2	2	1	1	1
G32	1025. 1	0. 017	349	335	0. 01366	force_main	1	0. 18	0	0	1
G33	701. 26	0. 017	335	300	0. 04997	force_main	1	0. 18	0	0	1
C34	862. 79	0. 026	300	278	0. 02551	trapezoidal	3	2	1	1	1
C35	236. 67	0. 033	275	272	0. 01268	trapezoidal	2	1	1	1	1
C36	447. 27	0. 033	272	271	0. 00224	trapezoidal	5	10	5	5	1
C37	397	0. 036	271	270	0. 00252	trapezoidal	5	10	5	5	1
G38	1319. 2	0. 016	249	229	0. 01516	force_main	2	0. 18	0	0	1
G39	980. 83	0. 016	255	249	0. 00612	force_main	1. 5	0. 18	0	0	1
G40	770. 41	0. 017	229	201	0. 03637	force_main	2. 0	0. 18	0	0	1
G41	428. 17	0. 017	289	275	0. 03271	force_main	1. 0	0. 18	0	0	1

4. 系统水量平衡及水循环过程

大气降水到达地表后，经过截留、蒸发、蒸腾、填洼、入渗后，有效降雨形成地表径流，输入水量和输出水量平衡方程如下：

$$W_1 = t \times Q_1 + \sum t \times i \times S \tag{9-11}$$

$$W_0 = \sum t \times Q_0 + \sum t \times \alpha \times S + \omega + P \tag{9-12}$$

$$t \times Q_1 + \sum t \times i \times S = \sum t \times Q_0 + \sum t \times \alpha \times S + \omega + P \tag{9-13}$$

式中，W_1 为输入水量；W_0 为输出水量；Q_1 为输入流量；Q_0 为输出流量；ω 为蒸发量；S 为流域面积；i 为降雨强度；t 为降雨历时；α 为入渗率。

1）蒸发、截留

林冠截留降水是植被对降水到达地面的第一次阻截，也是对降雨的第一次再分配，减少了林地的有效降雨量，是水文循环过程的重要环节。表9-7是在温度、植被相类似区域的林冠截留观测记录。

表9-7　余家庵林冠截留和林地拦蓄量成果表

单次雨量/mm	0	5	10	15	20	30	40	50	60	70	80	100	120	160	200
林冠截留/mm	0	1.0	2.0	2.8	3.6	5.2	6.6	7.8	9.0	10.0	11.0	12.6	14.0	16.0	17.0

根据模拟过程中寨底地下河区域的实测降水数据结合表9-7进行线性插值；以某日降水量72mm为例，利用降水量70mm、80mm对应的截留量10.0mm、11.0mm进行插值计算得出林冠截留量为10.27mm；通过计算，模拟期林冠总截留量为47.28mm；将林冠截留量47.28mm除以82天，得到等效日林冠截留量，即平均0.58mm/d。蒸发主要通过野外自动气象站的观测数据计算得出，取平均值2.72mm/d。林冠截留量与蒸发量相加等于3.30mm/d，该值即模型中的蒸发、截留量。

2）入渗

SWMM中用于计算入渗损失和地表产流的模型有Horton（霍顿）、Green-Ampt（G-A）和SCS-CN三种。已有的研究与应用表明，SCS-CN模型源于USDA监测的小流域及山坡分区的径流经验分析，可用于估算岩溶区的入渗产流。本次模拟选用SCS-CN模型，SCS径流方程为

$$Q=\frac{(P-I_a)^2}{(P-I_a)+S} \tag{9-14}$$

式中，Q 为径流深（m）；P 为降水量（m）；S 为可能最大持水能力（m）；I_a 为初期损失（m）（包括地面洼地蓄水、植被截留、蒸发和入渗），是高度变化的，通常在SCS曲线方法中所作的进一步假定是 $I_a=\lambda \cdot S$，根据许多天然小流域资料一般假定 $\lambda=0.2$，可得降雨–径流总量：

$$Q=\frac{(P-0.2S)^2}{P+0.8S} \tag{9-15}$$

参数 S 通过径流曲线数CN（25～100）与土壤和流域覆盖条件建立关系：

$$S=\frac{1000}{\mathrm{CN}}-10 \tag{9-16}$$

确定 CN 的主要因素是水文土壤分组、覆盖类型、处理方式、水文条件以及前期径流条件。根据流域的土壤和地表覆被条件，进行不同土地利用面积的统计，按照 USDA-SCS（United Scates Department of Agricnlture-Soil Conservation Service）在 1985 年发表的 *National Engineering Hand book* 中赋以相应的 CN 值，然后取加权平均值（表 9-8）。

表 9-8　基于土地利用的 CN 参数选择参考

序号	地表覆被类型	CN	序号	地表覆被类型	CN
1	林地（良好密集）	25	4	稀疏灌木	35
2	草地-a（良好）	30	5	密集灌木	30
3	草地-b（介于中等于差）	44	6	竹林地	32

9.2.3　模拟结果与讨论

2013 年 8 月 4 日 ~10 月 28 日为模拟时间段，期间有 130.3mm、72.7mm 和 122mm 三场降雨，寨底地下河出口流量动态模拟结果如图 9-25 所示，与实测流量拟合程度较好；3 次峰值对应 3 次降雨，首次峰值模拟值 5.42m³/s（8 月 19 日 12:00），实测值 5.27m³/s（8 月 19 日 14:00）；第 2 次峰值模拟值 13.12m³/s（8 月 23 日 22:00），实测值 13.70m³/s（8 月 23 日 23:00）；第 3 次峰值模拟值 7.86m³/s（9 月 25 日 11:00），实测值 8.27m³/s（9 月 25 日 11:00）。

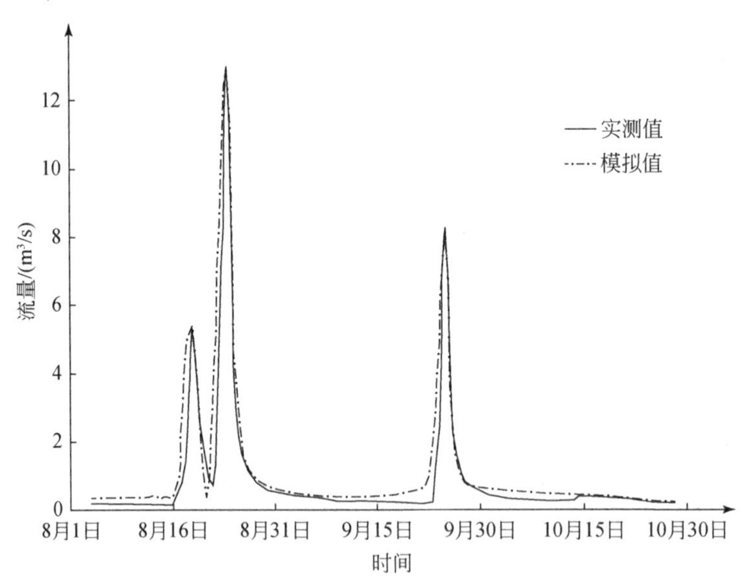

图 9-25　模拟期寨底总出口流量拟合曲线

以 2014 年 1 月 1 日 ~2015 年 1 月 1 日（一个水文年）为验证期，进行模型模拟验证。

模拟结果如图9-26所示。运行模型后，寨底总出口全年模拟结果与实测流量比较，拟合程度较好。其中1月1日~2月22日、9月21日~11月6日和11月11日~12月31日三个时段内的流量稳定，变化较小，代表枯水期流量。5月10日~5月11日持续降雨，累计降雨总量为80.1mm，使得5月11日出现了全年流量的最大值20.35m³/s。

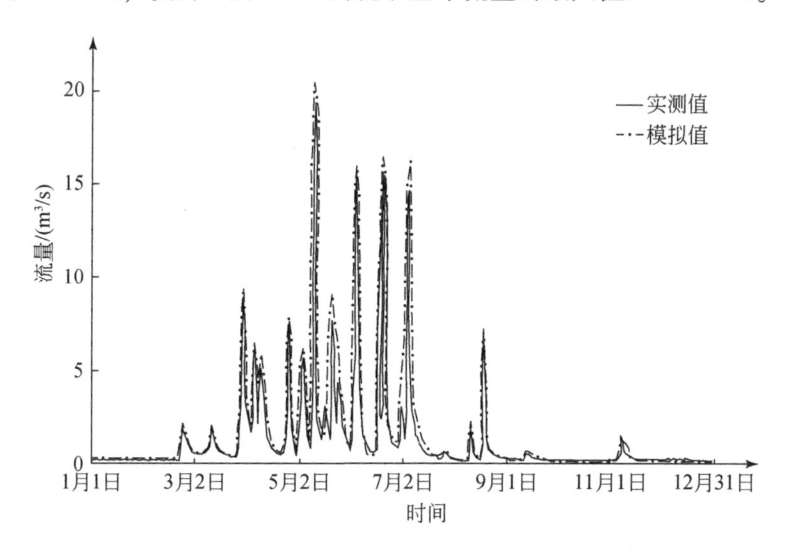

图9-26　验证期寨底总出口流量拟合曲线

可以看出，寨底总出口流量对暴雨的响应迅速，降雨强度超过土壤下渗能力时，超渗部分向洼地集中，降雨可较快地进入洼地底部的落水洞（模型中的管道节点），补给地下水系统。且直接来自雨水的比例在降雨期间比例较大，涨落均较快，衰减速率先快后慢，当降雨强度较小但持续时间较长时，地下水位升高导致基流比例增加，对降雨响应滞后，雨水输入比例减少，衰减较缓。

经过模型检验，寨底总出口不同时段模拟流量与相对误差见表9-9。模拟期寨底出口总流量相对误差为10.29%，2014年1月1日~2015年1月1日（一个水文年）寨底总出口总流量相对误差为14.46%，符合模拟精度要求（<15%）。

表9-9　寨底总出口不同时段模拟流量与相对误差

时段	2013年8月16日0:00~8月23日6:00	2013年8月23日7:00~8月26日18:00	2013年9月24日0:00~9月28日15:00	2013年8月4日0:00~10月28日23:00	2014年1月1日~2015年1月1日
实测总流量/$10^4 m^3$	108.19	208.52	131.28	651.54	3957.38
模拟总流量/$10^4 m^3$	118.31	235.80	139.16	718.58	4529.62
相对误差/%	9.35	13.08	6.01	10.29	14.46

从图9-25和图9-26中可以看出，寨底总出口流量整体拟合较好，表明对以管道为主的寨底地下河系统降雨径流的模拟是合适的，但是由于SWMM自身属于分布式水文模型，对描述或刻画岩溶地下河系统则略显不足，具体如下：

（1）忽略了地下水系统边界条件；

（2）无法准确描述地表水与地下水之间耦合过程；

（3）欠缺管道流和扩散流之间相互作用的具体机制；

（4）基流补给比例较小；

（5）无法反映岩溶地下水位动态变化特征。

以第（5）点的进行举例说明，由于 SWMM 模型是按照地表流域划分单元，且每个子流域单元的地下水位只用一个数值代表，这样就无法突显岩溶地区地下水的非均质性的特点，即无法正确地反映岩溶地下水位动态变化特征。以 2013 年 8 月 4 日 ~10 月 28 日响水岩天窗 G37 的水位动态为例，G37 节点水位模拟与实测结果如图 9-27 所示，模拟水位曲线与实测水位曲线相差较远，尤其是峰值的模拟呈现出缓升缓降的特点，没有反映出暴雨期管道水陡升陡降的特点。

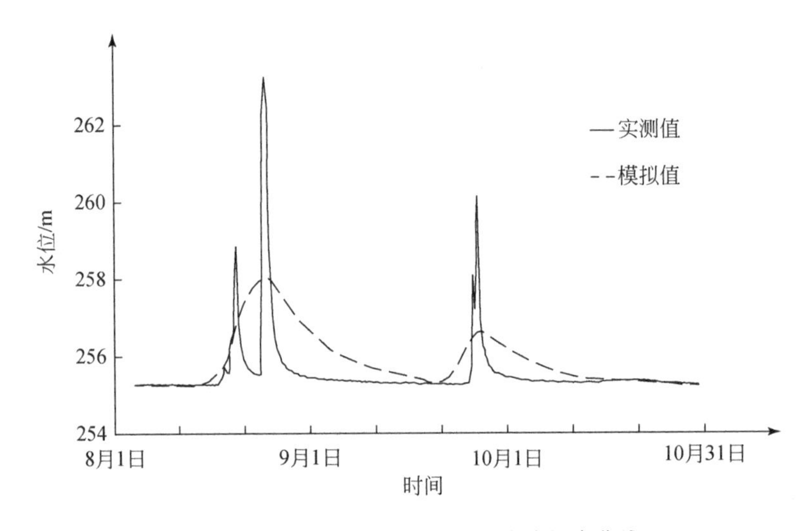

图 9-27　模拟期响水岩（G37）水位拟合曲线

总体而言，SWMM 模型在模拟寨底地下河总出口流量动态拟合精度高，模拟曲线与实测流量动态曲线较吻合，包括暴雨后的流量波峰也得以较好模拟出来了。但在模拟地下水流场，尤其在模拟暴雨期岩溶地下水位动态方面，与实际情况存在这较大差异，且这个差异无法通过软件自身进行完善，主要取决于所使用的数学模型，即计算地表汇流的曼宁公式联立方程、计算管网汇流的圣维南（Saint-Venant）方程组，数学模型中没有充分包含地下水系统的（x、y、z）空间特征、空间上的水动力特征及其相互影响关系，因此，当需要描述或刻画岩溶地下河系统的水动力在二维或三维空间上的变化即水文地质等实际物理条件时，SWMM 模型则是不适宜的。

第10章　地下河管道流模型讨论

10.1　高压管流运动特征

10.1.1　地下河管道水位动态快速响应特征

1. 2012年水位动态特征

寨底地下河2008～2011年监测频率为1次/4h，整理数据时发现G37-zk8-zk7段（图10-1）水位峰值发生在同一监测时段内，于是在2012年开展了1次/10min的高频率监测，试图找出最小同步时间。2012年雨季G37、zk8、zk7的水位动态如图10-2所示，共出现9个水位波峰，9个峰值水位在zk7产生响应的时间均小于50min，其中第3、第4波峰在同时段内出现，即响应时间小于10min，相当于响应速度大于13020m/h（Yi et al. 2015）。

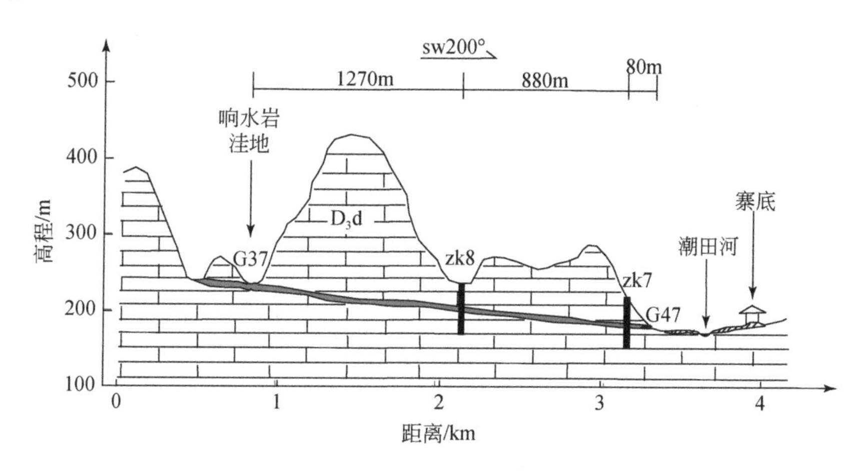

图10-1　G37至G47剖面及地下河管道结构图

2. 2015年水位动态特征

考虑自动水位计寿命，2013～2014年没有开展高频率监测，监测频率仍采用1次/4h。为取得更充分数据，2015年雨季7月16日～9月26日再次采用1次/10min的监测频率。监测结果，共有5次降水过程并产生5个水位波峰（图10-3），本次水位动态分析精确到小数后3位（单位mm），G37与zk7对应峰顶分别滞后时间60～130min，响应速度为1001.54～2170.00m/h，整体随G37水位的上升而加快（表10-1）。

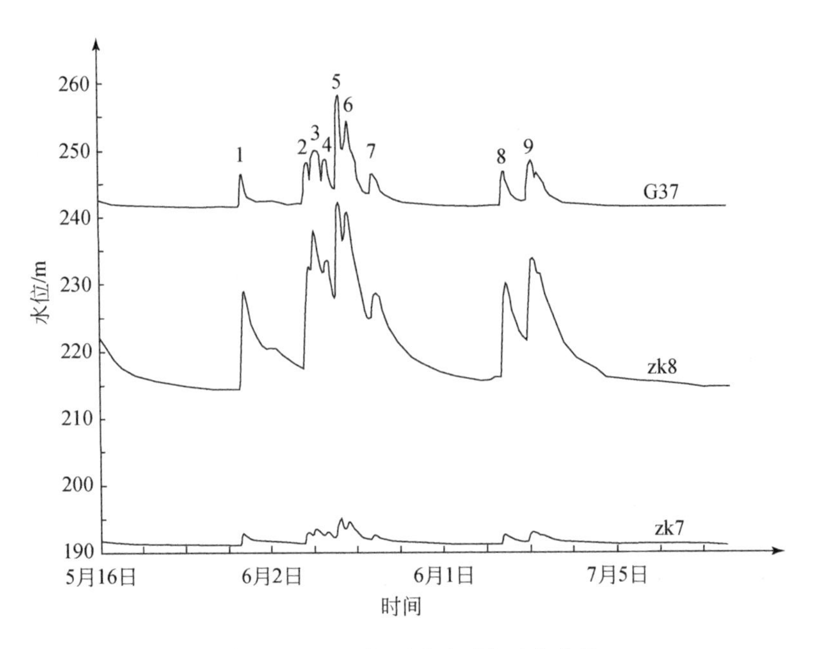

图 10-2　2012 年雨季地下水动态曲线

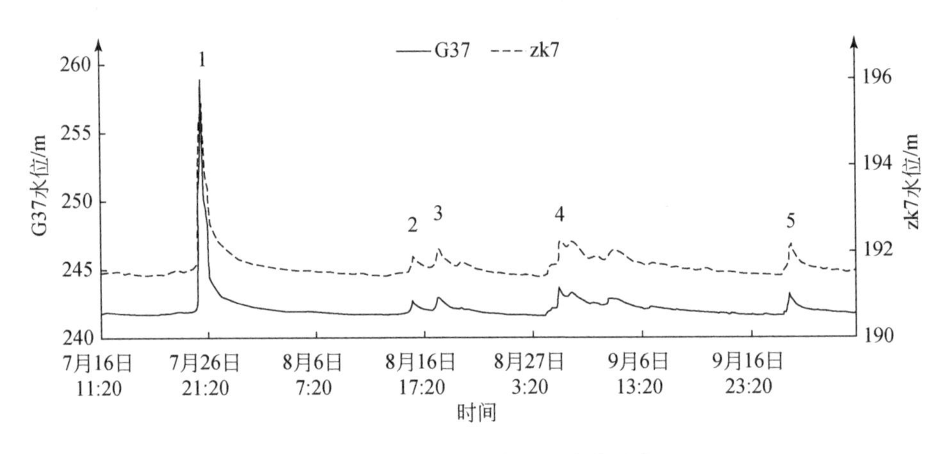

图 10-3　2015 年雨季 G37 水位动态

表 10-1　2015 年度雨季水位响应时间及响应速度

序号	G37 峰值水位和出现时间			zk07 峰值水位和出现时间			时间差/min	响应速度/(m/h)
	出现时间	水温/℃	水位/m	出现时间	水温/℃	水位/m		
1	2015 年 8 月 15 日 15:10	21.05	242.665	2015 年 8 月 15 日 17:20	19.30	191.89	130	1001.54
2	2015 年 8 月 18 日 1:40	21.74	242.942	2015 年 8 月 18 日 3:40	19.31	192.085	120	1085.00
3	2015 年 9 月 20 日 14:40	20.95	243.177	2015 年 9 月 20 日 16:20	19.43	192.166	100	1302.00
4	2015 年 8 月 29 日 17:20	21.37	243.611	2015 年 8 月 29 日 18:30	19.35	192.261	70	1860.00
5	2015 年 7 月 26 日 6:20	20.91	258.982	2015 年 7 月 26 日 7:20	19.21	195.472	60	2170.00

10. 1. 2　地下河管道流速变化规律

通过在地下啊河天窗 G37 不同水位（图 10-4）投放化学材料荧光素钠或罗丹明 B 开展示踪，在地下河出口 G47 安装 Fl-661 光度计进行自动监测，根据示踪结果计算出从天窗 G37 到地下河出口 G47 之间的地下水平均流速（李宗瑾，2015；肖先煊等，2013；蒋玄苇等，2012）。响水岩天窗 G37 底部圆形状，直径约 11m，地面（村级公路）高程 263. 5m，在天窗监测到的最高水位为 269. 75m。迄今，G37 至 G47 之间的示踪浓度曲线均为单峰形态（如图 10-5，其他相关图见第 3 章），即 G37 至 G47 之间为单管道连通结构，两者之间距离为 2230m，根据初次浓度和峰值浓度所用时间，计算得到对应初次浓度和峰值浓度的平均流速。

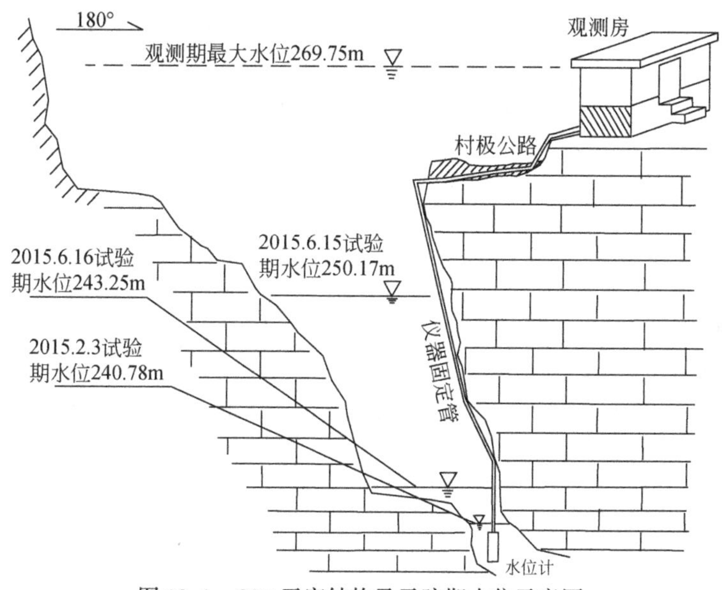

图 10-4　G37 天窗结构及示踪期水位示意图

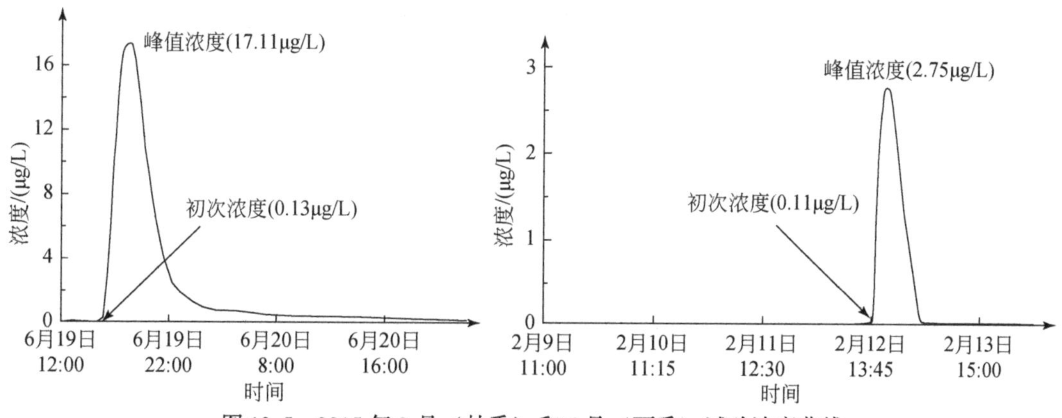

图 10-5　2015 年 2 月（枯季）和 6 月（雨季）试验浓度曲线

2015 年 1 月前通过示踪获得的最大平均流速为 69.69m/h（表 10-2），2015 年 2 ~ 6 月，获得了更枯水位和更高水位时的平均流速（表 10-3），示踪试验最大峰值浓度对应的最小、最大平均流速为 7.21m/h、431.33m/h。

表 10-2　2015 年 1 月前 G37 至 G47 试验结果

序号	投放日期	试验材料	接收最大峰值			管道充水体积/m^3	管道长度/m	等效直径/m	平均流速/(m/h)
			日期	浓度/(μg/L)	历时/h				
1	2014 年 6 月 5 日	荧光素钠	6 月 6 日	12.31	32.0	1268723	2230	26.79	69.69
2	2014 年 6 月 6 日	荧光素钠	6 月 9 日	7.83	73.5	1044560	2230	24.31	30.34
3	2014 年 6 月 8 日	荧光素钠	6 月 11 日	7.58	83.0	525629	2230	17.25	26.87
4	2013 年 12 月 21 日	荧光素钠	12 月 25 日	3.35	91.0	90550	2230	7.16	24.51
5	2015 年 1 月 9 日	荧光素钠	1 月 15 日	2.75	126.0	299384	2230	13.02	17.70

表 10-3　不同水位地下水平均流速一览表

投放时间	投放时水位/m	初次浓度对应流速			峰值浓度对应流速		
		出现时间	用时/h	平均流度/(m/h)	出现时间	用时/h	平均流度/(m/h)
2015 年 2 月 3 日 11:00	240.78	2 月 10 日 5:00	186.00	11.99	2 月 16 日 8:30	309.50	7.21
2015 年 2 月 9 日 10:50	241.18	2 月 12 日 14:00	75.00	29.73	2 月 12 日 17:00	78.00	28.59
2015 年 6 月 16 日 11:00	243.25	6 月 16 日 19:00	8.00	278.75	6 月 17 日 2:50	15.83	140.87
2015 年 6 月 19 日 12:15	249.88	6 月 19 日 15:50	3.50	637.14	6 月 19 日 18:00	5.67	393.30
2015 年 6 月 15 日 11:30	250.17	6 月 15 日 14:30	3.00	743.33	6 月 15 日 16:40	5.17	431.33

10.1.3　水位响应速度平均流速对比

根据响应速度（表 10-1）和平均流速（表 10-3），建立峰值水位响应速度、平均流速与天窗 G37 水位关系（图 10-6），两者曲线形态不同，差异大。

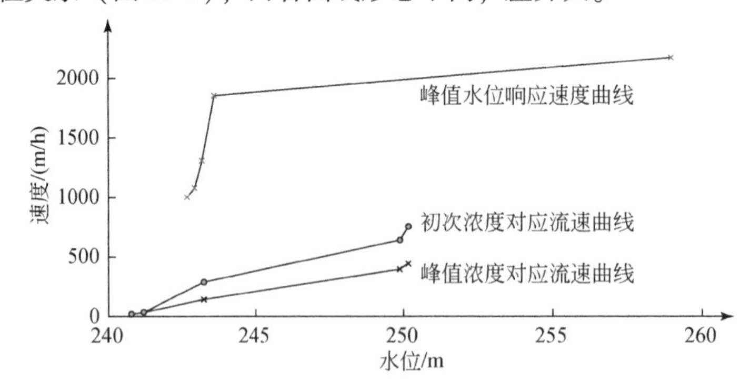

图 10-6　地下水平均流速与响应速度变化对比图

天窗 G37 峰值水位在 242.665 ~243.611m 范围时，对应 G37 的峰值水位响应速度表现为随 G37 水位上升而急剧加快，在 243.611 ~258.982m 范围时，G37 的峰值水位响应速度表现为随 G37 水位上升缓慢增大。在 G37 水位 434m 附近，存在一个突变点，当小于该水位时，峰值响应速度变化大，大于该水位时，峰值水位向应速度变化小。

示踪试验浓度曲线形态整体呈近似线性增大特征，特别是峰值浓度对应的平均流速随 G37 水位线性增大特征更明显。

在数值上，相同天窗 G37 水位条件下，峰值水位响应速度与平均流速也差异大，峰值水位响应速度曲线整体在平均流速曲线的上方。

10.2　Darcy-Weisbach 管道流模型适宜性讨论

不同物理问题或不同假设条件下，所对应的管道水流模型有多种形式，如 SWMM 和 Modflow-CFP 就使用不同的管道水流模型。Darcy-Weisbach 管道水头损失公式是经典的水文水动力学理论，虽然该理论有“圆形管道且必须等直径”等限制条件，但公式中包含了多个描述管道相关参数：管道直径、流速、摩擦阻力系数等，是目前广泛应用并解决各种实际管道水流问题主要模型之一，Modflow-CFP 就以该理论为基础设计岩溶管道水流模型。

对岩溶管道水，Modflow-CFP 运用 Darcy-Weisbach 公式描述管道水的运动：

$$\Delta h=\lambda\,\frac{\Delta l V^2}{d\,2g} \tag{10-1}$$

式中，Δh 为水头差；λ 为摩擦系数；Δl 为管道长度；d 为管道直径；V 为平均速度；g 为重力加速度。

根据图 10-6 表现的平均流速和水位响应速度差异关系，当天窗 G37 水位上涨时，下游 zk7 的水头将快速产生相应的变化现象，显然，对这种快速响应的水文地质现象，地下水平均流速不起主导作用，而应该主要由压力传导控制。也就是说，Darcy-Weisbach 水头损失公式［式（10-1）］中没有同时描述出暴雨期水头快速反应和枯水期慢速流动所涉及不同控制因素和变化规律问题。

众所周知，地下水可分为潜水含水层和承压水含水层。潜水含水层具有自由水面，地下水在重力作用下从高处向低处流动，为重力作用下的释水过程。而当承压含水层时，地下水在压力作用下流动，主要为压力作用下的释水过程，承压水三维流运动微分方程如下：

$$\frac{\partial}{\partial x}\left(T_x\frac{\partial h}{\partial x}\right)+\frac{\partial}{\partial y}\left(T_y\frac{\partial h}{\partial y}\right)+\frac{\partial}{\partial z}\left(T_z\frac{\partial h}{\partial z}\right)=s\,\frac{\partial h}{\partial t}-w \tag{10-2}$$

式中，T_x，T_y，T_z 分别为 x，y，z 方向的导水系数（L^2/T）；h 为压力水头（L）；w 为单位体积上的原汇项（$1/T$）；S 为单位释水系数（$1/L$）；t 为时间（T）。

式（10-2）与潜水含水层数学模型形式上相似，但参数意义有所差别：潜水含水层用渗透系数 K（假想流速）描述含水层，而承压水含水层用导水系数 T 描述含水层。把这两种动力场条件下的地下水运动规律的思路拓展到管道水中，显然，式（10-1）只是描述了在重力作用下管道中流速 V 改变后的水头损失 Δh 变化规律，而在完全充水的承压水管道中，没有体现出压力及其流速同时变化条件下的管道水头的变化规律。

因为式（10-1）不能描述压力作用下的水头快速变化，以及隐含的流量快速变化，所以在第 9 章模型模拟中，不能充分模拟出水位或流量尖顶波峰动态。

到目前为止，很少有文献资料从野外实际出发，研究管道水头损失特征、讨论管道参数的获取方法及其变化特征等，大部分文献都直接引用基于实验室得出的理论或 Modflow-CFP 等软件进行地下河系统水资源评价。使用现有理论、数学模型有很多前提条件，在应用中往往很容易忽略这些前提条件，使计算或评价结果误差大。这也表明，建立有效的地下河系统评价理论需要考虑更多复杂的因素（郑菲等，2015）和问题，还有待开展更多的地下河动态监测和发现更多的管道水头损失特征，需要充分总结地下河管道水头动态变化规律，最终建立有效数学模型。

第 11 章　地下河管道空间和库容计算

11.1　寨底地下河管道空间及库容评价

对于均质潜水含水层（图 11-1），通过测定含水层的给水度 μ，我们很容易计算出当水位上升或下降 1 个单位后，地下含水层中增加或减少了多少水量，即可以计算出整个地下的含水空间和不同水位下的储水量。

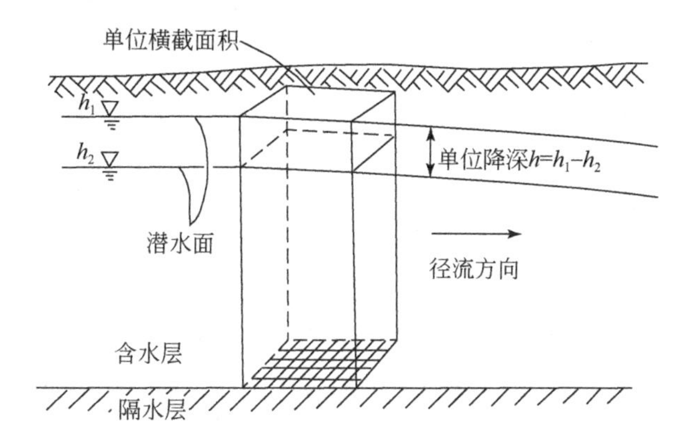

图 11-1　含水层过水断面示意图

对岩溶地下河系统，由于地下含水介质极度不均匀，不同地段的地下河管道结构、大小差异极大，我们不能像上面均质含水层一样，使用一个给水度参数结合水位动态就能计算出地下河管道的不同水位条件下的含水空间和储水量。因此，地下河管道的空间体积 U 及对应的等效直径 d 是一个难以准确确定的参数。

11.1.1　地下河管道空间及库容计算方法

地下水连通试验是求取地下河管道空间体积、等效直径等相关参数的方法之一。通常把地下河管道概化为单连通管道，即示踪浓度曲线为单峰形态。通过试验，一般取得投放示踪材料的浓度曲线，结合同期流量动态曲线（图 11-2）计算得出相关参数。

从投放点到地下河出口的地下河管道中的积水体积 U 等于开始投放时刻 t_0 到最大浓度出来为止 t_1 在地下河出口排出的流量总和，计算公式见式（11-1）；假设岩溶管道为等直径的水平圆管，则通过圆柱体体积公式推导出等效直径 d 见式（11-2）。

$$U = \int_{t_0}^{t_1} q(t)\,\mathrm{d}t \tag{11-1}$$

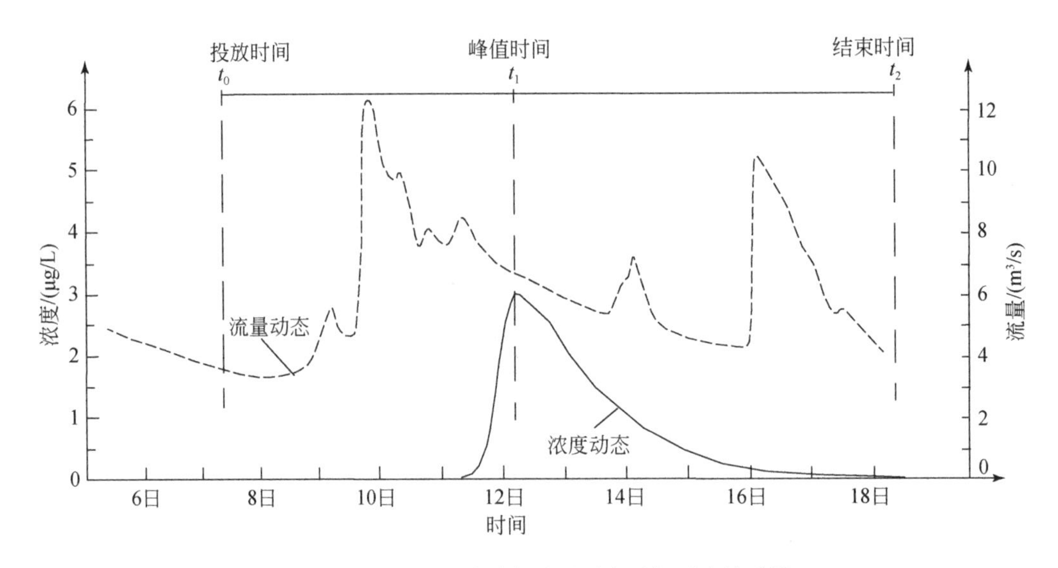

图 11-2　试验浓度曲线与流量动态时间对应关系图

$$d=2\sqrt{\frac{U}{\pi L}} \tag{11-2}$$

式中，U 为投放点到出口段的管道中积水体积（m^3），表示管道中的积水体积等于投放时刻开始到最大监测浓度出来为止从地下河出口排出的流量总和；$q(t)$ 为示踪期间地下河出口 t 时刻的流量（m^3/s）；t_0，t_1 分别为示踪投放时间、峰值出现时间；L 为投放点至监测点的地下河管道长度（m）；d 为根据积水体积计算出的等效管道直径（m），即假设岩溶管道为等直径的水平圆管，则通过圆柱体体积公式 $U=\pi d^2L/4$ 推导出等效直径计算公式。

目前文献资料，均采用一次试验所计算出的 U、d 直接表示地下河管道的空间体积以及对应的管道直径。实际上，在不同水位条件下所开展的示踪，对应计算出的参数 U 和 d 的数值差别极大；因此，通过一次试验所计算出的数据则不能完全反映出地下河管道的实际空间特征。由此，这里把某次示踪试验计算出的 U 值称为管道中的积水体积，而不称为管道的空间体积，数值 d 则为积水体积对应的等效直径。

为便于理解，以寨底地下河 G37 至 G47 出口段管道（图 11-3）为例说明该问题。G37 为示踪投放点，G47 为接收点，两者间距离 2230m，假设某次示踪试验时为枯水季节，管道为半充水状态。此时，G37 至 G47 段管道可概化为长度为 2230m 水平管道，其中 R 为实际管道空间体积所对应的管道直径，管道空间仅部分充水（图 11-4a）。

通过示踪试验和式（11-1）、式（11-2）计算得出的等效圆柱体及半径如图 11-4b 所示，显然与图 11-4a 的实际情况有很大出入，其物理意义仅表示示踪期间的地下河管道中的等效水柱体及等效半径 r 大小。

把示踪的思路进行扩展，对某段地下河管道，分别开展枯水期以及丰水期多个水位条件下的示踪，分别利用式（11-1）、式（11-2）计算出对应的积水体积；通过比较，理论上则可以获得对应最枯水位的管道中最小积水体积 U_{min}、对应完全充水条件下管道最大积

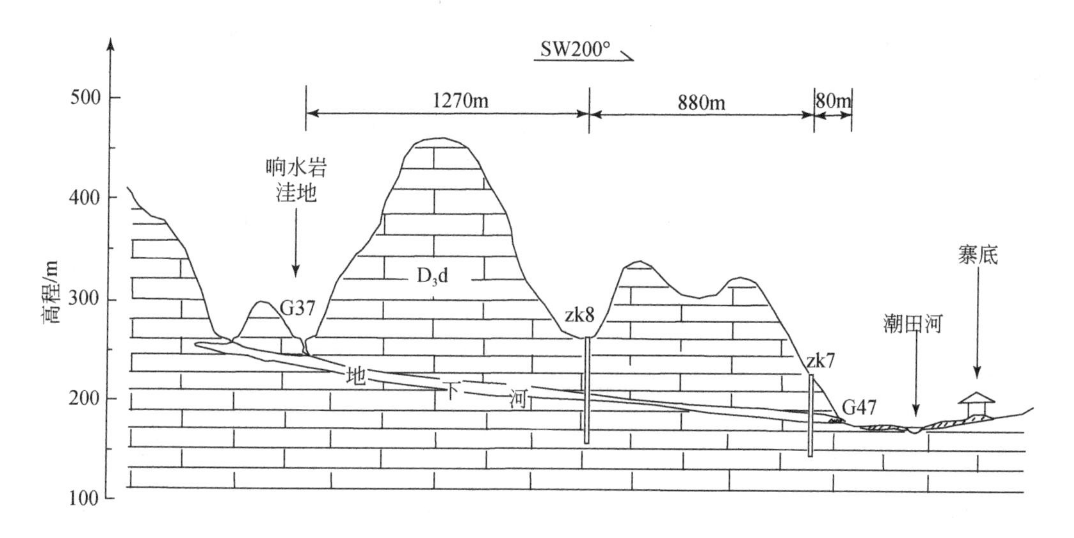

图 11-3　G37 至 G47 剖面及地下河管道结构图

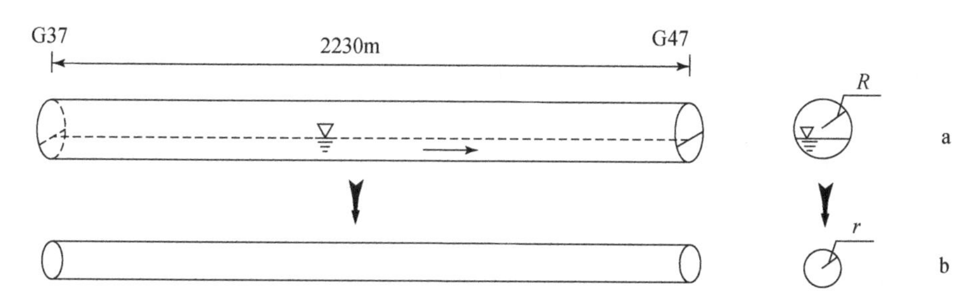

图 11-4　管道结构概化图

水体积 U_{max}。U_{min} 可以理解为天然条件下地下河管道的最小库容或死库容，U_{max} 为地下河管道的最大库容或地下河管道空间体积，此时，根据式（11-3）对应 U_{max} 计算出的数值 d 才是地下河管道的实际等效直径。根据最小、最大库容，计算地下河管道的调蓄库容 U 调则显得相对简单，可通过式（11-4）计算：

$$d=2\sqrt{\frac{U_{max}}{\pi L}} \tag{11-3}$$

$$U_{调}=U_{max}-U_{min} \tag{11-4}$$

11.1.2　计算结果

3.2.4 节已经阐述在寨底地下河响水岩天窗 G37 至地下河出口 G47 段管道开展了多次示踪，结合地下河出口流量动态，计算得出每次示踪对应的管道中的积水体积 U 和等效直径 d（表 11-1）。2013 年 12 月 21 日开展的示踪试验计算得出最小积水体积 U_{min} 为 90550m^3，对应 2014 年 6 月 5 日开展的示踪试验计算得出最大积水体积 U_{max} 为 1268723m^3，调蓄库容 $U_{调}$ 为 1178173m^3。U_{max} 和 U_{min} 之差可达 14.1 倍，对应不同时期的示踪试验计算

出等效直径 d 最大最小之间相差 3.8 倍；从最大最小之差可以看出，利用一次试验计算出的数据 U、d 值代表地下河管道的空间及直径可能存在很大误差。

表 11-1　不同水位管道积水体积和等效直径计算结果

序号	投放日期	投放时水位/m	接收最大峰值			管道积水体积/m^3	管道长度/m	等效直径/m
			日期	浓度/(μg/L)	历时/h			
1	2014 年 6 月 5 日	249.49	6 月 6 日	12.31	32.0	1268723	2230	26.91
2	2014 年 6 月 6 日	248.80	6 月 9 日	7.83	73.5	1044560	2230	24.42
3	2014 年 6 月 8 日	242.36	6 月 11 日	7.58	83.0	525629	2230	17.32
4	2013 年 12 月 21 日	241.39	12 月 25 日	3.35	91.0	90550	2230	7.19
5	2015 年 1 月 9 日	241.87	1 月 15 日	2.75	126.0	299384	2230	13.07

管道积水体积、等效直径随投放点水位上升而增大（图 11-5），响水岩天窗 G37 在暴雨期常被淹，还有更高水位，因此，所计算出的 U_{max} 为 1268723m^3 也许还不是最大实际管道空间，应该指出这里仅提出计算管道积水体积、管道空间、管道库容计算方法为主，对应该段管道实际的管道空间体积有待以后工作加以修正。但总体上，当水位大于 243m 时，所计算得出的管道中的积水体积增速呈下降趋势。

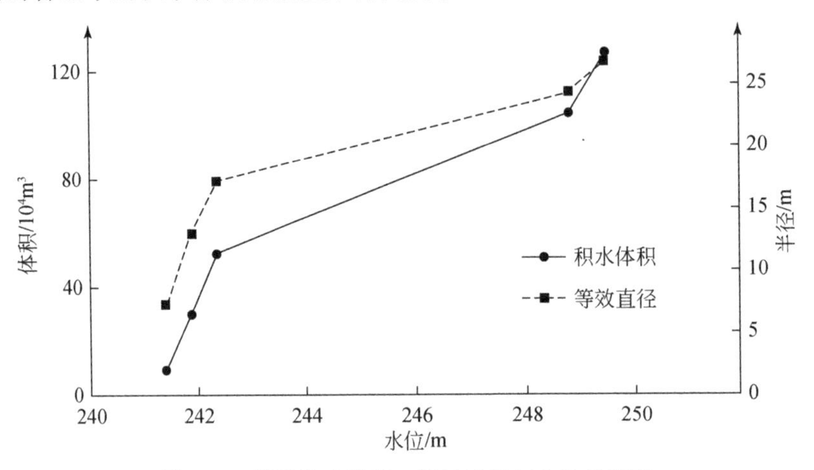

图 11-5　管道集水体积、等效半径与水位关系图

11.2　岩溶发育强度定量评价

碳酸盐岩溶蚀速率取决于地质、气候、水文和土壤、植被等多种条件，但概括起来主要决定条件是岩性和气候因子；对溶蚀速率进行定量研究，是岩溶过程动力学的重要内容之一，对岩溶发育的研究具有重要意义。

目前，定量评价岩溶作用的方法，主要包括岩溶水化学径流法和碳酸盐岩溶蚀试片法。

1. 水化学径流法

通过测量泉口或地下河出口的流量（Q）及水中所携带的溶质量（浓度 T），计算其集水流域岩溶区的总溶出量 X。水化学径流法最早是 Corbel 于 1959 年提出的，给出了岩石溶蚀速率与气候和水化学的 Corbel 关系式：

$$X=\frac{4ET}{100} \tag{11-5}$$

式中，X 为溶蚀速率 [$m^3/(km^2 \cdot a)$，mm/ka]；E 为径流深（dm/a）；T 为径流水体中的 $CaCO_3$ 含量（mg/L）。

通过水化学径流法获得准确的碳酸盐岩溶蚀速率的前提是：流域边界和面积清楚、流量和水中的 $CaCO_3$ 含量观测准确，并具有一个水文年以上。而流域面积和流量对于岩溶地区是难以获得的两个关键参数，通常需要大量的示踪试验和流量观测；水中的 $CaCO_3$ 含量通常也随时间有较大的变化，需要大量的取样测试才能把握。因此，上述困难的存在、流量和水化学资料稀缺等，限制了该方法的定量评价的精度以及在岩溶地区的推广应用。

2. 溶蚀试片法

溶蚀试片法将标准的碳酸盐岩岩石试片布设在大气、地面和埋在土层中，经过一定时间后重新测量其重量，从而计算出它们的溶蚀强度。溶蚀试片法的优点是简单易行，但由于岩溶土壤的空间异质性，溶蚀试片埋放的代表性成为溶蚀试片法应用的重要障碍，使溶蚀速率计算结果偏低或偏高。

本节采用水化学径流方法评价思路，充分利用评价区所具有的监测数据，结合化学离子和水量均衡原理，对寨底地下河系统进行岩溶发育强度评价。

11.2.1　寨底地下河系统岩溶发育强度评价

寨底地下河流域汇水面积 33.5km^2，其中碎屑岩区面积 2.98km^2；为岩溶强发育区，发育有多条岩溶地下河子系统，天窗、溶潭、消水洞等密布；整个地下河流域四周边界完整，流域内地表溪沟与区域外河流不直接连通，接收大气降水补给后，地下水向中间谷地径流，通过响水岩 G37 天窗集中进入地下河主管道；南部 G47 为整个地下河流域唯一排泄口，所有的地下水通过 G47 排泄，为一个典型封闭型岩溶地下河流域。

1. 地下河系统内灰岩钙离子含量

寨底地下河系统内，含水岩组主要有泥盆系塘家湾组（D_2t）、桂林组（D_3g）、东村组（D_3d）、额头村组（D_3e）等，岩性为中厚层纯灰岩。碳酸盐岩地层中氧化钙（CaO）含量差异小，最小含量为 55.06%，最大含量为 55.93%，平均含量为 55.43%（表 11-2），最大最小差仅为 0.87%；不考虑各地层岩性钙含量的微小差异，以其平均值含量 55.43% 进行下面溶蚀速率计算。

表 11-2　岩石分析结果一览表　（单位：%）

编号	取样地层	SiO_2	Al_2O_3	Fe_2O_3	TiO_2	CaO	MgO	K_2O	Na_2O	P_2O_5	MnO	烧失量	其他
S01	D_2x^2	73.47	12.10	4.150	0.9310	1.44	1.11	2.990	0.110	0.2700	0.0190	3.20	0.210
S02	D_3g	0.16	0.099	0.062		55.31	0.53					43.04	0.799

续表

编号	取样地层	SiO_2	Al_2O_3	Fe_2O_3	TiO_2	CaO	MgO	K_2O	Na_2O	P_2O_5	MnO	烧失量	其他
S03	D_2t	0.74	0.082	0.140	0.0034	55.25	0.47	0.029	0.009	0.0036	0.0033	42.97	0.300
S04	D_2t	0.16	0.084	0.088	0.0030	55.45	0.42	0.012	0.004	0.0040	0.0020	43.38	0.393
S05	D_3g	0.30	0.018	0.110	0.0034	55.52	0.28	0.033	0.007	0.0039	0.0026	42.89	0.832
S06	D_3g	0.12	0.023	0.110	0.0034	55.49	0.29	0.035	0.008	0.0034	0.0022	43.25	0.665
S07	D_3g	0.23	0.044	0.110	0.0051	55.38	0.36	0.041	0.009	0.0014	0.0015	42.98	0.838
S08	D_3d	0.12	0.054	0.130	0.0220	55.06	0.34	0.022	0.011	0.0060	0.0020	43.39	0.843
S09	D_3d	0.10	0.026	0.110	0.0200	55.22	0.25	0.015	0.010	0.0120	0.0010	43.37	0.866
S10	D_3d	0.14	0.031	0.110	0.0035	55.32	0.54	0.031	0.009	0.0040	0.0017	43.10	0.710
S11	D_3d	0.11	0.032	0.110	0.0035	55.66	0.30	0.029	0.008	0.0015	0.0016	42.96	0.784
S12	D_3d	0.17	0.022	0.120	0.0051	55.93	0.23	0.032	0.006	0.0032	0.0030	42.87	0.609
S13	D_3e	0.10	0.088	0.080		55.68	0.99					42.12	0.942
S14	C_1y	0.55	0.170	0.120		55.31	0.46					42.70	0.690

2. 计算时段及划分

寨底地下河流域内，多年平均降水量为1601.00mm，选取平水年份为计算周期；具体计算时段为2013年3月1日~2014年2月28日，共365天，为一个自然水文年。计算时段划分为2013年11月1日~2014年2月28日枯水期共4个月合计120天，2013年3月、9月和10月平水期共3个月合计92天，2013年4月1日~8月31日丰水期共5个月合计153天。

3. 降水量及其带入岩溶区的钙离子量

在响水岩天窗G37地段布置了雨量自动监测，雨量计采用太阳能供电，监测频率为1次/1min。根据每分钟雨量监测数据统计得到计算期内寨底月降水量。在计算期内，月最大降水量出现在2013年4月，降水量为346.8mm。丰水期的7月、平水期的10月降水量偏少，均属于枯水期月份的降水量水平；这里，丰水期、平水期、枯水期不依据2013年度各月降水量进行划分，而主要依据历年各月平均降水量。计算期年降水量为1656.2mm，接近多年平水年份降水量值1602.0mm；其中丰水期降水量为1113.4mm，占年平均降水量的67.23%，平水期和枯水期降水量分别为297.7mm、244.9mm，对应占年降水量的17.98%、14.79%（表11-3）。

表11-3　计算期各月降水量表

年份	2013年										2014年	
分段	平水期			丰水期					枯水期			
月份	3月	9月	10月	4月	5月	6月	7月	8月	11月	12月	1月	2月
月降水量/mm	155.4	138.2	4.1	346.8	276.7	239.7	33.5	216.7	113	71.3	25.5	35.1
分段降水量/mm	297.7			1113.4					244.9			

大气降水带入岩溶区的钙离子量计算公式：

$$M_1 = C_1 \cdot S_1 \cdot P \tag{11-6}$$

式中，M_1 为钙离子量（kg）；C_1 为雨水中钙离子含量（mg/L）；S_1 为岩溶区面积 km^2；P 为降水量（mm）。

通过取样监测，寨底地下河流域内雨水中的钙离子含量为0.42mg/L，本次计算对雨水钙离子含量认为全年一致，结合岩溶区汇水面积30.52km^2，则计算得出枯、平、丰水期雨水带入岩溶区的钙离子总量分别为3140.5kg、3817.3kg、14272.0kg，全年带入岩溶区的钙离子量为21229.8kg。

4. 碎屑岩区对岩溶区钙离子补给量计算

寨底地下河东部等区域分布有泥盆系信都组（D_2x^2）砂岩、泥质粉砂岩或石英砂岩等，面积2.98km^2，占流域总面积的8.39%。碎屑岩区对岩溶区地下水补给分为两个部分。

1）地下水侧向补给量及钙离子量

碎屑岩区地表植被茂密覆盖率高，基岩裂隙发育；接收大气降水补给后，一部分入渗到基岩裂隙并侧向补给到岩溶区，根据zk14、zk15勘探孔资料、水位动态资料等，侧向补给量换算成碎屑岩区的地下水入渗系数约0.19，其枯、平、丰水期侧向补给量分别为138662m^3/a、168557m^3/a、630407m^3/a，全年侧向补给量为937626m^3；碎屑岩区地下水的钙离子含量以zk14的水化学离子含量进行控制，经过测试枯、平、丰水期地下水中钙离子含量分别为10.06mg/L、8.80mg/L、7.73mg/L（表11-4），对应的钙离子量为1394kg、1483kg、4873kg，全年钙离子量为7750kg。

碎屑岩区地下径流携带的钙离子量计算公式：

$$M_2 = C_2 \cdot \alpha \cdot S_2 \cdot P \tag{11-7}$$

式中，C_2 为基岩裂隙水中钙离子含量（mg/L）；α 为降水入渗系数，等于0.19（无量纲）；S_2 为碎屑岩区集水面积，等于2.98km^2；P 为降水量（mm）；M_2 为碎屑岩区地下径流携带的钙离子量（kg）。

2）地表产流量及钙离子量

大气降水到碎屑岩区后，一部分入渗形成地下水，另一部分形成地表径流通过消水洞等集中补给岩溶地下水，根据甘野溪沟G53监测数据，枯、平、丰水期碎屑岩区地表产流量分别为291921m^3/a、461316m^3/a、2023939m^3/a；全年产流量为2777176m^3。同期的钙离子含量分别为1.96mg/L、1.72mg/L、1.60mg/L（表11-4）。地表产流携带钙离子量计算公式：

$$M_3 = C_3 \cdot \beta \cdot S_2 \cdot P \tag{11-8}$$

式中，C_2 为地表产流中钙离子含量（mg/L）；β 为产流系数（无量纲），枯、平、丰水期分别为0.4、0.52、0.61；S_2 为碎屑岩区集水面积，等于2.98km^2；P 为降水量（mm）；M_3 为碎屑岩区地表产流携带的钙离子量（kg）。

通过计算，枯、平、丰水期携带的钙离子量分别为572.2kg、793.5kg、3238.3kg；全年钙离子量为4604kg。地下径流和地表产流两部分补给量在枯、平、丰水期对岩溶区合计带入1967.1kg、2276.8kg、8111.3kg钙离子，全年带入钙离子合计12355.2kg。

5. 地下河出口排泄钙离子总量

1）地下河出口径流量

地下河出口 G47 的流量，采用水位计 Diver 和 1 次/1h 的监测频率进行水位动态监测，根据水位动态，通过堰流公式和断面法计算得到计算期 2013 年 3 月 1 日～2014 年 2 月 29 日逐时流量动态（图 11-6），进一步通过统计得出枯水期、平水期、丰水期的径流量分别为 2744210m^3、5442990m^3、29788044m^3；计算期总径流量为 37975243m^3。

表 11-4　G53 和 zk14 水质分析结果

（单位：mg/L）

月份	G53				zk14			
	Ca^{2+}	HCO_3^-	矿化度	pH	Ca^{2+}	HCO_3^-	矿化度	pH
3 月	1.57	10.55	21.90	7.63				
4 月	1.54	10.55	23.90	7.40	7.76	58.03	87.18	7.74
5 月	1.81	9.33	25.31	6.55	7.73	59.11	87.49	7.85
6 月	1.24	9.33	17.15	6.82	6.70	55.99	77.16	7.80
7 月	1.79	8.66	16.68	6.55	6.60	43.32	76.55	8.30
8 月					9.88	71.48	97.99	7.80
9 月								
10 月	1.86	9.44	17.78	7.09	8.80	69.22	95.62	7.69
11 月	1.34	8.01	19.34	7.46	9.84	70.09	98.69	7.79
12 月	2.54	16.02	31.77	7.41	9.56	68.09	97.36	7.03
1 月	1.78	4.11	18.39	7.63	10.90	76.06	110.06	7.78
2 月	2.19	16.45	28.08	7.62	9.93	70.92	99.37	7.27
平均值	1.77	10.25	22.03	7.22	8.77	64.23	92.75	7.71

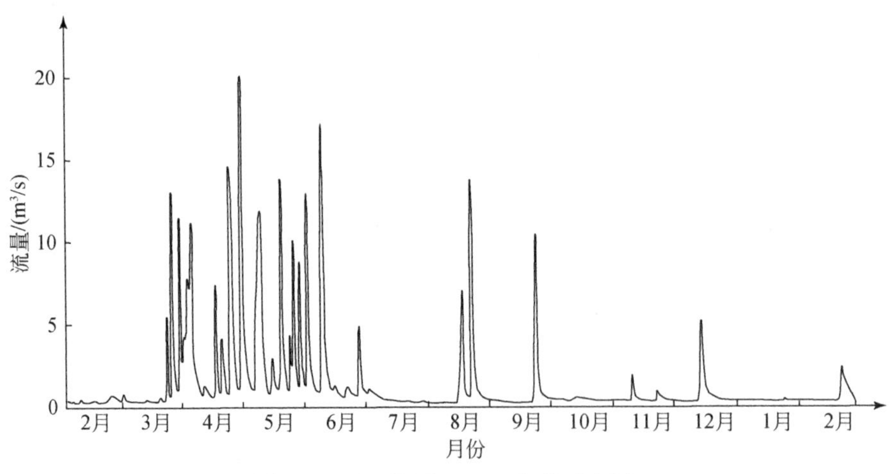

图 11-6　地下河出口 G47 流量动态图

2）地下水钙离子含量变化特征及计算参数选取

2008～2012 年每年进行了取样检测，地下河出口 G47 不同年月检测结果见表 11-5，以各月平均值建立趋势图（图 11-7）。水体中钙离子含量 3～7 月相对较低，一般在 70～

80mg/L，其他月份在 80～90mg/L，平均浓度为 77.39mg/L。平水期为 3 月、9 月、10 月，钙离子浓度为 77.27mg/L；枯水期为 11 月、12 月、1 月、2 月，钙离子浓度为 84.57mg/L；雨水期为 4 月、5 月、6 月、7 月、8 月，钙离子浓度为 71.12mg/L。

表 11-5　G47 不同月份钙离子分析结果　（单位：mg/L）

月份	2008 年	2009 年	2010 年	2011 年	2012 年	平均值
3 月					72.98	72.98
4 月					71.44	71.44
5 月				68.63	72.22	70.43
6 月	64.13	66.04	71.05	66.33	75.90	68.69
7 月		68.95			80.31	74.63
8 月					73.41	73.41
9 月			78.08	75.52	88.53	80.71
10 月	75.97	80.9			77.50	78.12
11 月		80.01			87.12	83.57
12 月	81.08				91.87	86.48
1 月					82.19	82.19
2 月					86.04	86.04
平均值					79.96	77.39

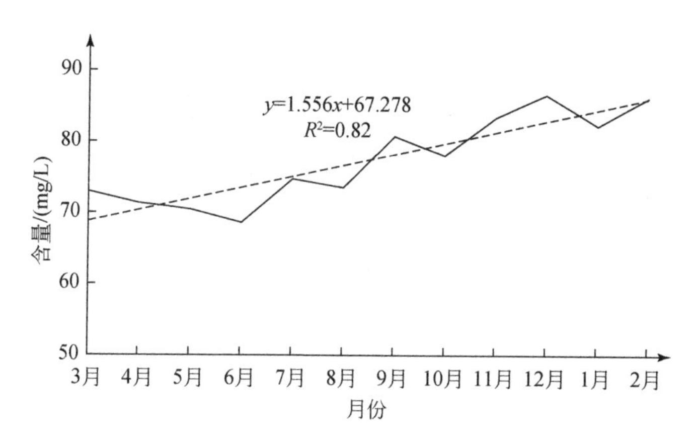

图 11-7　各月钙离子含量变化图（虚线为趋势线）

3）地下河出口排泄钙离子总量

地下河出口 G47 排泄的钙离子总量计算公式：

$$M=\frac{C \cdot Q}{1000} \tag{11-9}$$

式中，M 为地下河出口排泄的钙离子总量（kg）；C 为所排泄的地下水中钙离子含量（mg/L）；Q 为地下河出口径流量（m^3）。

结合枯、平、丰水期地下水钙离子含量 84.57mg/L、77.27mg/L、71.12mg/L，对应计算出排泄走的钙离子量分别为 232078kg、420580kg、2118526kg；全年排泄钙离子量为 2771184kg。

11.2.2　溶蚀速率计算结果及比较

1. *岩溶区溶蚀量、溶蚀强度*

地下河出口排泄的钙离子量 M 包含 4 个部分，大气降水带入的钙离子量 M_1、碎屑岩区地下径流和地表产流带入的钙离子量 M_2 和 M_3，以及来自岩溶区的钙离子量 m，因此，来自岩溶区的钙离子量 m 计算公式为

$$m=M-M_1-M_2-M_3 \tag{11-10}$$

根据上述计算公式得出枯、平、丰水期岩溶区溶蚀的钙离子量为 226970.2kg、414485.7kg、2096142.3kg；一个水文年内总溶蚀量为 2737598.2kg。

设灰岩中碳酸钙含量为 X，结合 $CaCO_3$、CaO 分子量 100、56 和岩石样品化学分析统计结果氧化钙（CaO）平均含量 54.82%，以及碳酸钙在高温作用下的反应式：

$$CaCO_3 \xrightarrow{\text{高温}} CaO+CO_2\uparrow$$

可得到下面等式：

$$100:56=x:54.82$$

计算得出碳酸钙在石灰岩中的含量 X 等于 97.89%，即 1kg 灰岩中含碳酸钙 0.9789kg。Ca 原子量为 40，在 $CaCO_3$ 分子量中占 40%，并进一步计算得出 1kg 灰岩中钙离子含量为 0.3916kg。

对岩溶区钙离子溶蚀量 m 除以系数 0.3916 分别得到枯、平、丰三期的石灰石溶蚀量分别为 579.60t、1058.44t、5352.76t，全年石灰石溶蚀量为 6990.80t；取石灰石比重为 $2.65t/m^3$，三期溶蚀石灰石的体积分别为 $218.7m^3$、$399.4m^3$、$2019.9m^3$，全年为 $2638.0m^3$。上述溶蚀量除以岩溶区面积 $30.52km^2$，得到平均溶蚀强度为 $229.23t/(a\cdot km^2)$ 或 $86.44m^3/(a\cdot km^2)$（表 11-6）；便于下面比较，溶蚀强度用另一种单位可表示为 $22.92mg/(a\cdot cm^2)$ 或 86.44mm/ka。

表 11-6　溶蚀量计算结果表

计算内容		枯水期	平水期	丰水期	全年
时间段 t/天		120	92	153	365
降水量 P/mm		244.9	297.7	1113.4	1656.0
地下河出口	面积 S/km^2	33.5	33.5	33.5	
	G47 实测径流量 Q/m^3	2744210	5442990	29788044	37975243
	钙离子含量 C/(mg/L)	84.57	77.27	71.12	
	钙离子总量/kg	232078	420580	2118526	2771183

续表

计算内容		枯水期	平水期	丰水期	全年
碎屑岩区地表产流	面积 S_1/km^2	2. 98	2. 98	2. 98	
	产流系数 β_1	0. 4	0. 52	0. 61	
	产流量 Q/m^3	291921	461316	2023939	2777175
	钙离子含量 C/(mg/L)	1. 96	1. 72	1. 60	
	钙离子量/kg	572. 2	793. 5	3238. 3	4603. 9
碎屑岩区地下径流	入渗系数 α_1	0. 19	0. 19	0. 19	
	入渗量 Q/m^3	138662	168557	630407	937627
	钙离子含量 C/(mg/L)	10. 06	8. 8	7. 73	
	钙离子量/kg	1394. 9	1483. 3	4873. 0	7751. 3
岩溶区雨水	面积 S_2/km^2	30. 52	30. 52	30. 52	
	降水量 P_2/m^3	7477400	9088856	33980968	50547224
	雨水中钙离子含量/(mg/L)	0. 42	0. 42	0. 42	
	雨水中钙离子总量/kg	3140. 5	3817. 3	14272. 0	21229. 8
来源于岩溶区的钙离子量 m/kg		226970. 2	414485. 7	2096142. 3	2737598. 2
石灰石重量 m_1/t		579. 60	1058. 44	5352. 76	6990. 80
石灰石体积 m_2/m^3		218. 7	399. 4	2019. 9	2638. 0

2. 计算结果对比分析

在中国南方，房金福等（1993）、李矩章等（1994）利用岩性、地貌、径流深建立多元统计模型得出红水河流域不同地区溶蚀量分布，云南、贵州和广西碳酸盐岩的溶蚀速率分别为 43. 1mm/ka、56. 7mm/ka、62. 3mm/ka；章程（2000）得出中国湖南溶蚀丘陵区对应平均降水量 1450mm 的平均溶蚀速度为 25. 19m^3/(km^2 · a)；甄晓君等（2009）重庆市中梁山岩溶区林地最大为 10. 94 mg/(a · cm^2)；王腊春等（2010）用 Ca^{2+}浓度估算贵州普定岩溶地区岩石溶蚀速率为 41. 5mm/ka。本书得到的寨底地下河流域溶蚀速率均大于上述计算结果，分别为上述 6 个地区溶蚀速率的 1. 39 倍、1. 52 倍、2. 01 倍、3. 43 倍、2. 10 倍、2. 08 倍。但与 C. 托格和袁道先（1987）采用标准溶蚀试片法获得的桂林地区溶蚀速率 56. 0mg/(a · cm^2)（该数值从文献的图上读取，小数点后有一定误差）比较，本书计算结果则小很多，仅为溶蚀速率 56. 0mg/(a · cm^2) 的 40. 92%。

寨底地下河流域，水文地质环境地质等方面工作程度高，水文地质条件、特别是地下河系统边界和汇水面积清晰，有多年的降水量、水位动态高频率监测数据，以及水化学、岩石化学组分分析等方面数据。最大限度地避免了以往评价过程中汇水边界不清、各种动态数据少的缺陷，逻辑上推理认为，本书计算结果应该更符合寨底地下河及其同类地区的实际情况。地球及其环境变化是当前一个热门研究课题，如何准确地计算出区域溶蚀强度依然是一个科学问题，本书结合动态监测数据进行溶蚀强度评价仅为一种应用尝试。

参 考 文 献

白晓,黄俊华,朱家平 . 2014. 湖北清江岩溶洞穴现代土壤有机碳同位素与生物标志物指标变化规律 . 地质科技情报,02:55-60.

班凤梅,蔡炳贵 . 2011. 北京石花洞空气环境主要因子季节性变化特征研究 . 中国岩溶,02:132-137.

鲍广富 . 2008. 运用水文物探方法测定地下水流速流向 . 西部探矿工程,12:156-158.

蔡炳贵,沈凛梅,郑伟,等 . 2009. 本溪水洞洞穴空气 CO_2 浓度与温、湿度的空间分布和昼夜变化特征 . 中国岩溶,28(4):348-354.

蔡德所,王魁,张永祥,等 . 2012. 典型岩溶区小流域土壤流失量估算研究——以桂林寨底地下河流域为例 . 中国水土保持,03:21-23.

曹卫峰 . 2001. 贵州岩溶大泉和地下河水资源,贵州地质,18(1):37-43.

陈崇希 . 1995. 岩溶管道-裂隙-孔隙三重空隙介质地下水流模型及模拟方法研究 . 地球科学-中国地质大学学报,20(4):361-366.

陈宏峰,夏日元,梁彬 . 2003. 鄂西齐岳山地区岩溶发育特征及其对隧道涌水的影响 . 中国岩溶,04:33-37.

陈建生,董海洲,凡哲超,等 . 2004. 示踪法对小浪底坝区绕坝渗漏通道的研究 . 长江科学院院报,21(2):155-159.

陈梦熊 . 2003. 西南岩溶石山地区岩溶水资源与石漠化治理 . 中国岩溶地下水与石漠化研究 . 南宁:广西科学技术出版社:1-11.

陈引锋,王爱玲 . 2008. 利用钻孔资料确定降雨入渗系数 . 地下水,01:37-39.

陈余道,程亚平,王恒,等 . 2013. 岩溶地下河管道流和管道结构及参数的定量示踪——以桂林寨底地下河为例 . 水文地质工程地质,05:11-15.

成建梅,陈崇希 . 1998. 广西北山岩溶管道-裂隙-孔隙地下水流数值模拟初探 . 水文地质工程地质,4:50-54.

崔光中,朱远峰,覃小群 . 1988. 岩溶水系统的混合模拟——以北山岩溶水系统模拟为例,中国岩溶,7(3):253-257.

邓谊明,汪继锋 . 2007. 八字岭隧道牛鼻子暗河示踪试验成果分析,铁道勘察,3:11-14.

地质矿产部水文地质工程地质技术方法研究队 . 1983. 水文地质手册 . 北京:地质出版社 .

丁淑芹 . 2000. 小流域降水入渗系数的推求方法 . 水土保持科技情报,01:28.

杜毓超,李兆林,韩行瑞,等 . 2008. 沪蓉高速公路乌池坝隧道区岩溶发育特征及其涌水分析 . 中国岩溶,01:11-18.

房金福,林钧枢,李钜章等 . 1993. 喀斯特区现代溶蚀强度与环境的研究——以红水河流域为例 . 地理学报,02:122-130.

高殿琪,颜景生 . 1991. 利用水均衡法求算明水岩溶区降水入渗系数 . 山东地质,02:107-113.

龚自珍,付利群 . 1994. 辛安村泉域水文地质计算中环境同位素方法的应用 . 中国岩溶,03:306-313.

谷现平,聂新恕,周江,等 . 2010. 利用高密度电法仪探测地下水流速流向 . 中国煤炭地质,S1:83-85.

关国鸿,张永伟 . 2002. 地下水除铁锰流速的探讨 . 黑龙江水专学报,04:66-67.

贵州年鉴编辑部 . 2004. 贵州年鉴 . 贵阳:贵州人民出版社 .

郭纯青 . 1985. 岩溶地下水系统中的快速流与慢速流模拟 . 中国岩溶,4:315-323.

郭纯青 . 2004. 中国岩溶地下河系及其水资源 . 桂林:广西师范大学出版社 .

郭纯青,方荣杰,于映华 . 2010. 中国南方岩溶区岩溶地下河系统复杂水流运动特征 . 桂林理工大学学报,30(4):507-512.

郭铁明,胡松涛,刘国丹 . 2016. 低气压不同声环境下人体心率及声感觉评价的实验研究 . 科学技术与工程,(1):168-171.

国家地质总局 . 1976. 岩溶地区区域水文地质普查规程(试行). 北京:地质出版社 .

韩行瑞,陈定容,等 . 1997. 岩溶单元流域综合开发与治理 . 桂林:广西师范大学出版社 .

韩巍,何庚义 . 1985. 用小流域、泉域水均衡法确定基岩山区降水入渗系数 . 长春地质学院学报,04:79-84.

韩至钧,金占省 . 1996. 贵州省水文地质志 . 北京:地震出版社 .

何柏保 . 2006. 郴州年鉴(2006 年). 北京:团结出版社 .

胡军 . 2013. 地下水的自动化监测过程,水文地质工程地质,1:101-102.

胡松涛,辛岳芝,刘国丹,等 . 2009. 高原低气压环境对人体热舒适性影响的研究初探 . 暖通空调,07:18-21+47.

黄敬熙,严启坤,王敏夫,等 . 1988. 桂林岩溶水资源评价及其方法 . 重庆:重庆出版社 .

黄敬熙,陈定容,易连兴,等 . 1992. 中国南方典型岩溶地区地下水资源评价与管理 . 贵阳:贵州科技出版社 .

姜守君 . 2012. 示踪试验在六盘山东麓地区岩溶水水文地质条件分析中的应用 . 地下水,34(1):27-29.

蒋玄苇,王嘉舜,张野 . 2012. 地下水在三维状态下的流速测定 . 科技创新导报,15:96.

蒋忠诚,王瑞江,裴建国,等 . 2001. 我国南方表层岩溶带及其对岩溶水的调蓄功能 . 中国岩溶,20(2):106-109.

蒋忠诚,夏日元,时坚 . 2006. 西南岩溶地下水资源开发利用效应与潜力分析 . 地球学报,27(5):495-502.

蒋忠诚,覃小群,曹建华,等 . 2011. 中国岩溶作用产生的大气 CO_2 碳汇的分区计算 . 中国岩溶,04:363-367.

井柳新,刘伟江,王东 . 2013. 中国地下水环境监测网的建设和管理 . 环境监控与预警,5(2):1-4.

李国芬,韦复才,梁小平,等 . 1992. 中国岩溶水文地质图说明书 . 北京:中国地图出版社 .

李矩章,林钧枢,房金福 . 1994. 喀斯特溶蚀强度分析与估算 . 地理研究,03:90-97.

李庆朝 . 1996. 用地下水动态资料求降水入渗系数问题的探讨 . 聊城师院学报(自然科学版),04:78-80.

李文兴 . 1997. 岩溶管道水流的等效管束组合模拟 . 中国岩溶,16:227-233.

李宗瑾 . 2015. 基于同位素测井技术的地下水流速流向测量系统研制 . 化学工程与装备,08:211-212.

梁虹,王剑 . 1998. 喀斯特地区流域岩性差异与洪、枯水特征值相关分析——以贵州河流为例 . 中国岩溶,01:69-75.

灵川县地方志编纂委员会 . 1997. 灵川县志 . 南宁:广西人民出版社 .

刘丽红 . 2010. 基于管道流模型的岩溶含水系统降雨泉流量相应规律——以贵州后寨典型小流域为例 . 吉林大学学报(地球科学版),40:1083-1089.

刘普和 . 1954. 高气压与低气压对人体的影响 . 中级医刊,12:45-47.

刘强,章光新 . 2003. 水位自动记录仪及其在地下水位动态监测中的应用 . 水文地质工程地质,5:105-106.

刘兴云,曾昭建 . 2006. 地下水多元示踪试验在岩溶地区的应用 . 岩土工程技术,20(2):67-70.

刘正峰,等 . 2005. 水文地质手册(1 ~4 卷). 北京:银声音像出版社 .

刘志明,郭占荣,张新兴,等 . 1998. 地下水动态监测网的部署和调整探讨 . 水文地质工程地质,6:14-18.

卢海平,邹胜章,于晓英,等 . 2012. 桂林海洋-寨底典型地下河系统地下水污染分析 . 安徽农业科学,04:2181-2185.

卢耀如,段光杰,于海潮,等 . 1999. 岩溶水文地质环境演化与工程效应研究 . 北京:科学出版社 .

鲁程鹏,束龙仓,苑利波,等 . 2009. 基于示踪试验求解岩溶含水层水文地质参数 . 吉林大学学报(地球科学版),04:717-721.
罗甸县编纂委员会. 1994. 罗甸县志. 贵阳:贵州人民出版社.
罗时琴,易武英,李坡. 2014. 织金洞洞穴环境监测及其影响因素分析. 贵州科学,06:92-96.
马晓晓,方土,王中伟,等. 2010. 我国环境监测现状分析及发展对策. 环境科技,23(2):132-135.
庞莹,张晓红. 2006. 地下水资源评价中降水入渗系数的分析确定. 吉林水利,S1:8-9.
裴建国,梁茂珍,陈阵. 2008. 西南岩溶石山地区岩溶地下水系统划分及其主要特征值统计. 中国岩溶,27(1):6-10.
钱小鄂. 2001. 广西岩溶地下水资源及其开发利用情况//科学技术与西部大开发. 南宁:广西科学出版社:319-320.
任虎俊,段俭君,王长申. 2012. 煤系含水层地下水流速与流向测定方法研究. 中国煤炭地质,11:40-42.
四川省武隆县志编纂委员会. 1994. 武隆县志. 成都:四川人民出版社.
孙恭顺,梅正星. 1988. 实用地下水连通试验方法. 贵阳:贵州人民出版社.
覃小群,蒋忠诚,李庆松,等. 2007. 广西岩溶区地下河分布特征与开发利用. 水文地质工程地质,6:10-13.
童力,胡松涛,王海英,等. 2014. 低气压环境下人体心率及热感觉变化规律的实验研究. 建筑科学,4:42-44+71.
托格 C.,袁道先. 1987. 溶蚀空间的形成及中国与世界其他地区碳酸盐岩近期溶蚀量的对比分析. 中国岩溶,02(6):131-137.
王恒,陈余道. 2013. 桂林寨底地下河系统弥散系数研究. 地下水,04:13-15.
王建强,陈汉宝,朱纳显. 2007. 连通试验在岩溶地区水库渗漏调查分析中的应用. 资源环境与工程,21(1):30-34.
王开然,姜光辉,郭芳,等. 2013. 桂林东区峰林平原岩溶地下水示踪试验与分析. 现代地质,27(2):454-459.
王腊春,蒙海花,苏维词,等. 2010. 用 Ca^{2+} 离子浓度估算岩溶地区岩石溶蚀速率:以贵州普定为例. 南京大学学报(自然科学版),6:664-670.
王绍强. 1988. 对降水入渗系数影响因素的探讨及潜水区域均衡计算法. 勘察科学技术,01:29-34.
王松,裴建国. 2011. 桂林寨底地下河硝酸根含量特征研究. 地下水,03:21-22.
王喆,夏日元,易连兴,等. 2012. 西南典型地下河含水介质结构特征分析——以寨底地下河塘子厄至东究段示踪试验为例. 西部资源,03:70-72.
王喆,夏日元,Groves C,等. 2014. 西南岩溶地区地下河水质影响因素的 R 型因子分析——以桂林寨底地下河为例. 桂林理工大学学报,01:45-50.
王美楠,王海英,胡松涛,等. 2014. 低气压环境下人体新陈代谢变化规律的实验研究. 青岛理工大学学报,35(5):87-91.
韦跃龙,陈伟海,罗劬侃. 2016. 洞穴次生化学沉积物与地质背景及洞穴环境的耦合关系——以广西巴马水晶宫为例. 地理学报,09:1528-1543.
吴建荣. 1994. 多孔地下水连通试验确定主迳流带. 煤矿安全,6:11-13.
肖进原. 2002. 贵州岩溶大泉及地下河赋存条件、分布及特征研究. 贵州科学,20(2):48-52.
肖先煊,许模,蔡国军,等. 2013. 基于潜水渗流模型的地下水实际流速. 实验室研究与探索,04:11-14.
徐尚全,王鹏,焦杰松,等. 2013. 高精度在线示踪技术在岩溶地下水文调查中的应用. 工程勘察,2:40-44.
薛禹群,吴吉春. 1999. 面临 21 世纪的中国地下水模拟问题. 水文地质工程地质,5:1-3.
杨汉奎,田维新,杨斌. 1998. 洞穴研究与洞穴开发保护. 中国岩溶,3:57-62.
杨靖,叶淑君,吴吉春. 2009. 地下水环境示踪剂的解译研究. 工程勘察,1:42-47.
杨立铮. 1982a. 地下河流域岩溶水天然资源类型及评价方法. 水文地质工程地质,4:22-25.

杨立铮．1982b. 我国南方某些地区地下河的结构特征及其形成和演化．成都地质学院学报,2:54-61.

杨立铮．1985. 中国南方地下河分布特征．中国岩溶,1-2:92-99.

杨梅,扈志勇,蒲俊兵．2009. 渝东南岩溶区地下河水质情况调查．中国农村水利水电,2:12-14.

杨明德．2000. 峰丛洼地形成动力过程与水资源开发利用．中国岩溶,19(1):44-51.

杨明德,谭明,梁虹．1998. 喀斯特流域水文地貌系统．北京:地质出版社.

杨前,翟加文,张智旺．2013. 示踪连通试验在确定岩溶水径流通道中的应用．中州煤炭,7:74-75.

杨杨,唐建生,苏春田,等．2014. 岩溶区多重介质水流模型研究进展．中国岩溶,4:419-424.

姚永熙．2010. 地下水监测方法和仪器概述．水利水文自动化,1:6-13.

易连兴．1996. 岩溶地下水系统灰色特征及灰参模型研究——以桂林东区岩溶裂隙管道、凯里岩溶裂隙地下水系统为例(English)．中国岩溶,15(1-2):117-123.

易连兴．2007. 解非均质各向异性地下水渗流模型的改进型有限差分法．地质论评,53(6):839-843.

易连兴,夏日元．2015. 独特的储水宝库岩溶地下河．国土资源科普与文化,4:10-15.

易连兴,张之淦,胡大可,等．2006. 三元连通试验在岩溶渗漏研究中的应用．水文地质工程地质,6:18-21.

易连兴,夏日元,唐建生,等．2010. 地下水连通介质结构分析——以寨底地下河系统实验基地示踪试验为例,工程勘察,11:38-41.

易连兴,夏日元,卢东华．2012. 水化学分析在勘探确认地下河管道中的应用——以寨底地下河系统试验基地为例．工程勘察,02:43-46.

易连兴,卢海平,赵良杰,等．2015. 鱼泉地下河示踪试验及回收强度法管道结构分析．工程勘察,02:46-51.

易连兴,夏日元,唐建生,等．2015. 西南岩溶地下河流量重复统计问题及对策探讨．中国岩溶,01:72-78.

殷昌平,孙庭芳,金良玉等．1993. 地下水水资源勘查与评价．北京:地质出版社.

袁丙华,等．2006. 西南岩溶石山地区地下水资源勘查及生态环境地质调查评价．国土资源部中国地质调查局地质调查成果专报(水文地质、工程地质、环境地质)2006 年第 1 号.

袁道先．2000. 对南方岩溶石山地区地下水资源及生态环境地质调查的一些意见．中国岩溶,19(2):103-108.

袁道先,刘再华,林玉石,等．2002. 中国岩溶动力系统．北京:地质出版社.

张殿发,欧阳自远,王世杰．2001. 中国西南喀斯特地区、资源、环境与可持续发展．中国人口资源与环境,11(1):77-81.

张华强,王桂晓,李武良,等．2002. 环形自电和充电法确定地下水流速和流向的效果．河南水利,05:23.

张萍,杨琰,孙喆,等．2017. 河南鸡冠洞 CO_2 季节和昼夜变化特征及影响因子比较．环境科学,01:60-69.

张蓉蓉,束龙仓,闵星,等．2012. 管道流对非均质岩溶含水系统水动力过程影响的模拟．吉林大学学报(地球科学版),S2:386-392.

张祯武,杨胜强．1999. 岩溶水示踪探测技术的新进展．工程勘察,5:40-43.

章程．2000. 南方典型溶蚀丘陵系统现代岩溶作用强度研究．地球学报,01:86-91.

甄晓君,傅瓦利,段正锋,等．2009. 岩溶区不同土地利用方式对溶蚀速率的影响研究．水土保持学报,02:11-14+20.

郑菲,高燕维,施小清,等．2015. 地下水流速及介质非均质性对重非水相流体运移的影响．水利学报,08:925-933.

钟进,董毓,丁坚平．2011. 贵州福泉市双眼井泉小流域流量估算及排洪方案建议．中国岩溶,03:291-294.

周仰效,李文鹏．2007. 区域地下水位监测网优化设计方法．水文地质工程地质,1:1-9.

周长春,王晓青,孙小银,等．2009. 旅游洞穴环境变化监测分析及其影响因素研究——以山东沂源九天洞为例．旅游学刊,02:81-86.

朱文孝,李坡,苏维词．2000. 喀斯特旅游洞穴景观多样性及其保护．贵州环保科,01:36-41.

朱学稳 . 1994. 地下河洞穴发育的系统演化 . 云南地理环境研究,6(2):7-15.
朱远峰,崔光中,覃小群,等 . 1992. 岩溶水系统方法及其应用 . 南宁:广西科学出版社 .
邹成杰 . 1992. 岩溶管道水汇流理论研究 . 中国岩溶,11(2):119-130.
Borghi A, Renard P, Cornaton F. 2016. Can one identify karst conduit networks geometry and properties from hydraulic and tracer test data? Advances in Water Resources,90:99-115.
Difrenna V J, Price R M, Savabi M R. 2008. Identification of a hydrodynamic threshold in karst rocks from the Biscayne Aquifer, south Florida, USA. Hydrogeology Journal,16(1):31.
Dreybrodt W, Buhmann D. 1991. A mass transfer model for dissolution and precipitation of calcite from solutions in turbulent motion. Chemical Geology,90:107-122.
Eisenlohr L, Király L, Bouzelboudjen M, et al. 1997. Numerical simulation as a tool for checking the interpretation of karst spring hydrographs. Journal of Hydrology,193(1):306-315.
Faulkner J, Hu B X, Kish S, et al. 2009. Laboratory analog and numerical study of groundwater flow and solute transport in a karst aquifer with conduit and matrix domains. Journal of Contaminant Hydrology,110(1):34-44.
Franci Gabrovšek. 2009. On concepts and methods for the estimation of dissolutional denudation rates in karst areas. Geomorphology,106(1-2):9-14.
Gallegos J J, Hu B X, Davis H. 2013. Erratum: Simulating flow in karst aquifers at laboratory and sub-regional scales using MODFLOW-CFP. Hydrogeology Journal,21(8):1749-1760.
Gombert P. 2002. Role of karstic dissolution in global carbon cycle. Global and Planetary Change, 33(1-2): 177-184.
Hu B X. 2010. Examing a coupled continuum pipe-flow model for groundwater flow and solute transport in a karst aquifer. Acta Carsologica,39(2):347-359.
Jacob B. 1972. Dynamics of fluids in porous media. New York: Elsevier.
Kaufmann G. 2016. Modelling Karst aquifer evolution in fractured, porous rocks. Journal of Hydrology, 543: 796-807.
Larocque M, Banton O, Ackerer P, et al. 2010. Determining Karst Transmissivities with Inverse Modeling and an Equivalent Porous Media. Ground Water,37(6):897-903.
Liedl R, Sauter M, Hückinghaus D, et al. 2003. Simulation of the development of karst aquifers using a coupled continuum pipe flow model. Water Resources Research,39(3):597-676.
Plan L. 2005. Factors controlling carbonate dissolution rates quantified in a field test in the Austrian alps. Geomorphology,68(3-4):201-212.
Saller S P, Ronayne M J, Long A J. 2013. Comparison of a karst groundwater model with and without discrete conduit flow. Hydrogeology Journal,21(7):1555-1566.
Shoemaker W B, Kuniansky E L, Birk S, et al. 2008, Documentation of a Conduit Flow Process (CFP) for Modflow-2005: U. S. Geological Survey Techniques and Methods, Book 6, Chapter A24, 50 p.
Yi L, Xia R, Tang J, et al. 2015. Karst conduit hydro-gradient nonlinear variation feature study: case study of Zhaidi karst underground river. Environmental Earth Sciences,74(2):1071-1078.
Zhang B, Lerner D N. 2000. Modeling of ground water flow to adits. Ground Water,38(1):99-104.

图　　版

1. 地下河出口

图版1　寨底地下河出口

a　　b

图版2　大小井地下河小井出口（a）和大井出口（b）

a　　b

图版3　鱼泉地下河出口（a）和万华岩地下河出口（b）

2. 地下河示踪

a　　b

c

图版 4　2014 年 3 月 3 日（a）、2014 年 7 月 7 日（b）和 2015 年 6 月 19 日（c）
响水岩天窗（G37）至寨底地下河出口（G47）不同水位 3 次示踪试验

a　　b

图版 5　大小井地下河 2013 年 5 月 18 日 444#消水洞钼酸铵（a）和 521#地下河入口荧光素钠示踪（b）

a

b

图版 6　2011 年 10 月寨底地下河 G29 消水洞食盐（a）和鱼泉地下河 Y064 消水洞钼酸铵示踪（b）

3. 地下河监测

a

b

图版 7　寨底地下河出口采用堰流（a）、断面法（b，洪水期测流）计算流量

a

b

图版 8　大小井地下河测流断面全貌（a）和测流道近景（b）

a

b

图版9　鱼泉地下河出口流量等于翻坝溢流（a）和渠道流量（b）之和

图版10　分段堰流监测清河流量

a

b

图版11　监测孔保护装置经典模式（a，大小井，zk1）和高基础模式（b，寨底，zk10）

a　　　　b

图版 12　钢管平引（a，寨底，G07 天窗）和斜引（b，鱼泉，JC03）监测模式

a　　　　b

图版 13　PVC 管（a，大小井，JC07 天窗）和钢架（b，大小井，JC03 天窗）监测模式

a　　　　b

图版 14　岩溶表层泉（a，寨底，G13 泉）和外援水（b，寨底，G53）流量监测模式

4. 国内外交流

a

b

图版15　2011年3月泰国地下水交流访问团（a）和2013年11月国际水文地质学习班（b）寨底交流

a

b

图版16　2012年8月德国地下水交流访问团（a）和2011年美国人文与
科学院院士 Thomas E. Malonk 教授到寨底交流（b）

a

b

图版17　2012年10月与美国伊利诺伊大学香槟分校（a）和
伊利诺伊州地质调查局（b）专家交流地下河管道模拟问题

a

b

图版 18　2012 年 4 月伊利诺伊大学香槟分校（a）和 2017 年 2 月美国 Geoge 教授（b）参观寨底模型

a

b

图版 19　2015 年 6 月中国地质大学陈植华教授（a）和香港大学焦赳赳教授、加拿大滑铁卢大学 Cher 教授（b）寨底交流

5. 岩溶地貌及其他

a

b

图版 20　寨底地下河中部峰丛谷地地貌（a）和北部海洋谷地地貌（b）

a

b

图版 21　鱼泉地下河深切沟谷（a）和万华岩地下河溶蚀丘陵（b）

a

b

图版 22　大小井地下河的大井出口（a）和小井出口（b）地貌

a

b

图版 23　2010 年 12 月寨底地下河洞穴探测，其中图 b 为探测到的位于地下河管道上的监测孔套管

图版24　2012年6月鱼泉地下河野外河道测流（a）和2012年8月日寨底地下河注水试验（b）

图版25　寨底地下河监测点G30（a）、zk1（b）高程GPS精确测量

图版26　寨底地下河监测点zk11（a）和G47堰口（b）高程精确测量